民航安全能力建设项目"航空安全管理系列经典宣教材料引进"项目资助出版

Safety
Differently
Human Factors
for a New Era

Second Edition

安全大不同
新时期人的因素

[第二版]

〔荷〕西德尼·德科（Sidney Dekker）◎著

孙殿阁◎译

中国工人出版社

图书在版编目（CIP）数据

安全大不同：新时期人的因素：第二版 / (荷) 西德尼·德科著；
孙殿阁译. -- 北京：中国工人出版社，2024.8
书名原文：*Safety Differently: Human Factors for a New Era 2nd Edition*
ISBN 978-7-5008-8131-5

Ⅰ.①安…　Ⅱ.①西…②孙…　Ⅲ.①安全技术　Ⅳ.①X93

中国国家版本馆CIP数据核字（2024）第053083号

著作权合同登记号：图字01-2022-3314号
CRC Press
Taylor & Francis Group
6000 Broken Sound Parkway NW, Suite 300
Boca Raton, FL 33487–2742
© 2015 by Taylor & Francis Group, LLC
CRC Press is an imprint of Taylor & Francis Group, an Informa business
No claim to original U.S. Government works

安全大不同：新时期人的因素 第二版

出 版 人	董　宽
责任编辑	李卫民
责任校对	张　彦
责任印制	栾征宇
出版发行	中国工人出版社
地　　址	北京市东城区鼓楼外大街 45 号　邮编：100120
网　　址	http：//www.wp-china.com
电　　话	（010）62005043（总编室）
	（010）62005039（印制管理中心）
发行热线	（010）82029051　62383056
经　　销	各地书店
印　　刷	北京市密东印刷有限公司
开　　本	710 毫米 × 1000 毫米　1/16
印　　张	24.25
字　　数	350 千字
版　　次	2024 年 8 月第 1 版　2024 年 8 月第 1 次印刷
定　　价	57.00 元

译者序

　　西德尼·德科（Sidney Dekker）是一位在安全科学领域非常具有影响力的专家、作家和教授。他获得了荷兰奈梅亨大学组织心理学专业的硕士学位，以及美国俄亥俄州立大学认知系统工程专业的博士学位。目前，Sidney在澳大利亚格里菲斯大学担任教授，并主持该校安全科学创新实验室的日常工作。同时，他还是昆士兰大学心理学专业的名誉教授，以及布里斯班皇家儿童医院人的因素与病患安全方面的荣誉教授。在此之前，他曾担任瑞典隆德大学人的因素与系统安全科学教授。值得一提的是，他在获得了教授任职资格之后，学习了驾驶波音737型飞机并获得执照，之后在哥本哈根一家航空公司任兼职飞行员。

　　Sidney Dekker在人的差错管理与安全科学领域进行了大量开创性的研究，并得到了全球业界人士的广泛认可与赞誉。他的研究深入探讨了人的差错、复杂系统安全、事故调查与预防等多个方面，为提升全球安全管理水平作出了重要贡献。Dekker也是一系列安全科学畅销书籍的作者，包括《公正文化》（ *Just Culture* ）、《理解人的差错实战指南》（ *The Field Guide to Understanding Human Error* ）、《走向失效》（ *Drift into Failure* ）、《安全自治》（ *The Safety Anarchist* ）、《安全科学基础》（ *Foundations of Safety Science* ）以及《安全大不同：新时期人的因素》（ *Safety Differently：Human Factors for a New Era* ）等。这些书籍不仅深入剖析了安全科学的核心理念和方法，还提供了丰富的实战指南和案例分析，对推动全球安全科学的发展和应用具有重要意义。

　　Sidney Dekker的观点和方法被广泛应用于航空、核能、医疗等多个领域的安全管理实践中，他的研究成果和著作在全球范围内产生了广泛影响，值得广大读者和学者深入学习和研究。

《安全大不同：新时期人的因素》是在 2014 年由Taylor & Francis Group成员单位 CRC 出版社出版，它深入探讨了安全科学的新视角和新方法，对传统的安全管理理念提出了挑战，并倡导了一种全新的安全思维方式。这本书在全球范围内产生了广泛影响，被认为是安全科学领域的一部重要著作。

我于 2015 年年初，得到了这本书的英文版，粗读后遂被深深吸引并萌生翻译的念头。首先是被这本书的名字所吸引，从这个由一个名词和一个副词组合的词组，的确很难理解其内涵和深奥之处，也很难找到适当的中文词汇与之对应；其次是被它的封面设计所吸引，简洁而富有深意，预示着书中将探讨不同寻常的安全观念；最后是被书中的内容所吸引。翻开书本，我们感受到作者 Sidney Dekker深厚的学术功底和独特的思考方式。他的文字清晰、逻辑严密，同时又充满了对安全科学的热情和追求。在阅读过程中，读者可能会被书中对传统安全管理理念的挑战所震撼。Dekker教授以一种全新的视角审视安全，提出了许多颠覆性的观点和方法。他强调理解人的差错背后的系统原因，而不是简单地归咎于个人。这种思维方式将引导读者深入思考安全问题的本质，并探索更有效的解决方案。仔细通篇阅读后大家会发现，这本书不仅仅是一本学术著作，更是一本能够指导实践的安全管理手册。

2019 年 1 月，安全科学业界的国际知名期刊Safety Science挂出了一则关于"Safety Differently"的专刊征稿信息（http://www.safetydifferently.com/lean-and-safety-differently/），这是向全球学者发出的邀请，鼓励大家投稿探讨这一主题。这一举措不仅体现了期刊对"Safety Differently"理念的重视，也为其在国际学术界的传播和推广起到了积极的推动作用，更标志着"Safety Differently"这一安全科学的新理念、新范式在国际学术界得到了广泛的关注和认可。

在本书的翻译过程中，对书名更是几易其稿，最后确定为《安全大不同：新时期人的因素》。我认为，书中在以下方面向我们阐释了安全科学及新时代新人因问题的"大不同"：

（1）个体的差异与不同。在新时代对人的因素的研究需要有一种不同的思维。正所谓"千人千面"，我们需要更多地关注人的多样性、洞察力、创造力和安全智慧的源泉，而不是把人当作削弱系统安全性的危险源。因此，我们需要从正面角度增强对人的信任感、消除不信任人的官僚思维，也就是说更致力于实际地防止事故发生而不是表面上的安全感。

（2）不同情境下的管理策略不同。现代安全问题大都是复杂系统问题，安全的多维性主要体现为安全主体的多维性、安全客体（内容）的多维性和安全影响因素的多维性。如果需要基于某一取向解决一个复杂系统中的命题，那么答案就不是唯一的，可以有多个不同的解决方法；只有在预先确定的评价标准之下，才有相对最优的方案可言，否则很难说哪一个方法是最好的。安全复杂问题也是一样，适用的就是最好的。这也印证了过去多年讲安全课时常说的一句话——安全理论不用"贵"的，只用"对"的；安全理论不在于"知道"多少，而在于"实践"多少。

（3）理念进阶与观点的不同——把对安全和风险的关注转变为对韧性的关注。我们需要摆脱过去使用线性因果关系的笛卡尔–牛顿式描述安全问题的方式，转变为使用安全深度防御和其他静态隐喻的方式。我们需要拥有安全复杂性描述方法，即接受复杂系统的安全演化和系统整体性表达关系，而不是讨论系统的单独组分。

综上，"Safety Differently"强调以不同的方式来思考和实施安全管理。与传统的安全管理方法相比，"Safety Differently"更加关注理解和管理导致事故和伤害的复杂系统因素，而不仅仅关注个人的行为或失误。这一理念的核心在于认识到安全是一个复杂的、动态的系统属性，它受到组织文化、工作环境、员工行为、管理决策等多种因素的影响。因此，"Safety Differently"倡导者认为，仅仅通过规则、培训和惩罚来管理安全是不够的，需要采取更加综合和系统的方法来理解和解决安全问题。书中不乏很多关于新时代新人因的非传统性观点：

- 对安全问题和风险的关注，应成为对韧性能力的关注；我们需要偏离笛卡尔–牛顿式语言等线性因果关系，积极寻求纵深防御以及其他静态暗喻等；同时，我们需要一种能够体现复杂性、变化与变革以及历史关系，而不仅仅是个体的语言；我们需要将管控、约束、限制以及人的缺陷等字眼，转变为赋权、赋能、多样性以及人因机遇等新的内容。

- 我们需要从过去把人视为安全问题的原因去管控"人"，转变为将人视为解决安全问题的主体，呼吁发挥人的能动作用，突出保证安全的主体性，激发大家积极运用自己的知识、洞察力和知行合一来提升安全水平，过失不应被当成耻辱，而应被当作学习分享的机会。我们需要从过去把安全视为一种官僚问责，转变到将安全视为一种道德责任。我们需要从过去把安全视为没有负面的因素，转变为把安全视为一种积极前瞻的能力，即第一次就把事情做好，而不是不出问题就行。

- 我们需要从将人类视为需要控制的难题，转型为把人看成一种可供驾驭的解决方案。我们需要从视安全为行政机构的问责制，转型为将其视为一种向下延伸的道德责任。我们需要从把安全视为一种没有负面事件的状态，转型为把它看成一种存在正面的能力，从而使事情得以正确地实施……

总的来说，读完这本书，读者会感受到一种全新的安全科学氛围，书中分享给我们的是安全科学与众不同、与时俱进的新概念、新范式、新模型、新方法、新理念、新原理、新思路。它将激发读者的思考，挑战传统观念，并引导读者走向一条不同寻常的安全之路。无论是安全领域的专业人士，还是对安全管理感兴趣的普通读者，都将得到宝贵的启示和收获。

实际上，我们国内学者也提出了很多具有前瞻性、引领性的安全理念，如中南大学吴超教授建立的"安全新论"微信公众号，里面分享了很多具有创新性、实践指导性的安全科学理论研究与实践。中国地质大学（北京）的罗云教授编写的《安全生产理论100则》也是一部系统、全面介绍安全生产理论的著作。但我们的新理论、新模型等缺乏推广到国际层面的主动性、缺乏理论自信，导致大家往往只是单纯地认为外国人写的就是好东西。当然，国际上安全大家们的前沿思维确实也值得我们学习。新时代，摆在我们专业安全人员面前的是对安全科学理论的首创精神、对传统模型方法的质疑精神、开放思维的建立，以及探索具有中国特色的、符合我国国情的安全理论模型，构建多元共治的安全管理体系。

如果说什么时候是需要开放思维、迎接安全思维的新时代，那就是现在！

本书翻译过程中，得到了中国民航安全学院孙佳、倪海云两位教授的指点、帮助与校正，在此表示深深的感谢；同样感谢中国工人出版社李卫民编辑的精细工作。由于译者水平有限，书中难免存在不足之处，恳请读者批评指正。

译者

2024 年小暑

C O N T E N T S

目　录

7　新技术和自动化 / 267

P R E F A C E

前　言

　　人类究竟是一个需管控的难题，还是可以加以利用？半个世纪以来，在安全思考方面，主流观点认为人类是干预的主要目标。"人的因素"有关人类个体及其"心理、生理或是道德缺陷"。人类是需要控制的难题。必须谨慎选择——比起优势更要考虑是否没有局限性和缺陷——并根据工作所需技术的特点进行培养塑造。解决安全问题需管控工作中的人的因素。20世纪中叶，这一观念发生了显著转变。行为心理学是支撑并驱动安全思考的思想基础，随着技术日益复杂以及技术变革加速，对其科学基础和实用价值的怀疑程度日益增加。"人的因素"这一领域在转变过程中萌芽，可以证明人类工作的世界并非一成不变。相反，技术可以根据人类的优势和局限性进行调整——不受个体差异影响。通过控制技术、环境和体系，可以更多地解决安全问题。

　　在过去的四十多年里，人们日益意识到灾祸（如炼油厂的爆炸、商业飞机事故）的发生与体系——相关组织和机构的（不起）作用息息相关。人们不是始作俑者，而是受害方、后果承担人。商业航空公司、上游天然气供配系统、医疗、航天飞机或乘客摆渡船的建设或运营催生了广阔的机构网络，从而为其提供支持，促进改进和提升，并进行管控。没有这些——承运人、监管部门、政府机构、制造商、承包商、维修设施、培训机构等旨在保护并确保正常运营的组织和机构，复杂的技术就无法存在。它们的使命是避免事故的发生。自1978年三哩岛核事故发生以来，我们日益意识到本应确保技术安全和稳定的机构（人类运营、监管、管理和维护）恰恰是事故的主因之一。没有这些原因就不可能发生社会技术故障。

这一认知得到极大的解放并产生了实际影响。安全资源管理不再仅限于机构内部深处个别人的因素的控制，而是涵盖可能产生问题并危及每个人安全的整个体系、各个机构、各种设计问题，以及运营和组织局限性。但这一观念也存在其固有的遗传特性和反复性。安全问题日益发展为行政秩序和管理控制的题中之义。20世纪末最流行的组织安全概念是瑞士奶酪模型。这一模型说明结果失误是由诸多稍小且预先发生的问题导致的，这些问题来自决策层自上而下的各个组织和管理层。该理论强调了环境的重要性，不仅是有关决策层，而且是整体体系相关的所有人，因此同样具有实践指导意义以及解放性意义。但该理论将牛顿有关风险（作为需要遏制的能量）的学说以及线性因果关系的想法具体化。牛顿学说的世界观有效地阻碍了我们形成人的因素思维的能力，充满复杂性和互联性的新时代需要这种新型安全思维方式。而且，该理论没有跳出固有思维，依旧认为人类是需要控制的难题。如果组织保护层有缺陷和漏洞，就不仅仅是程序有误或设计不当的问题，而是（用该模型的说法来说）由违规、不安全行为、各层级的管理缺陷、错误决策以及监管不力等多种原因共同造成的。

但最重要的是，该理论传达了最先进的理念，体系内自上而下良好的行政和技术管理确保了关键领域的安全。我们需要查找并修补出现的漏洞和故障，从而避免结果失误。对官僚体制和行政管理，以及科学技术抱有信心，是一件好事，一件时髦的事。然而，这有助于加深安全问题主要产生于规划、流程、文书工作、审计跟踪以及行政工作的观念。因此促使了对安全管理体系的新的聚焦，基于流程的合规、监督和监测，对不良事件进行统计和记录，从而对工作在一线的人员提出新的限定要求。20世纪中叶的转变推动了解放，人的因素思维将其实现，又经历了某种反宗教改革。安全日益关涉责任问题、规范、保险机制，以及对管理和诉讼的敬畏心。在诸多行业，安全问题已经从操作意义转变为一种管理机制。从对机构中危险工作从业者的道德约束，转变为企业风险控制负责人的官方责任。新兴的安全管理机构越来越脱离日常运营，采用的指标也相对消极落后，倾向于使用缺陷、管控以及约束等字眼。人类再一次成为需要控制的难题。安全机制的发展使得机构较少考虑专业技术和运营经验，剥夺了中层管理和监管层的权力。人们感觉不再有能力或权力为自己着想，进而阻碍了创新、抑制了主动意识、削弱了问题归属。

安全，大不同

新时代的人的因素要求不一样的安全思维。一种将人类视为安全领域多样性、前瞻性、创造性和智慧源泉的思维，而不是破坏安全体系的风险所在。需要有一种能够更快地信任人类并质疑官僚主义的思维，因而实际上可以更有效地趋利避害。新时代的主要转变包括：

我们需要从将人类视为需要控制的难题，转变为将其视为可利用的解决方案。

我们需要从将安全问题视为上层官方问责，转变为将其视为底层道德责任。

我们需要从将安全问题视为不存在负面事件，转变为让事情正确的积极能力。对安全问题和风险的关注，应成为对韧性能力的关注。

我们需要偏离线性因果关系、纵深防御以及其他静态暗喻等笛卡尔-牛顿式语言。相反，我们需要一种能够体现复杂性、变化与变革以及历史关系，而不仅仅是个体的语言。

我们需要将控制、限制以及人类缺陷等字眼，转变为赋权、多样性以及人类机遇等新的内容。

当前环境下，未必充分具备应对这些转变的人的因素和安全思维。该领域很大程度上依旧依赖于特定自然科学观念基础上的相关词汇。这一点源自其根植于工程和实验心理学。这些词汇，包括暗喻、图像以及理念的精妙使用，越发与现代组织事故提出的解释性要求或信息时代的错综复杂性不匹配。这些词汇表现的世界观（或许）适合简单的机械或技术故障，抑或单一技术个别的交互作用。但它们远不能应对洞察大型社会技术问题的复杂性（复杂的技术效应），以及围绕其使用过程中产生的有序且不断发展的社会复杂性。

任何语言及其传递的世界观，限制了我们对世界、成功以及失败的理解。这些限制现在日益明显且作用更强。随着体系规模的扩大和复杂程度的提高，意外事件（体系意外事件，社会技术故障）的本质也在发生变化。资源稀缺和竞争意味着各体系在运营中不断地推向包线的边缘。为了在不断变化的环境中保持成功，就必须如此。边界处的商业回报更大，但是否发生意外事件的差别具有随机性，而不只是取决于可获得利润。开放体系一直小心翼翼地维持着安全运营，实现这一目标的过程难以识别或控制，界限中的精准定位也是如此。同时，科技的快速发展带来了新的危险，特别是对计算机技术依赖性更高的技术。工程和社会体系（及其交互作用）在更大程度上依赖于信息技术。尽管计算速度和信息获取大体上可以看作安全优势，我们在数据理解方面的能力却未能与我们在数据收集和生成方面的能力同步。了解越多，我们可能实际上知道得越少。根据数字（意外事件、差错统计、安全威胁）管理安全，就好像安全是哈佛商业模式的另一个指数，我们可能会形成对合理性和管理控制的错误印象。我们可能会忽略更高层次的变量，这些变量可能有关其他更有用的信息，比如系统漂移的本质和方向。我们也可能会失去对社会科技功能更深层次的理解。

如果不能理解其中的现代主义内涵，确实会引发一些问题。在意外事件调查过程中，很容易设想失效体系只是稍有一些复杂，并不难懂。二者的区别会在本书中有所介绍。目前，通常认为复杂的体系带有有意识的设计，相对脱离环境，而且也不会发展到新的或未知的状态。可以了解这些体系，失效的部分也可以通过分解找到。然而，我们在事故现场找到的系统碎片是真实可信的吗？我们建立的组织和采用的技术好像和有机体系有更多的共同之处——不限制与环境的交互作用并且可以朝着最初设计不曾预想过的方向发展。这些体系的发展并非整齐划一：有些散乱。环境可以其特有的方式影响、融入并触碰参与其中的人类或元素。各部分之间不断变化的关系引起了个体层面无法看到的涌现行为和特性。在这样的环境下，出于资源稀缺和竞争的压力，不透明且庞大复杂的社会技术体系的信息只能传达给部分相关人员，决策和协议的制定在一定区域范围内具有意义但会引起全球问题，最终陷入失效。漂移陷入失效与正常的适应性组织程序有关。安全体系中的组织失效并非由故障或单个元件质量不过关或欠缺造成。相反，安全体系中的组织失效之前是正常的工作，正常的工作人员在看似正常的机构中正常开展工作。这看似与意外事件的定义有出入，也可能不利于意外事件报告机制作为了解安全水平工具的作用发挥。正常工作和意外事件之间的界限显然是弹性的，也会不断变动。在原有的基础上不断改进，昨日的成功是明日安全的保障。渐进主义将濒临崩溃的体系挽救了回来，虽然并没有强有力的实际证据显示这样的趋势。

当前的人的因素和安全模型无法应对这一问题，需要将已有失效作为判断失效的先决条件。依旧以发现元件当中或相关的失效（比如人的差错、防御层漏洞、潜在的问题、组织缺陷以及常驻病原菌）为导向，并且依靠外部要求的工作和结构标准，而不是以内部人员解释（有关失效和日常工作）为标准。决策者作出成千上万的大大小小的权衡取舍，而这影响着体系的一路漂移，同样，他们的意义建构以及实现局部合理性的过程，并不在当今人的因素辞典范畴内。当前的模式通常将组织视作由元件和联动装置组成的笛卡尔-牛顿机器。灾祸事故是由导火索和结果之间的一系列事件（行动和反应）共同导致的。这样的模型无法解释潜在失效的形成、逐渐递增的控制力下降或丧失。约束力下降、安全机制磨损、趋利倾向的过程难以捕捉，是因为结构主义方法是为了结果形式的静态现代主义说法，而不是面向形成过程的动态模型。人的因素和安全思维假设性地排除了个人和世界之间互动和社会的过程，因而无法有效预防阻止牵扯技术、社会、机构以及个体等因素的失效，并为此付出代价。人的因素研究依旧受成分主义和碎片化因素影响，难以取得进展。扩大研究单位（如认知系统工程学和分布式认知的理念）并呼吁集中了解评估和想法，是掌握现有人的因素和安全思维尚不具备的新型实践发展的两种方式。

作为一门实用主义和不断提升的心理学，人的因素和安全思维大体上保持了笛卡尔-牛顿式科学观，坚信科学知识的必然性。科学的目的在于通过得出通用且最为精确的自然规律，从而实现控制。人的因素当中也体现了这一点，特别是在实验的优势、以法律为根据而非研究的表意倾向，以及对观测事实现实主义的坚定信心方面。人的因素和安全思维所依靠的用来应对复杂问题的还原性策略也有所体现，就像泰勒之前的做法一样。牛顿式问题解决需要分析，需要将问题划分成几个部分，再根据一定的逻辑顺序处理。现象分解为更多基本片段，再根据其构成元件及其相互作用关系作出整体解释。在人的因素和安全思维中，精神通常被理解为一个盒式建构物，能够发挥内部表述的机械性职能；工作通过等级任务分析划分为几个步骤；组织并非有机或动态的，而是由静态的分层、隔层及其间的连接构成的；安全是可以根据低位机制（报告系统、错误率和审计、组织图中的安全管理功能、质量系统）了解的结构特性。

牛顿和笛卡尔在自然科学领域颇有建树，对其他领域的人的因素和安全也有较大影响。比如信息处理范式，有效地解决了第二次世界大战时期雷达和无线电话务员早期的信息传递问题，在人的因素研究中也得到了广泛应用。该范式依旧是主导力量，得到了斯巴达实验室的支持，证实了它的实用性和有效性。该范式体现了机械式思维，划分为几个单独的部分（奈瑟尔曾经称之为内心的捷径），其间彼此也有连接。牛顿热衷于其中的运作原理。笛卡尔也同样如此：将精神和世界清楚划分开，解决了二者之间相关的诸多问题。信息处理等机械模型自然对工程学以及其他人的因素研究结果应用领域具有吸引力。实用主义加强了从业者和科学之间的联结，而且如同一个应用人员熟悉的技术设备一样，认知模型有利于实现这一目标。但没有实证原因限制我们对态度、记忆或启发的理解，这些如同心理上编码的沉淀内容，就如同有些意识内容有有效期限一样。事实上，这样的模型严重地限制了我们的理解能力，这涉及有关人们如何通过对话和行为构建知觉和社会秩序；如何通过论述和行为创造环境，并反过来确定进一步的行为和可能的评估，然后约束随后被认为是可接受的论述和合理的决定。我们必须先理解人们如何通过评估和行为，在其所处环境中形成世界观，才能开始了解现实漂移陷入失效的过程。

信息处理符合一个更大的主导后设性角度，即将个人视作其中心焦点。这一观点也是传承了科学革命和启蒙运动的思想，日益普及了人文主义"独立个体"的观念。从心理学的角度来说，这意味着所有值得研究的过程都发生在主体（或思想）界限之内。心灵主义者对信息处理的关注体现了这一点，我们如何衡量"安全文化"也是如此。杜尔凯姆（Durkheim）很久以前指出任何试图根据个体解释社会和文化，从分析的角度来看都是危险的。但我们正是如此——询问个体在机构中的经验和倾向，并将汇总的信息视作"文化"。这可能是因为人的因素研究者来自心理学领域，而非人类学或人种志学。当然，在这些领域，将文化定义为个人观念、实践以及选择的总和是非常滑稽的。而且文化分好坏（比如良好的安全文化）的标准观念不仅狂妄自大也非常不祥。或许此类研究是个体必胜心态的另一种表现，这种元理论（metatheory）具有典型民间或世俗社会科学特征，并且对于西方大部分人来说是自然而然的。

我们也可以在实证主义者概念下的元素感知中，看到笛卡尔–牛顿解构思想和成分主义——世界上感知到的元素，逐渐通过不同阶段的心理处理转化为具体含义。这些古老的想法是当今许多传统人的因素研究的正统理论概念。实证主义曾是心理学历史上的一股力量。在信息–处理范式的支持下，其中心教义促进了情景意识等理论的再度流行。在应用人群采纳这一民间模型并进行推定的科学审查过程中，人的因素可谓实用主义典范。民间模型巧妙地融入了人的因素作为应用学科的关注点。很少有理论可以像那些为了科学研究而应用并细分从业者自有语言的理论那样，缩小研究者和从业者之间的代沟。当研究者在利用民间模型或实践经验来探讨某一现象（如共享情景意识、自满情绪等）时，需要谨慎地评估其认识论上的成本和局限性。这就使得自卡尔·波普尔（Karl Popper）以来，人的因素研究缺失了科学质量控制的主要机制。

曾经的人的因素和体系安全实用主义思想是否还能有效解决当今世界出现的问题？随着第二次世界大战后技术的发展，我们可能陷入了一种反复，行为主义表现得有所欠缺。这次，可能轮到人的因素和安全思维了。然而，当代的发展不仅表现在技术层面，而且表现在社会技术层面：理解体系安全或脆弱的原因不仅仅需要对人—机界面进行了解。如大卫·梅斯特（David Meister）所指出（他活跃了一段时间）的一样，人的因素自20世纪50年代以来就没有太多进展。"我们研究了50年，"他十分好奇地问，"我们究竟比一开始取得了多少进步呢？"（Meister，2003，P.5）。并非人的因素和体系安全的相关方式方法不再有用，而是只有在充分了解其局限之后，才能更好地物尽其用。在上部著作［《人的差错十问》（*Ten Questions About Human Error*）］的基础上，本书是人的因素和体系安全领域大变革的一部分，旨在探究深层次的局限和新的影响，提出了有关人的因素和体系安全的一些问题，有关它们在当下的定位及其涵盖的内容。本书试图展现我们现如今思维的局限性；我们的用词、模型以及想法在哪些方面影响了发展。书中每一章都提出了新的想法和模型，以期更好地应对我们面临的复杂难题。如果提到了我们目前的所作所为，其意并不在指责、刁难，而是以批判的眼光看问题。二者之间，存在一定差异。前者是因为我们看到了错误或失误而表达出的不赞成。它通常不具有建设性，也可能意味着谈话的结束。后者不是建立规范，而是更具探究性，揭露和质疑观念深处的可能性，具有驱动力。当你开始以分析的眼光看待支撑我们最普遍盛行的观念的那些权衡和前提，我们才能开始有意义的对话——一场在课堂上、文学著作里，与客户、学生、同事、外行人的有意义的对话。我希望本书可以让你驻足思考——具有批判性的思考。

技术变革从传统意义上来说，促进了人的因素和安全思维的发展。技术变革提出的实际要求赋予了当今人的因素和安全思维所必需的务实精神。但如果不能与时俱进，满足当下发展的需要，就无法体现其务实精神。社会科学变革在近期不会停歇，这个世界也是日益复杂。如果我们认为第二次世界大战带来了许多有趣的变革，比如人的因素作为一门学科诞生，那么今天，我们所处的时代则更令人振奋。如果我们在人的因素和安全领域，仅仅因为其曾经发挥的作用就因循守旧，我们就有可能像失效的体系一样，走向失败。务实主义要求我们不断调整，更好地应对当今世界错综复杂的局面。曾经的成功并不能确保未来的延续。正因为如此，我们需要不同于往日的安全思维。正因为如此，我们需要发展新时代的人的因素。

THANKS

致 谢

诚挚感谢Ken Gergen, John Flach, Jens Rasmussen, David Woods, Erik Hollnagel, Nancy Leveson, Judith Orasanu, Gene Rochlin, James Reason, Gary Klein, Karl Weick, John Senders以及Diane Vaughan对本书的贡献。还有更多的学生和同事——无论是过去还是现在——感谢你们的支持，包括James Nyce, Johan Bergstrom, Kip Smith, Margareta Lutzhoft, Isis Amer Wahlin, Nicklas Dahlstrom, David Capers, Roel van Winsen, Eder Henriqson, Penny Sanderson, Maurice Peters, Caroline Bjorklund, Jens Alfredsson, Gideon Singer, Heather Parker, Rob Robson, Nancy Berlinger, OrjanGoteman, Ivan Pupulidy, Shawn Pruchnicki, Hans Houtman, Erik van der Lely, Monique Mann, Shane Durdin, Daniel Hummerdal, Mike Goddu以及Rick Strycker。同样要感谢多年以来，为研究提供经费和支持的人们，是你们为我梦想的实现提供了机遇，为新思想的萌芽、发展创造了空间。这里，我特别要提起Arne Axelsson，以及最近的Martin O'Neil, Kelvin Genn, Corrie Pitzer及John Green。最后，感谢我的学生们促使我撰写了新版本的《人的差错十问》（*Ten Questions About Human Error*），感谢我的研究助理Ebony King，没有她自始至终的帮助也就不会有这个新版本的《安全大不同》。

AUTHOR

作　者

西德尼·德科（Sidney Dekker）时任澳大利亚格里菲斯大学（Griffith University）教授，安全科学创新实验室负责人。多部人的因素和安全领域畅销书作者，最近作为兼职航空公司飞行员，积极承担波音737NG飞行任务。

1 让世界更美好

本章要点

- 20 世纪，我们对安全和人的因素之间关系的看法发生了显著转变。我们所谓的"人的因素"领域兴起之后，发生了这一转变。

- 20 世纪前半叶，人的因素通常被视作安全问题的成因。安全干预以人为目标，必须根据固定的体系和技术选择合适的人，并进行适应。通过控制人来解决安全问题。

- 20 世纪后半叶，人类被视作安全问题的承受者。安全干预以体系为目标，技术并非一成不变，而是要根据人的强项和局限性进行调整。通过控制技术来解决安全问题。

- 因此发生的改革遇上了反宗教改革，其中工人被赋予了更多安全实践和行为方面的责任，并因违反要求而受到处罚。这一倾向与人的差错犯罪化以及很多行业的安全官僚行政化相一致。

- 人的因素富有自主性，因其追求人的周边体系的安全提升，而非仅仅是人本身。然而，这一观点再次肯定了现代主义信仰，即更好的组织和工作等级秩序可以更好地实现安全。

- 现代主义设想，特别是我们对技术、体系以及官方机构合理性的信任，在安全保障方式和人的因素方面可见一斑。许多机构依赖于安全管理体系、损失预防体系，或是类似的官方机构记录统计不良事件，作为"安全文化"缺失或存在的证据。

- 迅速发展的安全管理机构全神贯注于记录，统计落后的负面事物（比如

"违规"，或是误差、意外事件），倾向于轻视专业知识和经验的价值。他们将安全从运行人员应有的道德责任转化为强加给非运行人员的行政问责制。

- 进入新时代的安全思维，不再将人视作需要控制的难题，而是可以利用的解决方案。需要将安全思维视作具有让事物正常运作的能力，而不是消除负面事件。而且这意味着我们重新将安全思维视作关键安全岗位上的人们应有的责任，而不是强加给上层人士的行政问责制。

20 世纪的安全和人的因素

人和技术作为安全工作目标

自 20 世纪早期开始，对安全的追求就一直是让世界更美好的不可或缺的一部分。为了追求安全领域的进步，大部分行业必须考虑人的因素。毕竟，人在安全营造、保障、策划、设计以及遗忘和破坏方面发挥着重要作用。20 世纪，对人的因素的理解发生了巨大转变。这一转变，大体上包括以下几点（见表 1.1）：

- 20 世纪前半叶，人的因素通常被视作安全隐患的成因。安全干预以人为目标——通过能力测试、选拔、培训、提醒、处罚以及激励等措施。技术和任务被视作固定不变的——必须相应地选择和培养人员。通过控制人来解决安全问题。

- 20 世纪后半叶，人类被视作安全隐患的承受者——问题发生在上游，并通过有缺陷的工具、技术或任务传递。安全干预以体系为目标——改进设计和组织。技术并非一成不变，而是具有可塑性，根据人的强项和局限性进行调整。比起个体差异，设计不受个体行为影响，独立于其差异性的技术和体系则具有更为重要的意义。通过控制技术来解决安全问题。一个好的系统是被设计出来的，同时也是被策划组织出来的。

技术不是固定不变的，而是可塑的，它应该更好地适应个体的特点和人体的局限性。应重点考虑如何通过技术和系统的设计来抵消个体行为的差异以及容忍个人的行为，这就是我们所说的通过系统安全科学技术解决系统安全问题。

表 1.1　20 世纪，我们对安全和人的因素之间关系的理解发生了巨大转变

20 世纪前半叶	20 世纪后半叶
人是安全事故的原因	人是安全事故的承受者
安全干预以人为目标，通过选拔、培训、处罚和奖励等措施	安全干预以组织和技术环境为目标
技术和任务是固定不变的，必须相应地选择和培养人员	技术和任务具有可塑性，应根据人的强项和局限性进行调整
个体差异是选择任务合适人选的关键	技术和任务的设计应具有抗错性和容错性，不受个体差异影响
通过控制人解决安全问题	通过控制技术解决安全问题
心理学有助于影响人的行为；我们可以根据体系需要对人进行改造	心理学有助于理解认知、注意力、记忆和决策，因此我们可以根据人的特点设计体系

随着这一转变，心理学理论化领域也发生了改变。行为主义是心理学的一个流派，并盛行于 20 世纪前半叶。这是一种并不关心心理现象的心理学，而是根据现存环境，通过巧妙的挑选、奖励和处罚方式影响并塑造人们的行为。比起询问并了解人们行事的原因，针对他们的行为产生正确的导向更有意义。20 世纪后半叶，恰恰相反，见证了认知心理学、社会心理学以及工程心理学的发展。心理和社会现象再次成为了解如何更好地设计和开发技术的重要因素，从而使其更适合人类在认知、记忆、注意力、协作、沟通和决策等方面的优势和局限性。

行为安全和责任化

当然，历史从未这样一分为二过。泰勒主义，如我们将在下文看到的，是一项始于 20 世纪早期的运动。而且实际上，该运动宣扬根据工作安排用人。评估工作人员及其工作内容、工作执行计时，研究人的运动、记录、管理以及拥有其他官僚机械使得泰勒主义成为典型的现代主义干预。但泰勒主义也是以批判的眼光看待体系——包括工厂和生产线设计、规划以及监管——因为意识到只是要求工作人员更努力地工作，却不改善技术，收效甚微。

20 世纪晚期体现了 20 世纪前半叶许多观念的回潮。行为安全在许多行业都有所恢复，因为在全面投入各种体系、程序、理论以及保护之后，行业领导人和安全经理探寻新的想法，从而进一步降低平缓稳定的意外事件和受伤数量。这使得干预目标再次变为人及其行为。描述人类不足的词汇以及体系强加的限制和控制驱动了安全工作的开展。关键词汇专注于人类应该做什么，以及在哪些方面不擅长——需要在一个其他方面都很完美的体系中，控制人类的短处：

> 现在大家普遍认识到个体人性弱点——是大部分意外事故背后的原因。尽管许多安全条例、规范程序以及管理理论已经提出了要求，但人们并非始终恪尽职守。有些员工对安全管理有负面情绪，反过来就会影响他们的行为。即使机构构建维持多层防护，旨在避免人员受伤或财产受损，也会因为这种情况受到损害（Lee 和 Harrison，2000，P.61-62）。

甚至在法律方面，许多西方国家和其他国家也出现了倾向"责任化"的新自由主义趋势。最近一项研究显示，工作人员在其个人安全方面承担了更多的责任，并将作为导致问题的个体接受问责、评判和处罚——而不是集体受害人。在许多领域和行业中，工作人员自身越来越多地因违背安全要求而受到责备（处罚、开罚单），在工作场所安全检查员开出的罚单中，2/3以上都指向工作人员或是直接领导（Gray，2009）。这背离了20世纪渐升的从道德和司法方面将雇主当作安全问题责任人（比如指责体系、机构，有时指责负责人）的概念。现在，个体责任再一次落在了工作人员身上，"教导他们作为主体，要有谨慎意识，必须'践行法律责任'"（Gary，2009，P.327）。换句话说，工作人员在诱使下（通过赢得他们的"心和思想"）做对事情：集中注意力、配备防护措施、确保机械防护、使用升降设备、提出问题、勇于表达。如果没有做到，"面对工作场所中的危险时，没能践行个体职责是危险岗位工作人员受伤的主要原因"（Gray，2009，P.330）。有关新的责任化推定的科学立法，推行得还算顺利：

> 工作中危险重重。息息相关，无可奈何。现在，有了健康与安全部（Health and Safety Executive，HSE），你可能也必须忍受很多行为安全的要求。该部门再次启用没有可信度的"行为安全"学说，这样无论你在工作中面临多少灾难，事情发生之后，你都可以妥妥地告诉自己："都是你的错。"……在工程控制要求、削减有毒物品使用以及符合人体工程学的工作设计方面，不再有需求，因为关注点转移到工作人员是否配备个人防护装置、身体姿势是否正确。不再关注工作的组织或重组方式——甚至不再考虑适当的人员编制、控制加班时间、人性化的工作负荷和工作节奏。这些项目和政策打击了工作人员报告症状、损伤和病痛的积极性，产生了寒蝉效应（USW，2010，P.33）。

这样的失败观念，特别是在为了安全而努力赢得人心方面，具有深刻的道德含义。没能遵守这样的观念不仅构成违法，也是道德的沦丧、人心的缺失。正如利普（Leape）所说，我们"开始将差错视为性格缺陷——你不够仔细……没有疏忽，怎么可能出现差错？"（Leape，1994，P.1851）。安全领域取得的进展结果可能会有大幅退步。注意"不安全行为"的观点（参见Reason，1990，

1997），在过去的30年里，这一观点在安全思维领域颇为著名，但也有人质疑，认为该观点将差错归咎于工作人员：

> 基于行为的方法将工作伤病归咎于工作人员自己，打击了受伤报告和危险源报告的积极性。如果受伤没能上报，那么受伤的危害就不会被识别并得到解决。受伤的工作人员可能得不到应有的照顾，而且医疗费用就由劳工灾害补偿（雇主支付）转嫁到医疗保险上（工作人员可能需要承担更多费用）。另外，如果一位工作人员接受培训，学会观察并识别同事的"不安全行为"，他或她就会报告"你做得不对"而非"工作需要调整"（Frederick和Lessin，2000）。

同时，一些看似和安全设计一样重要的事物却在缓慢侵蚀某些行业——尽管半个世纪以来，技术已经被推定为安全干预的中心目标。安全设计通过控制技术而非人类，成为解决安全问题的有效途径。设备标准化设计是飞机制造业一直以来的追求，而且行业安全记录和行业内标准化抗错容错设计（例如，帮助人们避免差错并且能够在出现问题时无害地减轻后果影响）的采纳程度有紧密联系（Amalberti，2001；Billings，1997）。这一观点并非适用于所有行业。许多当下的工具和技术由于没有抗错容错的能力，依旧带有不必要的风险——从超市的片肉机到建筑行业的剪刀式升降机。而且，一些工具和技术的防护措施可能会阻碍其原有功能的发挥。当下一些非常典型的干预措施再一次受到20世纪前半叶观念的影响。人类是主要的目标。坚持在不变的技术基础上提出警告并采取措施，提醒人们小心谨慎。

新加坡安全设计

一个有关安全设计的典范来自新加坡的绿色建筑。在这个领土非常有限的城邦国家，居民建造起了鳞次栉比的高楼。但他们也重视绿化，也难怪：新加坡地处热带。绿色的建筑墙面掩映在热带植物中，美化了城市景观，深受人们喜爱。当然，维护是个问题：在十几二十层高的垂直建筑墙面搞园艺很具有挑战性。有一些正常的高空作业干预，比如我们在窗户清洁（使用安全带、缆绳，挂脚手架）过程中看到的，但依旧将工人置于建筑之外，并形成独有的风险。有一栋建筑，绿色墙面可以向内旋转。工作人员因此可以搭乘电梯，到达合适的楼层，解开墙面固定插栓，旋转到面前，打理植物，再旋转回原位并固定。这是安全设计。在体系投入运营之前，就通过设计排除风险和差错的可能。

当前的形势下，改革与反改革推拉式发展——从人类到体系再反复——有必要认真审视我们的起源。本章的主旨在于：阐述我们安全思维的发展过程及其过程中人的因素扮演的角色。引领了 20 世纪中叶及其前后，智力和技术取得发展背景下的改革。也探索了心理学和我们的人类观——我们自己角色的转变，因为我们对事故风险有了不一样的理解。令人惊愕的是，这段历史将终结在其原点：将人类视作需要控制的中心难题。然而，今天，控制错误的人的因素的诸多努力得到了现代主义的全面支持：监督，以及工作场所行为监控、统计和存储的科技合理性——从近海产业的损害预防体系，到飞机驾驶舱的错误计数，再到医院手术室的数据记录仪。这些技术尚未有效之时，我们更多地诉诸司法体系来处理人的因素。在船运、航空、医疗以及建筑等行业领域内，人的因素犯罪化呈上升趋势。意大利法律规定中，一项明确的犯罪类别就是"引起空难"，瑞典最近就引进了类似的"患者安全犯罪（patient safety crime）"（Dekker，2010a）。令人担忧的是，本应公平合理追求真相的司法制度开始吸纳我们无意间杜撰的概念。执笔于此，一位运营人员经起诉被判处四年监禁，因其在恶劣天气自动化事故中"丧失情景意识"，并造成两人死亡（参见第 4 章）。在最糟糕的情况下，这代表了相当反乌托邦的人类观和令人畏惧、心生不悦的观念，认为退化的工作场所道德规范只能通过更强的极权主义和针对人的因素的司法管制才能应对。如果说什么时候需要开放思维，迎接安全思维新时代，那就是现在。

改进工作，改善世界

我们从一个更美好更人道主义的假设开始。安全工作从业人员希望让这个世界或是自身周边变得更美好。他们想要防止悲剧，增强安全性和抗逆力，并避免损伤和事故。这些是最重要的社会和道德抱负，代表了一种在不久的过去，在更宏大的背景下——启蒙运动和科学革命期间，体现出的志向。正是基于此，我们在风险、安全以及人的因素方面真正的思考能力开始萌芽。毕竟，有效管理安全需要的一些要素之前并没有在西方世界普及：

- 一种理念，即不好的事情并非命运使然或是神的意志，人类发挥聪明才智可以掌控自己的命运。在宿命论或是宗教思想浓厚的社会环境中，人类的努力在风险管控方面作用甚微：毕竟，天命不可违。
- 财富，用于发展建立技术体系从而改善或是确保安全。如果没有实现资本的大幅增长，并从少数的领地主、皇室或教会的手中转移到企业主及（逐渐转移到）工人手中，就不会有投资于安全保护的资源。
- 大型科学合理的测量，数据记录和存储，包括事故和意外数据，从而促使安全问题更明显公开，随之而来的是风险证券化和保险行业的发展。
- 西方社会的民主化及道德逐步成熟化，使意外死亡、损伤、暴力以及风险日益具有非法性，工人和中产阶级对安全保护需求的呼声日益高涨。

启蒙运动和科学革命（及其导致的工业革命）对这一切的发生具有很大推动作用，正是因此，我们最先从此处展开阐述，并在后文章节中探寻其他方面的影响。

启蒙运动

我们的领域建立在更深层次的假想和期望之上，启蒙运动对这一认识具有重要意义。启蒙运动泛指 17 世纪和 18 世纪期间，席卷欧洲大陆并稍后传播至美洲殖民地的一系列智力、政治、文化以及社会运动。其主要目的在于社会改革；从教会和君主制手中夺权；挑战根植于传统、等级制度和信仰的思想；为普通大众发声。启蒙运动代表思想家包括荷兰的斯宾诺莎，英国的霍布斯和洛克，哥尼斯堡的康德，苏格兰的亚当·斯密和大卫·休谟，法国的伏尔泰、卢梭和孟德斯鸠，北美的富兰克林。各国启蒙运动的表现形式各有不同。在法国，是反对政府统治和审查的战斗；在英国，具有重大科学意义（牛顿被授予骑士爵位并担任获利颇丰的铸币局负责人）；在德国，运动深入中产阶级，发展为并不威胁政府或教会的国家民族主义；在荷兰，黄金时代（近乎整个 17 世纪）的经济发展凸显了启蒙运动的自由化和民主特征，又进一步受到 16 世纪新教徒反对天主教反改革运动的推动。

席卷欧洲大陆的各式各样的启蒙运动从严格意义上来说，始于 16 世纪和 17 世纪的科学革命。新的科学发现开始动摇长期以来基督教推行的有关自然神论和地心说的世界观，为一系列自然现象的相关发现奠定了基础。这些发现在医药、化工、物理以及工程领域，为影响和控制自然变迁提供了新的方式。科学确实可以让世界更美好——显而易见、有条不紊、有证可循。比如，牛顿的理论认为自然运转简单有序，只要长时间地认真研究，就可以发现其运转规律。自然运转有其规律，人类通过理性思考便可发现。启蒙运动思想家依靠人类，而非神；依靠人类理性思考，而非君王命令或是传统规定。他们对其他来源的知识和权威持怀疑态度——在教会和王权统治了几百年之后，这点并不奇怪。科学洞察力和人类推理理性思考的能力具有强大的力量，确实可以重塑世界，让世界更美好。启蒙运动对西方世界的文化、政治和政府产生了重大而持久的影响。在政治上，启蒙运动让更多人有了投票的权利，每个人都有了参与政治的机会。它还废除了不公平的契约劳工和奴隶制度。此外，启蒙运动也让政府更加关注公共卫生问题，努力让每个人都能获得医疗保健、公共住房和教育。总的来说，启蒙运动让西方世界变得更加公平、公正和繁荣。

从工匠到工人

在现代化之前的体系中，设计师和用户拥有相当大的自主权。比如，在11世纪的中国或者15世纪的欧洲，印刷机的制造者可以非常自由地选择他们想要用的材料，零件的数量、大小和形状，以及能够放入印刷机的纸张大小等。整个设计和制造印刷机的过程都展现出了非常高超的技艺。设计师、建造者以及用户往往是同一个人。工匠参差不齐：其中一些更优秀，因此声誉更好。质量和产品安全良莠不齐非常普遍。在现如今的造船业，这种技艺差别情况依旧明显可见。这就导致了非常多变的舰桥设计，这种设计往往具有独特性，一座舰桥上应用的系统操作技术无法轻易照搬到另一座舰桥，而且非常容易出现替代误差或是其他混乱（Lützhoft和Dekker，2002）。保罗·菲兹（Paul Fitts）和理查德·琼斯（Richard Jones）及其同事（即将在本章中提到）也收集了大量有趣的例子，（看上去可能是）展现手艺的飞机制造引起了可预见的难题：

> 某天上午11点左右，我们接到警报，雷达显示有35架日本飞机。面对多架飞机引起的疯狂混乱，我碰巧选了一架两天前刚到的新飞机。我爬进去，整个驾驶舱看上去像被重新调整过。最后，成功启动，但也就在此时，日本人发动了袭击。其他人员也纷纷动身，爬升高度。我看向仪表板，看着周边的这些仪表，汗水顺颊而下。第一颗

炸弹在作战中心几百码（1 码=0.914 4 m）外炸开。我意识到在这样
的情形下，无法起飞，但肯定可以在地面上驾驶。实际上我也是这
么做的——袭击期间，在地面上驾驶，在跑道上上上下下（USAF，
1947，P.37）。

　　一个有趣的边注是，现今的外科手术有时也表现出具有工匠观点的特征
（Amalberti等，2005）。人们常常根据个人声誉选择和了解外科医生，这与对麻
醉师的态度截然相反。麻醉师非常安全，而且作为一个应用和技术领域，相对
稳定且标准化。可以肯定的是，依旧有很多麻醉设备设计远没有做到稳定或是
标准化（Cook等，1991）。但其他方面健康的患者在进行麻醉时的死亡风险很
低：每次麻醉风险接近百万分之一。这和大多西方国家民航的安全标准很接近
（Amalberti，2001）。外科手术不及麻醉安全：死亡风险近万分之一，而且无意
识非致命伤害更常见（Baker等，2004）。当然，通常出于好意避免终极标准化
和行为者等价（actor equivalency）：无论是即将开刀的躯体还是实现这一目的
的知识储备（特别是癌症手术）都并非标准或是稳定的。

　　工业革命在很多领域改变了这一点。批量生产的机遇和需求带来了完全
不同的要求。功能性和均匀性成为实现效率和可预测性的重要手段。就拿 19
世纪取代了手动古腾堡式印刷机的蒸汽旋转印刷机来说，更高的标准化程度
注定会在生产过程中实现更高的产出和线性度。这种印刷机要求特定种类和
尺寸的用纸，以及可替换的标准零件。印刷者从积极参与印刷机设计建造的
工匠，转变为更具有独立性、容易被替代的工人。工人在印刷机的设计、建
造或人员配置方面几乎没有发言权，对相关的工作规划或是工作节奏影响甚
微。工作场所逐渐被视作"工作的机器"，就好像汽车成为"行驶的机器"，
而建筑成为"居住的机器"（Harvey，1990）。参与印刷机设计、建造或使用
的人被迫接受对其个人判断力和自主权更严格的限制。技艺自下而上决定设

计规格之处，便会有这些自上而下强制执行的限制。

来自上层的控制

启蒙运动的理念成为 19 世纪和 20 世纪初现代主义领域取得的成就。可以推定工业革命理性的规划、科学以及技术为日益增多的消费者创造了更美好的世界。机械化和批量生产意味着他们现在通常可以获得之前不可获取的事物——布料、糖、汽车、用自己的语言印刷的理念、业余时间。这赋予人们巨大的能力。但这是单方面的好事吗？通过自上而下按阶层实施控制，实现了对环境和人们工作的控制。这就是现代主义，旨在通过提高事物的理性化程度和技术水平，减少随机性和临时性，从而让世界变得更好。集中事物的规划、建模、设计和建造，并与其使用和参与的工作执行过程相分离。

因此，非理性结果比理性结果变得更加明显。工业革命带来了新的工作场所事故：引发与工作中使用有毒材料相关的疾病，导致环境退化，并形成了新的且根深蒂固的城市底层阶级，其中大多生活贫困。童工和新型奴役对于资本主义老板而言屡见不鲜。在许多城市中，新工业时代平均寿命比中世纪还要短（Mokyr，1992）。而且新形式的管理当局和知识（科学、管理和企业）具有排他性，正如教会和王权之前所为。比如弗雷德里克·泰勒（Frederick Taylor）的"科学管理"，通过遵循现代主义规定的全部内容：理性控制，自上按级实施，任务和设备标准化，消灭主动权、即兴空间、自下而上创新或是工人自主权，将工作和技术分包成详细可控的小单位，从而实现更小、更好、更廉价的制造业。科学管理断言管理人员聪明而工人愚蠢。工人可以执行，却不能建立工作理论，或是管理工作。不应将工作规划交由他们来做，因此他们的声音和想法大多不具有相关性。没必要听取他们的意见，只能将其作为研究（经典的工时与动作研究）、干预以及更好控制的对象。通过合理应用理性，任何有技能要求的工艺都可以分解为极小的工作碎片，从而提高其效率。

弗雷德里克·泰勒与科学管理

弗雷德里克·温斯洛·泰勒（Frederick Winslow Taylor，1856—1915）因"科学管理"而闻名，也称泰勒主义。他和弗兰克·吉尔布雷斯（Frank Gilbreth）的创新在于"科学地"（比如，通过工时与动作研究）研究工作过程：工作如何开展以及如何提高工作效率？尽管二人在哲学方面存在很多分歧，但都有工程背景（机械和工业）。泰勒和吉尔布雷斯都意识到只是让人们竭尽全力努力工作，不如优化工作方式更有效率。认真科学的研究不仅可以判断每项工作所需的最低劳动力数量，也有助于明确各个站点或是各个流水线上所要求的技术水平和预期或可能的工作量。早期在砌砖和装填生铁（从熔化的熔炉中，获取长方形粗铁块）方面的试验取得了成功：通过分析、减少并重新分配基本任务，砌砖和装填生铁的效率都有了显著的提高。通过计算一项任务的各部分所需用时，泰勒可以制定完成任务的"最佳"途径。"最佳"标准使其可以以一种原型行为主义者的方式，推进"一日工作便得一日工资"（本身就有助于效率的提升）的理念：如果一个工人工作成果不足够，就不值得获得和其他更能干的工人一样多的报酬。科学管理让工人之间生产力的差别更明显，因此也是报酬激励的更好目标。

生产线也很快如此。激励他们的难题来自生产线——在汽车制造业领域并非首创，尽管亨利·福特（Henry Ford）轻易照搬了这个理念。泰勒和同事研究的生产线来自芝加哥屠宰场，他们的主要问题是"平衡生产线"。工人们即使努力也无法解决瓶颈，或是弥补同一条生产线上不同肉类加工站之间的差距。这不是努力的问题，而在于规划和协调。"几乎工人的每一个行为之前，都应有相应或是更多的管理准备工作，"泰勒说，"从而能够更好更快地完成工作。不应让一个工人独自面对没有任何帮助的设备。"（Geller，2001，P.26）监督管控成为新的工作种类。监理人员设定初始条件，接收工作场所内活动细节信息，并相应地微调任务分配（Sheridan，

1987）。

泰勒在实验和深入了解的基础上，制定了科学管理的四项原则
（Geller，2001）：

1. 不允许人们通过启发（"经验法则"）、习惯或常识来工作。这样的
   人类判断不具有可信性，因为会受散漫、不明确以及不必要的复杂
   性等因素影响。相反，应使用科学方法来研究工作，从而确定完成
   特定任务最有效率的途径。

2. 不要仅仅是给工人分配工作。相反，根据他们的能力和动机，匹配
   工作内容，并进行培训从而实现最大工作效率。

3. 监测工人绩效，并提供指导和监督，从而确保他们顺应最有效率的
   工作方式。工人事务最好由专家指导。

4. 将管理人员和工人的工作分开，从而让管理人员将时间用在规划和
   培训方面，促使工人可以最有效率地完成分配的任务。

这些是100多年前的原则，但直至今日依旧有所体现。无论何时出现
安全或效率问题，依旧可以借鉴泰勒原理。我们可能会告诉人们要更认真
地遵循程序，更好地遵守已有的完成工作的"最佳方法"。比如，我们可能
选择增加职业的健康和安全专家，进行工作规划和监测。或者我们可能考
虑实现部分工作自动化：如果由机器完成工作，就不可能有人的差错。实
际上，泰勒主义推动了部分冗余概念的产生。因为科学管理将任务细分为
最基础的几个部分，那些可以视作工业生产过程不可替换的部分——无论
是由人类还是机器完成。谁更可靠、更有效率，就应该由谁来完成。在职
能配置或是MABA/MABA（人类更擅长什么/机器更擅长什么）列表中依旧
可以体现这一理念（Dekker和Woods，2002）。其基础就是泰勒的冗余理
念：通过将工作看作最简约的基础任务的组合，就有可能考虑实现这些任
务的自动化。如果机器完成一项工作比人类更可靠更有效率，就应该实现

自动化。今天，这一理念被称作替代神话——是认为人类和机器可以互换的错误想法。然而，这一神话对许多人的因素和安全理念（和科学理念一样流行）存在重大影响。在自动化相关章节中将做更多阐述。

另外一个非常重要的创新在于泰勒将规划从执行中剥离出来，代表了对工业化量产之前工匠阶段的一次重要背离。随之而来的还有人类富有创新性、创造力和内在驱动力的形象。泰勒主义成为科学革命和启蒙运动较早时期笛卡尔理念的化身：将人类看作机器，仅仅是"有能力工作的火车头"（后文会有更多关于笛卡尔的内容）。泰勒十分惊讶于自己的理念受到的来自底层的反抗。他没有预见到（或是无法看到或解释）自己的理论如何在使劳动丧失人性、打消工人主动性并消灭当地专业知识和技艺；是如何在提高效率的同时，吞噬了工作的意义。在福特这样的大型工厂中，大量的人员变动让他感到困惑。难道他没有让人们进入一个更新鲜、更干净、更可预测的世界？亨利·福特不得不竭尽全力"收买"工人留下，不惜支付每日5美元的工资。这一做法的额外好处是像其旗下的工人一样的人有能力购买他们自己制造的汽车，因此显著扩大了福特汽车的市场规模。福特的创举有助于推动生产社会（在农场或是车间勉强谋生）向消费社会的转变。

泰勒主义原则将规划从执行部分中分离出来，实现工具和设备的标准化，理性分析并分解工作内容，这些内容在当今各种形式的人的因素和安全工作中依旧可见。在今天许多实践和行业领域，要求认真执行别人规划的日常工作非常普遍。背离这些程序就是"违规"。这是人的因素和安全专业人士常用的一个术语。如上文解释，这代表了规范主义和道德主义。有一种需要支持的规范（通过遵守别人制订的规则和计划），否则就是职业甚至是道德缺失。对泰勒而言，这些都很有道理。他可以在我们对遵循程序的重视方面，以及违规这一词的道德含义中发现他自己和他的理念。他认为，执行他的科学管理理念不仅仅是智慧管理，也是道德责任——是正确的事情，合乎道德的事情。泰勒并不需要为其理念编造哲学基础，他可以借用现代主义的哲学基础。如下一章节将会证实，我们撰写流程或是检查清单，以及要求遵守执行时，总是会体现牛顿"最佳方法"概念以取得成果。但是我们有些操之过急。我们首先看看工业革命期间及之外，我们对事故以及人的因素的思考是如何发展的。我们也要了解心理学在其中发挥的作用，以及这一切如何随着第二次世界大战发生了改变。

将人的因素视作需要控制的难题

将工人视作事故和损伤的起因

美国铁路安全专家罗克韦尔（H.B.Rockwell）曾在 1905 年说，没有纯粹的意外。我们称为意外的事件，没有纯粹的"偶然性"。不如说"有人做错了，有人违反规则或是逆行倒施"（Burnham，2009，P.17）。罗克韦尔认为工作人员粗心大意或疏忽，以及乘客或路人粗心冒险的行为，经常成为安全问题和故障的起因。20 世纪早期，"人的因素"被更广泛地提及。英国和德国率先采取了多项针对工人的安全干预措施，体现了后期人的因素特征。1919 年，在英国，对人的因素的解释是"由于一些欠缺或不足，或是不利条件的影响，工人可能引起意外并造成损伤，因此被视作成因"（Burnham，2009，P.18）。虽然提到了"不利条件"，但成因定位是清楚的：人的因素最终对安全隐患负责。

自 19 世纪晚期以来，对意外事件的关注有所增长。意外事件从个人领域缓慢发展到公共范畴。这不再仅仅是个人关心的问题。意外事件曾经被视作不幸但无法预测（而且本质上不可避免）的时间和空间巧合，数量、范围以及成本随着工业革命席卷欧洲及其（前）殖民地的过程开始不断上升。自 19 世纪 80 年代以来，德国已有系统地关注工作场所伤损和意外死亡事故。西方世界的工厂主开始统计各自的数据，推动了伤损种类和总量统计的发展。这也反过来为干预措施和个体劳动者意外记录查验奠定了基础（Burnham，2009）。

1920 年，"工业事故"成为众所周知的成本类别，令人担忧且造成损失，所涉范畴不仅是工人，也包括董事、管理者、监管者、地方行政官、律师、法院和保险公司。牛津大学心理学家弗农（Vernon）积累了 50 000 条个人伤害事故记录，得出结论——"意外事故的发生，尽管存在疲劳、光线以及生产压力等减缓因素，基本上，还是由于工人的粗心大意和漫不经心"（Burnham，2009，P.53）。

具有事故倾向性的工人

工人本身是意外事件和伤损成因的理念主导了 20 世纪前 50 年。早在 1913 年，托尔曼（Tolman）和肯德尔（Kendall），两位美国安全运动的先锋，强烈建议管理人员监视总是会伤害到自己的人，并做出摆脱他们的艰难决定。长期来看，这一做法会比留下他们更省钱也更容易。1922 年，一位名叫博伊德·费希尔（Boyd Fisher）的美国管理顾问出版了一本书——《意外事件的精神成因》，阐述了差错和意外事件背后，多种多样的个人行为和习惯。他发现，其中包括疏忽、倾向、粗心以及过于全神贯注等。其中一些是短暂的精神状态，另一些是更为长久的性格特点。博伊德也论述了年龄和意外事件倾向之间的联系，指出年轻人更容易引起意外事件（和年纪非常大的人一样）。当下一些管理人员的观察也响应了这一点，Y 一代（20 世纪 80 年代后出生的一代）工人比年长的同事更容易牵涉走捷径行为、伤损、意外和违规。除了一直以来发生于采矿业、建筑业和制造业的诸多意外事件，交通行业也是如此，先是铁路，然后是公路，成为意外事件多发领域，且日益增长。早在 1906 年，仅在美国就有 374 人死于汽车碰撞。截至 1919 年，这一人数攀升至 10 000 人。对工业事故的担忧，一定程度上是由于其严峻的数字，在大萧条时期及其带来的政府主持的就业工程（比如胡佛大坝）期间再次上涨。西方经济体中，廉价劳动力供需之间新的不对等，对提供给工人的保护数量有一定影响。

20 世纪前 25 年意外事件和伤损数据的记录和统计开始形成一种模式。

1925 年前后，英国和德国心理学家，相对独立地，提出存在特别"易出事故的"工人。德国心理学家卡尔·马尔比（Karl Marbe）指出，"意外事件"（之前用作动词）倾向，与曾经遭遇的意外事件数量成比例。对比更具有说服力：长期保持零意外事件的人，在今后发生意外事件的可能性也显著减少。说英语的世界也意识到个人、个体因素对意外事件存在影响。在英国，剑桥工业心理学家傅瑞克·法默（Eric Farmer）停止了对泰勒主义时间和动作的研究，开始设计实验，识别可能发生意外事件的人。那个时候，大家认为"人的因素"主要是指个人的问题，而不是普遍存在的心理或环境问题（比如人累了，或者设备设计有问题）。这些个人问题被看作特定的缺陷，就像是人的身体、心理或者道德上有些问题一样（Burnham，2009，P.61）。通过认真测试筛选员工可以识别这些消极特征——为此，整个欧洲大陆、英国以及美国的心理机构都在开发最智能的模拟和设计。有些借鉴了之前第一次世界大战期间，公认成功的飞行员选拔：科学选拔飞行员候选人有助于排除不适合飞行的候选人，并将与人的因素相关的意外事件发生率从 80% 降低至 20%（Miles，1925）。这一想法看上去诉诸常识也反映了常识。1933 年，英国塞尔比（Selby）制鞋公司医疗总监曾提到：

> 负责联系工业诊所或是医院的人很快就能和常常因为意外事件或伤病而到访的工人熟悉起来。在过去的 17 年里，我不断提到，"总是受伤的伙计又来了"。短短时间里，他上报了割伤、擦伤、扭伤或是烫伤。数不清的轻微意外事件时不时发生，偶尔一次严重的意外事件。你常常会听到他说，"我相信没人比我更倒霉了"。他是那种会吸引安全工程师和安全委员会注意力的人。他和其他这样的工人被划分为"易出事故的人"。……易出事故的工人是一个有趣的群体，因为他们代表了很多问题，而且目前最好的管理机构承认对其知之甚少（Burnham，2009，P.35）。

　　事实上，马尔比认为，如果问题在于特定的工人，那干预的目标相当清楚。应该不仅对工人或是他们的雇主有利，保险公司和政府管理人员也会感兴趣。马尔比提出应该根据工作需要，找到合适的工人，从而实现生产损失和成本最小化。为了实现这一目标，可以对工人进行测试，仔细审查筛选，排除容易在特定岗位上出现事故并造成最大损害的人。莫德（Moede）——卡尔·马尔比的同事说：

　　　　满腔热情地提出标准的心理技术学可以通过解决意外事件倾向成分，解决意外事件过多的问题。他解释说，心理技术学家着手详细分析意外事件和差错，从而弄清楚其中缘由。雇佣前或是雇佣期间，通过心理技术测试，可以识别出有反应和注意力缺陷的工人。测试，特别是能力测试，也可以识别出倾向于发生意外事件的其他人格特质。而且就这一点，莫德乐观地写道，心理技术学家可以筛选出不安全的岗位候选人，或是建议安全培训从而对抗不良特质。因此，心理技术学家已经发现了问题并提出了解决方案（Burham, 2009, P.48）。

　　马尔比提出的另一个想法是工人应该有一张个人的卡片，记录出现的意外事件和差错——作为一项跟踪记录，雇主和其他人可以以其为基础，做出雇佣和解雇的决定。当时，这一提议并未能贯彻实施，但今天，许多行业都会使用类似的工作经历记录，作为机构内管理层在人事方面决策的参考。当时，针对不符合需要的工人，也有可供选择的干预措施，而且从道德上讲，也不会侵犯到任何人。关注的内容包括安全、管理的影响以及成本控制，避免人们从事容易发生意外的工作是实现这些目标的标准方法。比如，波士顿的公共交通公司在20世纪20年代中期发现，55%的意外事件由其旗下27%的地铁、有轨电车和公共汽车司机引起。通过新员工心理测试，排除在效率和油门使用方面测试结果不好的人，有助于降低整体意外事件发生率——引起了全世界交通运营者的关注。事故倾向已经被确定为一项个人不良心理特质。心理技术学、测试和筛选机制不断发展，第二次世界大战期间也多有应用。支持该理念的心理学家语调高昂，声称：

> 事故倾向性不再是个理论，而是个既定事实，而且应该被视作判断事故发生率的重要因素。这并不意味着该领域知识已经完备，或是肯定可以预测任何特定个人在意外事件中的责任。目前，已经取得的成果是，一定程度上可以发现最有可能引起意外事件的人（Farmer，1945，P.224）。

心理行为主义

心理学领域涉及这一理念的相关概念和理论，是行为主义。约翰·华生（John Watson，1878—1958）拥护的行为主义时代（大约是 20 世纪前半叶），被称作精神的冰河时代（Neisser，1976）。行为主义认为心理学研究是不合理且不科学的。对内部心理现象研究的反对是其自身对之前统治思想的反应。行为主义是一种具有抗议性的心理学，其创造与之前德国冯特的实验内省形成强烈对比。冯特之前，华生声称没有心理学一说。冯特之后，只有困惑和混乱。行为主义可以做出改变：通过拒绝研究意识，而是专注于科学地操纵和影响可见的行为，心理学可以做到更严谨并收获新的未来。

行为主义

"行为学家认为心理学是自然科学当中纯粹客观的实验分支。其理论目标在于预测和控制行为。反省并不是其方法的重要组成部分，其数据的科学价值也不取决于它们能否轻松地用意识的术语进行解释。"（Watson，1978，P.435）

　　这就是 1913 年约翰·华生如何开始了对心理学的猛烈抨击，他认为该学说专注于内在无形的事物，采用的方法一点不科学，因此没有可信度和立足点。应对的方法呢？声称只有看得见的事物才可以使用客观的方法，进行合理的研究。精神状态永远不可以成为观察或研究的对象：只能产生主观理论化。对意识或精神状态研究的背离推动了心理学领域动物模型的发展。很难研究动物的意识，但可以观察行为，而且比人类更容易受到影响。兔子、鸽子、小猫、鸡、狗——在研究有机体如何学习并对其所处环境中的刺激、限制和处罚做出反应方面，都可以提供富有意义的信息。华生并不是唯一一个或是第一个持这一理念的人。巴甫洛夫和桑代克在动物行为研究方面，更为领先。比如试错法学习来自桑代克，源自其 19 世纪 90年代晚期对动物的研究。

　　行为主义基本心理学分析单位是刺激-反应或S-R。大脑被视作一个"神秘的箱子"，刺激会引起相应的反应，但如何建立联系并不重要。华生取得成功的两个因素，以及他对心理学及其他领域的影响，却值得说一说。一个因素是他本人作为年轻人的乐观精神、坚定意志，以及言谈措辞中不妥协、有自信的表达。另一个因素是时代，从而使其理念得到牵引。在弗雷德里克·泰勒的科学管理和流水线出现的两年后，华生发表了有关影响人类行为的理念，这成为管理人员追求人类劳动力效率最大化的灵感源泉。1933 年的芝加哥世界博览会就在其口号中提出了科学发现、工业应用、人类适应（science finds, industry applies, man adapts）。当时的技术进步愿景和来自 19 世纪工业化成功的乐观主义正是如此。人类适应于技术——行为主义正是要为工业做到这一点。

技术、工程，以及新社会策略

如本章开篇所说，20 世纪中期，我们对安全和人的因素之间关系的看法，有了显著的转变。第二次世界大战前的几年里，人的因素在很大程度上被视作安全隐患的主要原因，是事故、伤损以及事件的起因。管理人员、心理学家以及工程人员干预的主要目标是人类。通过能力测试、筛选、选拔、培训、刺激以及处罚等措施，越来越多地根据任务和技术要求来塑造人类。特别容易出现事故的人无法接触安全关键技术。然而，20 世纪中期，专业人士的异见日益增长。心理学家开始质疑行为学家一直以来最认可的评估和数据这样的方法。百分比的方法（比如波士顿公共交通系统用到的：其旗下 27%的司机导致了 55%的事故）遭到了猛烈的抨击。毕竟，这要求每一个人都有同样的事故发生率；否则，就永远也找不到常态中的不寻常之处。这是一个站不住脚的假设，因为事故起因的过程和因素（包括概率）错综复杂，且具有随机性——可能最好由泊松分布（而不是高斯分布）来表现。确实，"操作事故周边不可控的世界的复杂性"使得我们完全无法根据之前的经验，对未来事故进行预测（Webb，1956，P.144）。结论就是：

> 现有证据无论如何都不足以就事故倾向性做出绝对判断，而且只要我们选择欺骗自己，认为可以实现，我们就会一直被困在极端的无知中，无法了解事故当中真正的个人责任因素（Arbous和Kerrich，1951，P.424）。

第二次世界大战确实导致了事故倾向性及其背后一些心理学行为主义的终结。技术发展迅猛、广泛且相当复杂，没有任何针对人类工人的干预，可以独立解决新出现的安全问题。个人倾向作为事故起因的解释性因素，与所有其他因素比起来，不足道：工人出现事故的倾向性更多地在于他或她使用的工具或承担的任务的功能，而不是任何个人性格特征的结果。罗杰·格林（Roger

Green）——早期航空心理学家之一——曾这样评论：

> 更仔细地研究个体事故就会发现为何如此，因为一起事故完全由缺陷或其他独立的人的因素问题导致的情况很少见；过失归罪在绝大多数情况下总是各种因素综合作用的结果。这些可能的互相作用的因素数量几乎是无限的；因此，一个特定事故最有可能的归因判定是非精确"科学"（Green，1977，P.923）。

因此，不再试图改变人类从而减少事故发生的可能性，工程师及其他人意识到他们可以，并且应该改变技术和任务，从而降低差错和事故发生的可能性。人类不再只被视作问题的起因——他们要应对问题：可以通过设计和组织解决问题。用于评估和统计从而排除事故倾向性个人的组织资源，日益被视作一种浪费，妨碍了安全研究，阻碍了更有效方法的发展。第二次世界大战后几十年的安全大会和专业会议开始更多关注管理责任和工程解决方案，从而实现安全工作，将注意力从工人个体转移到人力资源专业人士或监管人员身上（Burnham，2009）。道德责任也明显地表现了出来（本章开头提到的责任化颠倒了这一点）。如评论所说，将工人个体作为伤损和意外的起因进行关注：

> ……会使得管理层逃避其在机器设计、人员选择和培训等安全运营程序中的责任，以及对环境密切关注的责任，高能量转移的环境可能会对人类造成影响（Connolly，1981，P.474）。

我们更仔细地回顾一下 20 世纪中期，作为一门学科出现的"人的因素"。该理念的出现，首次也可能是最强烈的一次改变了我们对安全和风险的认知，以及从何处着手去管控安全和风险。

人的差错作为一种结果，而非起因

"人的因素"的出现

　　一架重负荷的F-13正常起飞。飞机离地后，我给副驾驶信号——收起落架。飞机开始向地面下沉，因为飞机襟翼收起了，而不是起落架。升降舵控制可以防止飞机再次触地，稳定飞行速度。副驾驶赶忙收起落架，却顾不上两个起落架安全销，只能由我来控制开关、升起起落架。如果不是一号引擎在这个节骨眼上出了问题，一切就都没问题了。满舵副翼偏转到头无法实现方向操纵，飞行速度和高度不允许慢车减速。因为起落架已经收起，现有飞行速度足够实现方向操纵，进而提升一些高度。多难齐发差点就导致坠毁。我认为把襟翼当作起落架收起这样的差错，是由副驾驶经验不足导致的，也有开关位置不当的原因。我们空军中队成员在海外的时候，上报了多起有关这一差错的意外事件，虽然并没有因此出现事故，然而，有可能导致非常危险的情况，特别是结合出现其他故障的时候（Fitts和Jones，1947，P.350）。

　　第二次世界大战时期，一位指挥官如是报告了他差点坠机、九死一生的事情经过。这段叙述摘自一份早期的系统调查，超越了"飞行员差错"的范畴。1947年，保罗·费兹（Paul Fitts）和理查德·琼斯（Richard Jones）在阿方斯·恰帕尼斯（Alphonse Chapanis）等人开创性研究的基础上，希望更好地了解操控杆的设计和位置对飞行员出现差错的类型有着怎样的影响。通过录音采访和书面报告，他们建立了一个庞大的有关飞机操纵差错理由的资料库。来自空军器材司令部、空军训练司令部、空军技术学院的飞行员，以及前飞行员被问到的问题是："详细描述一个有关使用驾驶舱操纵装置、飞行控制、引擎控制、拨动开关、选择开关、平衡调整片操作的差错，可以是你自己的经历或是你看到的别人的情况。"（Fitts和Jones，1947，P.332）他们发现，实际上所有的空军飞行员，不论经验和技术如何，在使用驾驶舱操纵装置时都出现过差错。

没有参与这些研究的其他人也开始注意到同样的问题。正是这些证据和发现，让我们在看待安全和人的因素之间的关系方面产生了巨大的转变：

　　事情是这样的。1943 年，阿方斯·恰帕尼斯受邀研究为何P-47s、B-17s以及B-25s的飞行员和副驾驶在着陆时，频频收起机轮而非襟翼。恰帕尼斯，作为莱特机场（Wright Field）直至战争结束唯一的心理学家，并没有参与当时有关设备设计领域人的因素的研究。然而，他还是立刻注意到了并排设置的机轮和襟翼操纵装置——大多数情况下一样的拨动开关或是近似一样的手柄——很容易混淆。他也注意到C-47相应的操纵装置并不相邻，而且启动方式也有很大差别；因此，C-47 的副驾驶从来没有在着陆后拉起过机轮。恰帕尼斯意识到所谓的飞行员差错实际上是驾驶舱设计差错，而且通过调整操纵装置的形状和操纵方式就可以解决问题。作为一个即时的战时应对方案，在各种型号飞机上的机轮操纵杆后端装上了一个小型的橡胶轮，襟翼操纵杆装上了楔形尾端，改良后的飞机上的飞行员和副驾驶不再在着陆后收起机轮了。战争结束后，这些有助于记忆的特殊形状机轮和襟翼操纵装置在全球范围内实现了标准化，就像在今天常见的飞机上，动力操纵杆可凭触觉分辨其形状（Roscoe，1997，P.2）。

费兹和琼斯的研究证实了这些想法，展示了第二次世界大战期间，飞机驾驶舱的特点是如何系统地影响了飞行员出现差错的方式。为了让操作人员的工作更好管理、事半功倍，人的因素应运而生。

超越行为主义

1947 年，费兹和琼斯在发表的论文中阐述的观点极其简单，意义却又十分深远。"通过根据人的要求设计设备，应该有可能消除很大一部分所谓的'飞行员差错'事故。"（Fitts 和 Jones，1947，P.332）"飞行员差错"加双引号——意味着研究人员对这一词汇的怀疑。关键点不在于飞行员的差错。只是问题的征兆，而非起因。解决方法并不是告诉飞行员不要犯错。相反，费兹和琼斯指出，改变工具，就可以消除这些工具使用者的差错。毕竟，技巧和经验对差错率影响甚微：更好的培训，并不能产生多大影响。不如改变环境，随之就会改变其中的行为。

> 实际情况是，20 世纪晚期的几十年里，研究各种装置机制的专家，都不再专注于粗心大意或是运气不好而引发事故的个人。相反，他们现在很大程度上，专心致志于改进技术，从而避免损害，无论工人或是司机等个人行为有多么不对。随着事故倾向性理念的消逝，可以看到新社会策略的崛起——通过控制技术环境来解决安全问题（Burnham，2009，P.5）。

这一深刻见解意味着我们在如何研究以及改进人的行为表现方面，开始了根本的修正，甚至是反转。直至第二次世界大战，有十多年的时间，对人类行为和认知的研究建立在一个完全不同的假设之上：世界是固定的。唯一改变其中行为的方法，就是改变人。通过复杂的选拔和培训、奖励以及惩罚体系，选择并培养正确的行为，从而使其适应环境。如本书后文将要介绍的，这依旧是行为安全（Geller，2001）等领域广泛持有的观点，也是医疗、航空乃至核能等领域，诸多安全干预的基础。

　　如果说行为主义是一种具有反抗性的心理学，那人的因素就是一门讲究因果的心理学。第二次世界大战极大地推动了技术发展，行为主义有些落后。操作人员在警觉性和决策方面出现了一些实际的问题，并且不受华生行为主义激励劝勉的影响。直到那时，心理学很大程度上仍假定世界是固定的，而且人类不得不通过选拔和培训来适应外界要求。人的因素体现出世界不是固定的。改变环境可以轻易实现行为主义干预无法达到的绩效提升。在行为主义干预下，必须根据世界的特征来表现。在人的因素干预下，世界的特征要符合表现的局限性和能力。

　　　　我负责帮助管制基础学员实现阶段目标。完成白天的飞行，所有学员解散回到基地之后，我启动了我的飞机——BT-13，滑行到起飞跑道，完成了起飞前检查，并开始推动油门。我控制住飞机，提升飞行速度，在离地的时候，开始拉下推进器操纵装置至低转速。引擎马上停止运转，我只能看到地表尽头迎面而来的栅栏杆。幸运的是，我立刻将推进器操纵装置推至高转速，引擎及时发动，没有撞上地面。你可能猜到了。根本不是推进器操纵装置，而是混合比调节杆（Fitts和Jones，1947，P.349）。

　　实际上，第二次世界大战的飞行员会弄混油门、混合比调节杆和推进操纵装置，是因为不同的驾驶舱，这些操纵杆位置不一样。费兹和琼斯的研究表明这样的差错并不是意外随机的人类不良表现。相反，一旦研究人员了解了人们工作环境的特征，分析了操作人员所处的情境，这些行为和评估就讲得通了。他们深刻地了解到人的差错与人们的工具和任务的特征具有关联性。可能很难预测差错发生的时间或次数（尽管人类可靠性技术确实尝试过进行预测）。然而，严格审查人们工作的体系，预见可能会出现差错的地方也没有那么难。人的因素自此退出了这一前提：设计容错抗错体系的想法便是建立在这个基础之上的。

这是一种赋权。该前提说明通过更聪明的设计，人的因素可以趋利避害。减少特定工作场所的消极事件数量，就可以做到更安全更有品质。然而，近来，研究人员并不满足于此。越来越多的文献介绍了特定的设计不仅可以让我们没那么蠢笨或是降低差错倾向性，还能提升能力和生产力，让我们明显更为聪慧（Norman，1993）。对令人愉快的产品的追求推动了这一观点。因此需要人的因素和人体工程学知识，从而积极提升生命的质量和愉悦度，不仅仅是减少这方面的匮乏（Jordan，1998）。在安全领域，也是如此，安全体系不仅仅是做到没有消极事件，而是安全或有韧性的系统能够识别并适应挑战和破坏——即使是不在系统原始设计基准内。安全不再意味着没有消极因素，而是定义为具有生产力、能力和竞争力（Hollnagel等，2006）。人的因素和安全的基本内容可以是：让世界更美好，更适合工作和生存，更令人愉悦。或许，用最近的说法是，更可持续。

转变，除了现代主义常数

然而，在 20 世纪中期的转变之下，有一个常数，使得这一转变没有我们想得那么重要。这一常数便是现代主义。

极端现代主义

极端现代主义是我们当代的一个特点（特别是 20 世纪 50 年代和 60 年代），尽管其理念已经在泰勒主义中有所表现。科学革命和启蒙运动带来的资本主义者和工业成功激发了极端现代主义思维。最根本的特征表现在对科学和技术无穷尽的信心上：我们可以并且应该加以利用，重塑自然和社会。极端现代主义旨在通过让世界更呈线性、更可预测、更可靠、更标准化、更对称、更有组织，从而让世界更美好。极端现代主义体现在战后时期的诸多方面，比如建筑是如何设计的，城市如何规划；支付开发援助；提供精神和医疗护理；大量核能计划流行起来；农业进一步现代化并依赖于化学肥料；当地语言和方言归化为一种集中的全国范围内的语言；度量系统得到规范和简化；筹划并发动战争。世界转变成一个更高效运转的机器，为人类，即其"受益者"，带来丰硕成果。法国建筑师、城市规划人勒·柯布西耶（Le Corbusier）认为建筑是"居住的机器"。笛卡尔将人视作机器的理念在极端现代主义中也得到了再生。人类发展的来龙去脉，无论是在地域性、历史性、精神领域还是社会方面，往往被轻视，而具有（假定的）普遍适用性的实用主义、宽泛且具有一般性的计划却受到支持。极端现代主义依赖于其新兴精英阶层在专业知识方面的高度自信，包括工程师、规划人员、科学家、软件程序员以及官僚。早期泰勒主义将规划（由聪明人来完成）与执行（由其他人完成）划分开来，为极端现代主义提供了前提。本性，特别是人类本性，可以并且应该记录下来，从而更好地应对前几代人所面临的命运（自然灾害、疾病、饥荒、暴乱等）。在人的因素和安全领域的核心内容中，依然可以发现许多极端现代主义的因素。比如：

- 权威依旧是在既定的规划（而非执行）工作相关人员手中，一如泰勒时期。其中包括管理人员、工程师、中心计划员、安全领域专业人士，以及较小程度上的监管人员（Scott，1998）。
- 工人、市民或是用户基本无法抵抗极端现代主义对其日常生活强加的影响。倾向于使其被动接受新的体制。即使是愚蠢的程序和规则也会默默遵从，比如在空旷开阔的空地也要戴着安全帽，哪怕除了天空根本不会有其他东西掉落。
- 科学革命和启蒙运动期间，科学和技术进步过程中有一种持久的信仰。比如，20世纪80年代晚期和90年代初，见证了这一乐观主义在具有深远意义的民用客机驾驶舱自动化过程中的体现，改善了航空业务的可靠性、普遍适用性和效率。在针对反对极端现代主义强制性典型的应答中，这一方法后来受到了质疑，认为没有"以人为中心"（Billings，1997）。

- 自然和社会的秩序管理，按照阶级自上而下实施。这一点在泰勒主义中就有所体现，认为这样的控制是确保进程和效率的必要条件，也会减少不可预料事件的可能性。

- 标准化被认为是一件好事——通过检查表、基于计算机的专家系统、基于循证的医学、流程和标准化设计等多种多样的工具实现。在大多数运营方面的关键性安全领域，官方否定了工艺、当地的专业知识、即兴创作及其他多样性的表现形式。

以医学为例，一般来说，医学与标准化有着复杂的关系。它始终会考虑到地域、解剖、生理和病理的差异；诊断的不确定性、部分已知的医疗史，以及疾病与治疗之间的多种状况和相互作用（Dekker，2011c）。当然，它还与历史上和体制上自主的医疗人员的特殊地位息息相关，这些医疗人员在生命与死亡之间的裁决中，他们的洞察力和与形而上学的对话，都必须比标准的程序或检查表更出色（Bosk，2003；Dekker，2011c）。询证医学的兴起，作为现代主义科学理性和真理追求的体现，试图通过科学证据来指导医疗实践，以撼动这些自主治疗者的特殊地位（Murray等，2008）。尽管它往往缺乏证明自身疗效的证据，对"证据"的定义非常狭隘，而且对个体患者的实际效用也有限（Murray等，2008），但它仍然试图（并经常失败）削弱这种特殊地位。

其他实践领域也面临着类似的现代主义压力。比如，标准化和遵循"最佳实践"一直以来都是职业健康安全（OH&S）领域比较普遍的干预方式。在所有的工业化国家，一切有关危险性材料的使用都有很多标准和规定，也有相对应的管理和监督。遵守原则倾向于剥夺中层管理和基层监管的权力，削弱了他们从建筑业到采矿业、精炼、餐饮、制造业等更多领域的权力。他们可能觉得一个工作场所或是岗位已经就绪，但没有职业健康安全许可就通常无法开工。这是深入自然和社会行政管理过程中的现代主义理念，一如泰勒时期。一直待在办公室的职业健康安全工作人员，有时可能从没有做过某项工作，却要给从事相关工作的人员制定最佳的工作方法。结果，工作场所推行的程序和检查表得以使用，但却会被敷衍了事，用于推卸责任而非支持工作的开展。在保护工作内容又脏又危险的工人方面，并没有太大作用。

从一种现代主义到下一个

现代主义推动了跨越整个 20 世纪的安全方法和人的因素。20 世纪前半叶，现代主义存在于人们对科学和技术合理性不灭的信仰中，他们坚信度量、标准化、预测以及计算，坚信人要匹配工作，并剔除不合适的人。20 世纪后半叶，现代主义依旧存在于人们对科学和技术合理性不灭的信仰中，他们坚信工程和设计，根据人来匹配体系：

- 20 世纪前半叶，人们是需要控制的难题。应对方法是对于人员建立现代主义式的秩序，采用官僚体制和行政管理，以及科学和技术等，来提供帮助。
- 20 世纪后半叶，安全干预的目标是体系。更好的体系，可以确保安全，且不受其中人员差异的影响。更好的体系确保人们不用承受差劲的技术、设计、组织或程序。建立现代主义式的工作和组织秩序、采用官僚体制和行政管理，以及科学和技术，都是有效途径。

然而在一定程度上，即使是在人的因素改革之后，人类依旧是需要控制的主要难题。设计师不得不开始思考如何让设备和技术"简明可靠"，也就是可以容忍应对哪怕是最不幸的用户的愚蠢行为。必须通过技术改变来控制易出问题（或不稳定，或不可靠）的工作人员，而非通过行为或态度改变，但依然保有人性反乌托邦观点的基本教条。设计师很聪明，使用者很愚蠢。设计师不得不努力确保愚蠢的使用者不会搞糟他们应用的技术。这一点符合我们拥有了不起的体系的信念，这些体系按照设计发挥作用，但依然会受到"差劲"使用者的影响。下一章节，我们将会介绍一个这样的案例，一起飞机在没有损坏或没有发生故障情况下的飞行事故。

在许多领域，就我们对安全和人的因素思考方面，我们似乎跳不出现代主义的范畴，并且和 20 世纪前半叶泰勒主义思想有很多共通之处。管理人员和设计师很聪明；工人和使用者很愚蠢。20 世纪后半叶安全思维最具有标志性的概念中，依旧可见这种现代主义信仰的痕迹。如图 1.1 所示的"瑞士奶酪"概念。当然，这一概念表现了安全干预措施需要如何将一线工作者所处的体系作为目标。

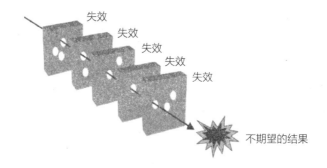

图 1.1 所谓的体系中"瑞士奶酪"的概念。结果失败是由一线工作人员、自上而下各个组织和管理层当中多个稍小且预先发生的失效共同导致的。比如，这些失效与程序、设计、监督和管理有关。这一概念表达了现代主义观点，上游体系良好的管理和技术秩序确保了一线的安全——我们需要发现并修缮上游的漏洞或失效，从而避免不期望的结果。当然，这一概念也使数个世纪以来笛卡尔-牛顿理念更具体化，包括因果关系、线性以及封闭系统等内容（参见第 2 章）。

这一概念反映了 20 世纪中期安全思维的改革，具有解放意义并赋予权利（Reason，2013）。针对体系，而非一线的工作人员，这一概念体现了"体系"思维。但依旧是现代主义，具有其自身的局限性。现在让我们详细了解一下。

现代主义"体系"思维

在瑞士奶酪模型的启发之下，基于其中的现代主义前提，许多机构致力于各自的体系思维。一线人员组织上游更好的管理和技术秩序，意味着发现并修正其程序、设计、遵守规定以及体系中的诸多微小失效（或漏洞）。各个机构如果能够修正预先出现的较小失效，就可以防止更大的结果失败。这一标准适用于大多数行业。安全管理体系、损失预防体系以及审计制度只是安全管理体制的一部分。这一体制就发现上游程序和结构中的漏洞而言，具有重要意义，官僚机构出具书面材料，保证可以避免结果失败。有时，一些机构因为可以出具相关书面材料，就相信自己拥有良好的安全文化。几乎所有的行业都形成了官僚体系，它们进行统计、记录和调查（而且实际上很少查漏补缺）。许多国家的健康和安全专业——在数量、支出、权力和影响方面有了显著提高，以至于英国首相近期将其称为生意脖子上的信天翁（所犯罪过的象征）——需要宣战的怪兽（Anon，2012）。

在许多情况中，监管人员和检察人员也已经采纳并鼓励现代主义安全体系观念。比如，航空领域安全管理体系几乎是无处不在的法规要求。一定程度上，安全管理体系让监管人员关注机构的文书工作，其安全管理体系从而做出执照审批、嘉奖或是认证决定。这并不一定是坏事：有预算压力的监管人员可以依靠这些体系控制支出，特别是在专业技能投资方面的需要，从而使其至少达到受监管的从业人员的水平。某种意义上，这是对接受韧性作为安全保证典范的一种认可。监管人员可以要求机构展示其在应对以及适应可能出现的危害方面具有的能力——并不需要详细准确地说出是哪些危害，无须监管人员发现并堵住组织防御假定层级中的个人"漏洞"。也让监管人员、调查人员、保险公司、投资者及其他利益相关人将注意力从一线转移到工作周边环境上，以及创造成功或失败可能性条件的方面。比如，损失预防体系中的数据现在频频用作制定保险费率或签订合同的参考。（在年报、标书中）向利益相关人展示数据，优先于详述一家具有多样性的机构在具体实践中如何遵循或是违反安全要求。

然而这也彻底改造了现代主义的主要内容，使其更具体化：

- 人类再一次，有些自相矛盾地，成为需要控制的难题。通过强有力的工作和组织管理以及等级秩序，保证其安全性。需要通过遵循标准程序及其他管理要求，来实现对组织中工作人员的控制；否则，他们不安全的行为就会破坏多层防护体系。

- 安全很大程度上被定义为不存在负面事件。没有漏洞（或没有指向漏洞的损伤或意外证据）的体系被认为是安全的体系。结果，各个机构竭尽所能，试图表现较低的数字（特别是频度高、重要性低的事件）。然而，这样可能并没有意义。对频度低、重要性高的事件而言，预测价值非常低。

- 安全可能成为一种管理或官方职责，需要向上管理（从而表现较少的负面事件）。这样就不再是向下管理的道德责任，涉及人们承担他人危险苦活的机构。

- 失效被视作其他失效具有线性、成比例的后果。因果关系在牛顿理念中很明确，类似于事故多米诺骨牌效应所体现的。查找失效起因很简单，只需从时间和空间上逆向追踪。

- 回到 20 世纪初期，将人类视作安全隐患的起因。毕竟，所有高高在上的管理层也是由人类（监管人员、管理者、负责人以及监察员）控制或管理。我们只是将压力转嫁给了其他人，我们有关失效的逻辑没有改变。

可以肯定的是，现代主义信仰本身没有"错"。在过去的几个世纪里，科学、技术以及人的理性让世界更美好——非常美好。但现代主义让一些有关世界如何运转的理念和假想停步不前，并认为凭着同样的理念，我们就能不断取得成功和进步。那并不一定是真的。启蒙运动时，前人所处的世界和现在不一样。我们的世界远更复杂；人口多了好几倍，并深深地关联，在许多领域紧密耦合，且具有高技术水平。我们建造更高的建筑，实现更快的交通，到达更远的地方。理念和资本在全球范围内扩大，通常不受国界限制，然而当地实践和多样性比启蒙运动推动普遍时期更受珍视。这是一个现代主义并不总是完全适用的世界。

留给我们最大的问题并不一定是意识形态方面的。或许这些都是可以解释且符合道德的理念。毕竟，他们一旦设定追求的目标，就肯定是可嘉许并且值得的，现代主义整体上也是如此。然而，问题是实际的。在许多行业中，安全领域的实际发展已经放缓，不仅仅是要求超安全的行业，比如飞行于西方世界的定期航班。根据负面事件（意外、事故和死亡事故）进行衡量，不论采纳了多少新的规定或设计，一些行业并没有变得更安全。比如，在很多国家，建筑行业的安全改进已经停滞不前了。像石油和天然气这样的行业，虽然工伤事故率很低甚至为零，但每年还是有不少工人因此丧命。实际上，从 1990 年到 2010 年，记录在案的工伤事故中，死亡事故所占的比例是上升的，而不是下降的（可能是因为他们更擅长隐藏"负面"的工伤和事故信息，但死亡事故是瞒不住的）(Townsend，2013)。很多行业在安全水平方面的提升轨迹已经趋于平缓。平缓的曲线意味着安全策略正在失效。它告诉我们，仅仅靠现有的方法是无法取得更大突破的。造成这种平缓趋势的解决方案并不能帮助我们打破现状，它们只会让我们维持现状。

安全：从操作价值到官方问责

启蒙运动的两面

启蒙运动旨在将人们从教会和王权强加的事实和道德中解放出来。这是一种解放——将人们从传统的政治、司法或社会束缚中解放出来。启蒙运动认为人类是独立的个体，受理性驱动。这一概念成为西方世界科学理性思维的同义词。在笛卡尔的《冥想录》(1641) 中，人类理性被视作有体系、真实地了解世界的基础。人类个体的能力和想法开始变得重要，强调以人为中心，并依靠她或他理性的方法解决问题。

但在解放人类主体的过程中，也有一些紧张。人们没有依赖传承下来的传统和权利，而是相信自我理性思考的应用，利用自己的科学与技术能力。与之同来的还有对自然和社会理性管理秩序与日俱增的信念。我们从相信上帝和君主制，转而开始相信技术理性。感谢科学革命，我们开始相信我们自己的方法和技术，相信我们有能力分析世界的组成部分。我们也是这样识别哪些是错的（就像泰勒肉制品加工生产线一样）。我们就是这样记录世界，从而让其更可靠、更有效率地运转。更好地自上而下进行控制，更好的行政控制，有助于取得更安全可靠的结果。

人的因素既是解放又是限制

相对过去，人的因素具有解放意义。回想上文讨论过的深刻见解：差错总有出处。差错与人们的工具和任务设计的问题有关，是组织更深层次问题的后果。这样的思维将一线的工作人员从独自承担低效率或失效的责任中"解放"了出来。解放性在于意识到不仅仅是他们的行为，或是只是借助更聪明的针对个人的刺激或惩罚就能解决问题。其中牵涉整个组织和工程方面的环境背景：一个几乎可以决定成败的体系。泰勒的观点有些类似，这或许有点奇怪。不是个体工作人员懒惰或是有不足（尽管他没有就此下定论，而且认为应该通过人员选拔和因事选人来解决）。当然，运营层面没有效率是缺乏上层管控的结果：缺乏监管、协调、工程设计或管理前期工作。

瑞士奶酪模型认为运营层面或一线的安全问题不一定是由一线导致的，而是由一线承担的。这具有解放性并极大地赋予了权力。如今的事故调查，如果没有牵涉组织层面，并指出其对一线工作出现差错应承担的责任，就是不完整的，也不合法。但从另一个角度来看——泰勒曾经一度可能提出过类似的观点，有关他的肉类加工厂工人的效率和可靠性问题。他们面对的生产问题、平衡生产线的问题来自管理、官方以及规划层面，再加上机器设计，而并非产生于生产线层面。在安全思维领域，这些由人的因素思想家提出的深刻见解导致了 20 世纪 70 年代对批发的重新定位。如巴瑞·特纳（Barry Turner）所说，我们需要着眼于管理、官方以及组织层面（Turner，1978）。正是在这些地方，酝酿了失效。正是在这些地方，催生了事故。引起失效的环节并不在于没有得到激励的工作人员或是他们在一线的差错。相反，灾难的种子播种在上层正常的官方管理过程中（在日常的信息收集、决策以及沟通的管理过程中）。发生事故的潜在可能在很大程度上与我们组织、操作、维持、规定、管理以及执行安全关键技术的方式有关。如人为灾害理论指出（体现）：许多我们试图阻止灾难发生的行为恰恰成了灾难的起因。正是依托于我们所采取的阻止故障的结构和方法，故障不偏不倚，适时地发生了（Pidgeon和O'Leary，2000）。

没过多久，正常的事故理论的关注点也稍有不同，更关注上层的组织和体系，而非下层运营层面的工作人员。佩罗（Perrow）提出，我们需要着眼于我们要求人们维持和运作的机构的错综复杂性。当人们在工作中出现了差错或是遇到了一些失效情况，这通常不是因为他们工作的方法或技巧有问题，而是因为他们所在的系统本身存在问题。可能是系统在规划、设计、构建的过程中就有问题，或者是随着系统变得越来越庞大、越来越复杂、涉及安全方面的要素越来越关键，问题逐渐暴露出来了（Perrow，1984）。如我们刚才所见，关注上游而非向下游追溯，在数十年前的纵深防御模型（瑞士奶酪模型）中就已经得到广泛推广。基于这一模型的调查方式［比如，ICAM（事件原因分析法）以及HFACS（人的因素分析与分类系统）（Shappell和Wiegmann，2001）］就是受这一理论启发，并在今天广为应用。

调查往往不局限于发生事故的机构，也考虑相关的制度、检查以及决策环境，逐层开展。有人认为这种做法淡化了责任和问责这一重要议题［这并不是本书的主题，但有其他相关著作（Dekker，2012，2013）］。

另外，出于极端现代主义的压力——这种思维及其产生的模型和方法，认为更好的组织和工作等级秩序会转化为更好的风险管理。瑞士奶酪模型对泰勒来说可能并不陌生（管理人员、规划者——上游层面，需要在一线工作人员采取任何行动之前开展工作，从而确保下传过程中没有任何漏洞）。其中也并不难看出一些极端现代主义的要义：

- 运营层面的效率和安全很大程度上取决于机构内部上层（在于"后"端而非"一线"端）的管理人员、规划者以及工程师。一线出现的问题很大程度上是由于上层缺乏管理和组织控制。

- 相信有秩序的管理工作可以确保安全和效率。这不仅牵涉几个级别的直线管理和监督，也包括广泛的安全官方机构。这些机构［典型的如卫生、安全和环境部（Health, Safety and Environment Department）］逐步采取措施，其中安全追责主要通过流程、书面材料、审计跟踪以及行政工作进行——这一切都离实际操作越来越远。安全不再是向下追究的实践与道德责任，而是可能会变成一种向上的官方问责。

- 人的行为监视器获得很大程度上的接受，而且底层很难抵抗。应用领域包括安全管理体系、差错统计和分类体系、数据记录和监测体系、运营安全审计及其他审计体系、所谓的"公正文化"干预、损失预防体系，以及类似的体制。

- 个体的解放因此受到来自上层的等级控制、监管以及干预措施（比如，要求遵守个人防护设备规则）的限制。如果控制没有效力，或是执行不到位，就可以定义为防护层的"漏洞"，也就是"有缺陷的监管"或"糟糕的领导力"（Reason，1990；Shappell和Wiegmann，2001）。

- 后端更好的组织可以提高实现无事故未来的可能性。实现事故最小化的最佳方法是及时发现并修正延迟行为失效（潜在故障），防止与本地触发结合，进而破坏或避开系统防御（Reason，1997）。

- 这一思维符合极端现代主义的终极理想：一个没有伤害的世界；各个机构都不会发生意外。今天很多人深深地相信零事故机构是有可能的。实际上，许多国家及其官方机构将这种希望转变成了承诺。事故发生时，特别不自然，不寻常，因此势必需要找到一个替罪羊：某个人，在这种等级、可预测的秩序中，没有做好她或他的工作。我们的极端现代主义也有这样的信念，即"意外"不再存在。有的只是没能管理好的风险。在这背后，可以找到一个人或一群人应该受到责罚或是至少承担责任（Dekker，2012）。

甚至早些时候的假设（始于笛卡尔-牛顿时期）也有所体现，读完第二章，会更加清楚。机构被定义为今天的组织，有"上层"和"下层"（更像是笛卡尔式理念）。事故是线性因果关系的结果，自上而下贯穿各个组织层面。可以通过寻找其他失效来了解失效，它们彼此互为因果。最终，整个系统的崩溃都可以追溯到某些部分或层级的失效，甚至可能追溯到组织的高管层。我们思考事故的时候，往往忽略了这样的笛卡尔-牛顿设想，或是认为这是理所当然的。这些设想对于我们了解并避免意外方面，具有重要意义。有关意外的章节里会有更多的介绍。目前，重要的是，对极端现代主义影响的程度如何把握。有解放的一面，也有局限的一面。当前对人的因素和安全进行的思考（正如极端现代主义所提倡）同时告诉我们：

- 人是解决方案。他们聪明；可以理性思考，并利用推理、科学和技术解决大问题。
- 人是麻烦。他们需要管理、监控、控制、指导和限制；否则，就会出现差错，破坏防御层，造成问题。

有观点认为安全主要或一部分来自规划、程序、文书工作、审计追踪以及行政工作——都越发脱离操作——在许多行业已经根深蒂固。最初，出现的这些想法具有启发意义和解放意义，就好像预期的人的因素。安全不再被看作只是实践一线或运营层面的问题，而是与如何组织、供给、监管、规划、设计以及管理工作息息相关。然而，这却变得越来越有局限性。对安全体系和程序遵守、监管监控的关注，给一线工作的人们带来了新的局限性。启蒙运动承诺了解放，人的因素思维实施解放，然而这一切却被扭曲为一种新的束缚。现在安全有时会被绑架，屈从于责任问题、协议、保险以及对管理的恐惧。规则的废立并不一定取决于其是否有助于安全，而是在于其是否有助于在出现问题时管理或规避责任。的确，你几乎可以怀疑有些行业不再拥有安全管理体系，却有责任管理体系（只是还是称之为安全管理体系）。因此，许多机构中安全相关体系的地位不尽相同——无论是在组织上、物理上、文化上还是心理学上，而且远离安全关键性工作。安全在一定程度上从运营价值转变为一种官方问责。

安全官方机构

安全官方机构的扩张与大多数机构想要实现的目标之间存在各种各样的矛盾：

- 安全官方机构和政府制度具有一种可以使之永存的元素［一般称为红色或绿色胶带（繁文缛节、条条框框）］。因为官方问责而需要官方问责；文书工作带来文书工作；非操作岗位增加了更多非工作岗位。

- 这被称为官方企业主义。担心削减安全职责的后果，往往结合着对未来有用工作的期许和对过去成功的一再提及。这正是大多数官方机构的做法，因为可以维持机构的运营。

- 安全官方机构试图将对负面事件（意外、违规）的计数和统计制度化并进一步合法化。其中满是亏损和控制等字眼。对零负面事件的激励结构促使人们隐瞒坏消息，捏造受伤或意外数量。这阻碍了学习和保持正直。

- 安全官方机构大多与滞后指标打交道：估量业已发生的内容。大多滞后指标的预测价值显然不大。

- 官方问责体系倾向于不太重视技术性专业知识、剥夺中层管理的权力，并让操作经验无效。人们可能再也不会觉得有能力或有权力去为自己着想。这会扼杀创造力，阻碍首创精神，侵蚀问题归属。这样的体系只会鼓励人们逃避责任，而非承担责任。

- 一个机构或运营部门如何工作，和官方体系以为所了解的有所不同，且差距将自相矛盾地扩大。叛逆的创新可能不得不秘密进行而且不太可能会得到广泛的采纳，因此阻碍了未来提高效率或竞争意识的可能途径。

- 监管人员和管理者与操作人员更多交流的时间和机会，可能让步于与官方机构的日常沟通需要。管理人员可能特别指出由于会议、文书工作需求以及邮件，他们与工作人员互动的能力下降了。

扩大我们的安全官方机构可能是自掘坟墓。顺从不断扩张的体系可能最终导致更少的顺从，因为还是需要完成工作。这实际上会危害安全性。人为灾害理论，以及正常事故理论，确认了事故潜在可能性如何在生产以及阻止故障的方法和结构核心中产生（Pidgeon和O'Leary，2000）。这些方法和结构越多地由远离操作的人士以官僚主义方式制定或执行，他们制定出与实际工作或运营专业知识关系不大的"完美文件"的风险就越大（Clarke和Perrow，1996）。比如2008年，即距马孔多（Macondo）泄漏事件发生还有两年时，英国石油公司（BP）已经发现其在波斯湾运营的欠缺。首先是启用了"太多的风险流程"，但共同造成了"太复杂繁重以致难以有效管理"的局面（Elkind和Whitford，2011，P.9）。安全过度官僚化有助于实现"结构保密"：运营与安全管理者和机构之间，在文化、组织、物理和精神方面相互分离的副产品。在这样的情况下，关键信息可能无法跨越组织界限，缺乏有建设性、互相影响的机制（Vaughan，1996）。同时，官方机构从事最擅长的工作——分类、计数、统计、监测、存储和计算。在现有安全基础上，取得进展的可能性有限，需要开始别样地思考安全问题。这开启了人的因素的新时代——一个熟练识别复杂性，以及我们现阶段认识论和本体论局限性的时代。

思考题

1. 请阐释20世纪，我们对于安全与人的因素之间关系的认知转变，以及在转变的前后，安全干预的典型目标分别是什么。

2. 为什么说西方世界的启蒙运动是一项重大创新，它帮助我们建立起安全第一的思想，以及风险、管控措施的概念？

3. 在我们今天所从事的安全工作中，你认为它具有哪些科学管理的特征？

4. 产业革命期间，是什么促使工匠变成了工人？这对工作的管理和安排意味着什么？请举几个你自己的例子。

5. "事故倾向"是什么意思？它什么时候成为工作场所事故的流行解释？事故倾向论的主要缺陷是什么？

6. 哪些事件的发生，导致科学和实践研究领域中出现了"人的因素"学说？这意味着心理学在理解和影响安全方面扮演着什么样的角色？

7. 你是如何意识极端现代主义在 20 世纪（转型之前和之后），甚至在如今对于安全工作的假设？

2 曾被归于人的差错

本章要点

- 在一场事故中，如果不存在机械故障，人们通常自动将事故原因归结为人的差错。这一做法很大程度上源于当我们试图解读人的因素时运用于安全领域的笛卡尔-牛顿模型和理念。

- 专业术语和世界观让我们（不知不觉地）对因果关系、对内心和外界的明确界限产生了自以为是的看法，并暗示我们可以通过化整为零来理解复杂性。

- 这就意味着我们通常基于牛顿的社会物理学说来理解导致失败的人为失误，根据牛顿的学说，世上的知识并非存在于某人的头脑之中，而行为或疏忽及其结果之间也存在着必然联系。

- 为了合理地解释失误的复杂性及其人为失误，我们需要挑战有关人的因素的现实主义观点，需要了解后视偏差、反事实推理以及评判代替解释是如何让我们一厢情愿地认为我们能够解释所发生的事情。

没有机械故障的证据……

2013 年 7 月 6 日，一架韩亚航空的波音 777 型客机在旧金山机场着陆时失事。调查人员对韩亚航空 214 航班的调查证据似乎指向飞行员操作错误。然而，美国国家运输安全委员会（NTSB）主席坚决拒绝认可这一结论，尽管她公布的初步发现并未提及飞机坠毁前曾出现机械故障。周日，在旧金山举行的首次新闻发布会上，她再三拒绝指认飞行员为事故元凶。她告诫记者，对这场造成 2 人死亡[①]、多达 180 人受伤的事故，追究责任还为时过早。"现在一切尚待研究。"她如是说。

她公布的数据源于飞机的舱音记录器和数据记录器，数据表明飞机在向跑道进近的过程中出现了严重的问题——飞机飞行速度过低，机组在撞地前 1.5 秒试图中止进近并复飞。她说管制员要求飞机以 137 节或 158 英里/小时的速度着陆，然而当飞机向跑道进近时，其速度远低于 137 节。她不会公布具体速度值，但她说："我们不是在讨论几节的误差，我们讨论的是飞机速度远低于 137 节。"

飞机速度下降如此之快，而包括飞机俯仰在内的其他因素共同作用，触发了飞机的"抖杆器"——这是一种通过振动飞机控制杆来提醒飞行员即将失速的警示装置。在航空术语中，当飞机"升力"不足以保持其飞行高度时，就会发生失速。根据此次飞行最后 2 小时的驾驶舱舱音数据，"没有任何针对飞机异常情况或对进近时的顾虑的讨论"。然而，在撞击发生前 7 秒，一名机组成员要求提升速度，3 秒后，抖杆器发出警告。在撞地前 1.5 秒，舱音数据显示一名机组成员要求"复飞"。飞行数据记录器也显示当飞机在着陆进场时，油门处于慢车位置，空速"低于目标空速"。"在撞击前几秒钟"，机组接通油门，"发动机显示响应正常"——如果上述数据有效，那么导致发动机不能按要求工作的机械问题即可排除。

没有机械故障？那就一定是人的差错了。然而，这两者之间的界限真的如此明显吗？我们划分界限的自信又是从何而来？人的因素领域的先驱已经向我们展示了人的差错与人类工具乃至人类工作特征之间的系统关

---

① 实际上为 3 人死亡。——译者注

联。差错与机械、组织都密不可分。

　　诸如事故当天旧金山机场不工作的下滑道指示，或者是长航线飞行员每年较少的进近和着陆次数——尤其是没有电子指示灯帮助下的（手动飞行）目视进近，又或者是飞机上的各种系统在目视进近中可能进入的无数状态。飞行员称，目视进近或沿航向道（或电子跑道中心线）进近时可以采用垂直速度模式或航迹角模式。上述两种模式中，自动油门都被置于所谓的速度模式，然而该模式下的速度保护范围不及飞机沿仪表着陆系统显示的电子波束降落时广泛。进近时还可以运用GPS数据，但这就要求飞机截获正确的进近垂直航迹，并以自动模式飞行，从而帮助飞机自动完成进近。如果航迹由于某种原因丢失，而在大型机场进近时，飞行员可能面临又高又快的状况，则此时飞机的垂直引导恢复为低于下滑道模式（off-path mode），在这种情况下，飞机同样会失去一些速度和其他保护。另一种可能则是飞机以改变高度层的方式进近，由飞行员选择下降到不同的高度。此时，自动油门通常保持不变（或按需改为慢车），但是油门应保持可用状态，这样飞行员就能根据需要转入手动飞行。在飞行员前方的仪表上，所谓的飞行指引仪将显示飞行的俯仰角，这样飞行员就能达到其在模式控制面板上选定的空速。飞行员如果能遵循这些指令，飞机就能良好运行。然而，在手动飞行中，飞行员可能会将机头抬得更高（从而减慢飞机速度，或拉起机头修正着陆时目测低的情况）。然而，自动油门在这种构型状态下无法发挥作用。飞机速度不断下降，而油门毫无反应。

　　所以说空难的原因就是飞行员差错？在这种事故中，完全不存在"机械"的因素？让我们用更开放的视角来看待这个问题。

寻找失误以解释失误

我们最根深蒂固的信念和假设通常牢固地根植于最简单的问题之中。关于机械故障或人的差错的问题就是其中之一。引发事故的是机械故障还是人的差错？灾难过后，人们必然提出这个问题。的确，这个问题看起来如此简单无害。对很多人来说，提出这种问题很正常。如果有事故发生，想要查明问题也是理所当然。然而，这个问题包含了对事故发生原因的特定见解，我们对事故原因的分析可能就会局限于此。我们陷入了僵化的理解套路。想摆脱套路可能会很难。这种套路提出我们要问的问题，指引我们调查的方向，提供我们要追寻的线索，决定我们最终得出的结论。哪些部件受损？是工程设计还是人为操作的原因？这种破损或缺陷状态已经持续多长时间了？究竟为什么会受损？导致部件受损的潜在因素有哪些？哪些防御手段被逐渐削弱？

上述问题在当今的人的因素和系统安全领域研究中有着重要的地位。我们组织编制事故报告、对事故进行论述、试图发掘事故发生的原因。调查结果涵盖了损坏的机械部件（例如"哥伦比亚号"航天飞机上出现穿孔的隔热板和机翼）、人的不佳表现（例如失败的机组资源管理，或是训练成绩起伏不定的飞行员），以及负责系统运行的组织所存在的漏洞（例如薄弱的组织决策链、缺乏维护，或是缺乏监管）。通过寻找失误——人为、机械或是组织方面——来解释失误已经成了基本常识，以至于在大多数调查中，人们从来没有停下来去考虑所追寻的线索是否正确。失误源于失误的观点已经成了我们的前意识——当我们决定从何处着眼、决定要得出怎样的结论时，我们不会有意识地将其作为一个问题来考虑。

解构主义、二元论和结构主义

这种专业术语是什么，还有它所表达的可能正日渐过时的技术世界观又是什么？它的典型特征就是解构主义、二元论和结构主义。

解构主义意味着通过研究系统组成部分的构建和相互作用，人们能够彻底全面地解读该系统的运作方式。这是科学家和工程师看待世界的典型方式。事故调查也运用了解构法。为了排除机械故障或是找出存在问题的部件，事故调查人员引入"逆向工程"。他们从一片狼藉的事故现场回收零件，将其重组为一个完整的部件——通常相当还原。试想一下 1998 年①从纽约肯尼迪机场起飞后在空中爆炸的环球航空TWA800 波音 747 客机。人们从大西洋底回收了机身部件，在机库中煞费苦心地将其拼凑在一起——搭建了大量支架。当机身已尽可能完整时，受损部件本应暴露无遗，这样调查人员就能准确地指出爆炸源。事故是令人困惑的整体。但这样下去有违常理，只有当部件的机能（或失能）无法解释事故整体时，才会令人一直困惑不解。事实上，引发燃烧并导致爆炸的部件始终没有确定。这使得环球航空TWA800 空难的调查令人生惧。尽管是史上最为昂贵的机身重组之一，重组的部件却无法解释整个过程。在这种情况下，事故调查组和民航业逐渐形成了一个令人恐惧的、不确定的看法。飞机坠毁，却没有故障部件。事故发生却没有原因；完全没有原因——无法解决，无计可施——可能明天就会再次发生，说不定就在今天。

第二个典型特征是二元论。二元论意味着在物质和人为原因——人的差错和机械故障之间有着明确的界限。要成为一名优秀的二元论者，你当然需要进行解构：你必须将人的因素与机械因素区分开来。针对飞机事故调查人员管理，国际民航组织也制定了同样的规定。他们要求事故调查人员必须分清人的因素和机械因素。事故报告中为查找可能存在的人的差错保留了固定段落。调查人员研究即将卷入事故的人在事故发生前 24 小时和 72 小时的所作所为。是否饮酒？是否存在压力？是否存在疲劳？是否不够熟练或缺少经历时间？这些人过去的训练或运行记录中是否存在问题？飞行员的飞行小时数究竟是多少？是否存在其他导致飞行员分神的事情或问题？这种调查要求反映了对人的因素的基本解读，也反映了将人的差错简化为"适合出勤"概

① 原文有误，应为 1996 年。——译者注

念的航空医学传统。尽管这一概念早已被人的因素领域中针对正常人在正常工作场所实施正常工作（而不是生理或智力缺陷者）的研究进展所取代，但是这种过分延伸的航空医学模型仍作为一种安慰性的实证主义、二元论和结构主义实践被保留下来。在"适合出勤"模式中，人的差错的根源必须从事故发生前几个小时、几天甚至几年开始调查，也就是当人的状态已经开始变化，变得虚弱并且即将引发问题的时候。找到人的缺失或不足之处，即"不适勤部分"，就能解释事故发生的原因了。追溯近年的经历，找到缺失的碎片，完成拼图：解构，重组和二元论。

技术世界观的第三个典型特征仍然主导着我们对复杂系统中成功和失败的理解，这就是结构主义。我们用结构性的专业术语来描述成功和失败的系统中的内部工作。我们谈及防护层，谈及防护层上的孔洞。我们识别组织的"后端"和"一线端"，试图理解一方是如何影响另一方的。即使是安全文化，也被视为由其他构成要素组成的一个结构。组织内部的安全文化所占的比重取决于其规定的事件报告程序及其组成部分（可测量），取决于对犯下错误的运行人员的处置方式（更难测量，但仍可测量），取决于其安全功能和其他体制结构之间的联系。一个深刻复杂的社会现实就这样被简化为少数几个可测量因素。例如，安全部门是否有直接向最高管理层报告的程序？与其他公司相比，公司的报告率是多少？

我们关于失败的专业术语也是一种机制性术语。我们描述事故发展的轨迹，我们追寻原因和结果，以及二者的相互作用。我们寻找引发失败或是触发事件的原因，并追踪接下来宛如多米诺骨牌一般的系统崩溃。这种世界观将社会技术系统视作一架有着特殊构造的机器（后端 vs 一线端，防御机制贯穿始终），部件之间存在着特殊的相互作用（轨迹、多米诺骨牌效应、触发、引发剂），融入了独立变量或中介变量（责备文化 vs 安全文化）。这种世界观师承笛卡尔–牛顿学说——自半个世纪之前的科学革命以来，笛卡尔–牛顿学说就一直成功地推动着技术发展。这种世界观，以及随之产生的专业术语，都是基于自然科学的特定概念，并对我们今天对社会技术的成功和失败的理解产生了微妙但又非常强大的影响。就像它对大多数西方科学和思想所产生的影响一样，它贯穿并指引了人的因素和系统安全领域的发展方向。

然而，如果我们不加节制地使用专业术语，就容易画地为牢。专业术语在表达意义的同时，还决定了我们能看到的事物和看到的方式。专业术语限制了我们构建现实的方式。如果我们的隐喻鼓励我们建立事故链模型，我们就会寻找能够嵌入事故链的事件来启动调查。但是，哪些事件应当加入？我们该从哪里入手？南希·莱文森（Nancy Leveson，2002）指出，应加入的事件，如事件链的长度、起始点和细节层次，均出于主观选择。她质疑的是，如果没有简化失败模型的运算过程，如何才能证明起始事件之间互不相干的假设是正确的？技术及其操作的方方面面引发了对主导着人的因素和系统安全领域的二元论模型、解构模型和结构主义模型的适宜性的质疑。在这种情况下，我们也许可以寻找一种真正的系统观点，这种观点不仅能够找出隐藏在个体人的差错后面的结构缺陷（如果事实的确如此），还能让人了解复杂社会技术系统的有机适应性和生态学适应能力。

如无机械故障，即为人的差错

这里有一个实例。1999年夏天，一架双发道格拉斯DC-9-82型飞机降落在瑞典南部高地的一个支线机场。该地区之前下过阵雨，跑道仍是湿的。当向跑道进近时，飞机遇到一阵轻微的顺风，飞机接地后，机组在减速时遇到困难。尽管机组加大刹车力度，飞机仍冲出跑道，最终停在距跑道入口几百英尺的一片田地中。机上119名乘客和机组人员无一受伤。飞机停止后，一名飞行员走下飞机检查刹车。他发现刹车是冰凉的。机轮刹车根本没有工作。怎么会发生这样的情况？调查人员没有发现飞机存在任何机械故障。刹车系统运行良好。相反，在回顾整个事件过程时，调查人员发现，机组在着陆前没有将地面扰流板调至预位。在着陆滑跑期间，地面扰流板帮助喷气式飞机刹车，但必须事先调至预位方可工作。将扰流板调至预位是飞行员的工作，属于着陆前检查单的项目，也是两名机组成员需要共同履行的部分程序。此次事件中，飞行员忘记将扰流板调至预位。调查结论为"飞行员差错"。或者实际上称之为"CRM（机组资源管理）失效"（维克舍机场/克鲁努贝里飞机着陆事件，2000，P.12），这是对"飞行员差错"的一种更现代、更委婉的说法。飞行员没有协作履行他们应尽的职责；出于某些原因，他们没有就飞机的规定构型进行沟通。同时，在飞机着陆后，其中一名机组成员没有按照程序规定喊出"扰流板"。这句喊话本可能，或者本应该提醒机组所发生的情况，然而无人喊话。找到人的差错后，调查结束。

当我们没有发现机械故障时，便默认原因为"人的差错"。这是一个迫不得已却又不可避免的选择，可以很好地代入一个等式，在此等式中，人的因素与机械故障的数量成反比。式（2.1）展示了我们是如何确定因果责任比例的。

$$人的因素 = f（1-机械故障）\tag{2.1}$$

如果没有机械故障，那我们就知道该从何找起。此次事件中不存在机械故障，式（2.1）体现为函数 1 减 0，则人的因素为 1。事件原因就是人的差错，是CRM失效。调查人员发现MD-80 机上两名飞行员实际上均为机长，而不是常见的机长和副驾驶的组合。这是一个简单但也算不上罕见的排班巧合，是从那天早上开始的一次随机搭组飞行。当船上有两位船长时，就会面临责任分配不固定、不清晰的风险。责任分配很可能导致无人履行职责。如果检查扰流板是否预位是副驾驶的工作，而机组里没有副驾驶，那么风险显而易见。机组在某种意义上是"不适合的"，或者至少更容易发生问题。而问题也确实发生了（出现"CRM失效"）。然而，这说明了什么？这些过程本身需要解释。也许，这场事故的最初细节背后存在着一种不同的意义，一个真相，那就是：机械原因和人为原因交织之深，远不是我们在调查时采用公式化方法所能探明的。为了更好地了解这一真相，我们首先需要从二元论入手。当人们在人的差错和机械故障之间做出抉择时，其核心理念就是二元论。我们简要地回顾一下二元论的过去，然后通过这起不稳定的、不确定的、经验主义的未预位扰流板事件对其进行探讨。

竭力要求区分人的原因与机械原因的主张必定也曾使早期修补人的因素的匠人感到困惑。回忆一下第二次世界大战时期人们对驾驶舱里一大片外形相同但功能不同的开关所做的修改。襟翼手柄上的襟翼状楔子和变速杆上的滑轮能否避免对二者的常见混淆？常识和经验都在说"是的"。通过改变外界的某些事物，人的因素工程师（前提是他们已经存在）改变了人类的某些方面。通过改动人们使用的硬件设备，他们改变了实施正确或错误行为的概率——然而只改变了概率。即使操纵杆的外观设计能够体现其功能，有些飞行员在某些情况下仍然会将它们弄混。同时，飞行员并不经常弄混外形相同的开关。同理，并不是所有由两名机长组成的机组在着陆前都没有将扰流板设置为预位。换而言之，人的差错不甚稳定地存在于人类与工程技术界面之间。这类差错既不能完全归咎于人，也不能完全归咎于工程技术。与此同时，机械"故障"（假设外观相同的开关彼此相邻）通过人类行为才能体现。如此一来，一旦有人混淆了襟翼和起落架，其原因究竟是什么？人的差错还是机械故障？无论成功还是失败，都是这两者共同作用的结果。其间的界限不再分明。早期人的因素研究的观点之一就是：现在仍深受调查人员（及其客户）青睐的井然有序的、二元论的、解构主义的解析方法难以解释机械特性和人类行为的交织方式。

在人为原因和物质原因之间做出选择并不是近年来人的因素工程或事故调查的产物。这种选择深深地植根于迄今为止仍主宰着我们思维方式的笛卡尔-牛顿世界观。尤其是在技术主导行业，例如人的因素工程、安全与风险管理以及事故调查。

笛卡尔-牛顿世界观

本书旨在唤起对安全、对人类在我们的系统中所扮演角色的思考方式的现代主义革新。现代主义，正如已经指出的，发源于科学革命和启蒙运动。科学革命期间，笛卡尔和牛顿提出的核心思想是现代主义的基础。从某种意义上说，这些思想是先决条件。为了推行现代主义并使之令人信服，我们需要一系列关于世界的概念和观点——而这些概念和观点最初就是由牛顿和笛卡尔提出的。实际上，我们对这些观点的接受程度远远超乎意料——对我们的人生阅历来说，大多数观点显得如此理所应当，以至于仿佛透明一般，隐匿无形。这些观点就是我们所处环境的一部分。而如果我们不借助别人的力量，不去努力观察辨别，我们就很难看清自身所处的环境。因此，让我们首先来回顾一下这些观点，再来看看时至今日它们是如何影响了我们对于失败以及人类作用的看法。然后，让我们将目光投得更远——越过现代主义，投向一种复杂而全面的世界观。这种世界观描绘了一种理想类型，如果我们想要摆脱现实主义，我们可能会想要为之努力奋斗。

艾萨克·牛顿和勒内·笛卡尔是 1500—1700 年科学革命中的两座丰碑，他们对世界观的改变产生了巨大的影响，同时在思想和认识领域，为获取和检验知识的方式带来了深刻的变革。笛卡尔提出，在他称之为思维实体（心灵和思想领域）和广延实体（物质领域）之间存在着显著的区别。尽管笛卡尔承认两者之间存在着某些相互影响，他坚持认为无法通过相互参照来理解心理和生理现象。发生在任一领域的问题都需要通过完全独立的方式和完全不同的观点来解决。精神和物质的独立世界概念被称为二元论，而在我们今天的许多所思所为中都能发现二元论的影响。根据笛卡尔学说，精神独立于物质秩序或物质本身之外，绝不可能来源于物质。在人的差错和机械故障之间所做的选择就是一个二元论选择：根据笛卡尔的逻辑论，人的差错不可能源于物质。我们将看到，笛卡尔的逻辑论不太经得起检验——事实上，经过更为仔细的观察，整个人的因素领域就建立在对笛卡尔的逻辑论的摒弃之上。

肉体与灵魂分离，肉体服从灵魂，这种观点不仅令笛卡尔学说免于被教会找麻烦。他的二元论，他的精神和物质分离观点，还回答了一个可能阻碍科学、技术和社会进步的重要哲学问题：精神和物质之间有何联系？灵魂和物质世界之间又有何联系？如果我们的物质世界与一个永不磨灭的灵魂密不可分甚至互为依存，那么生为人类的我们如何才能掌控这个世界并对其进行改造？16 世纪至 17 世纪，科学革命的主要目标就是了解物质世界，将其理解为一台可控制、可预测、可设计的机器（并能够熟练操作）。这就要求我们只能将其视作一台机器：没有生命，没有精神，没有灵魂，没有不朽，不受非物质论影响，一切行为皆可预测。笛卡尔的广延实体，或者说物质世界，恰好打消了这份顾虑。广延实体被描述为像机器一样工作，遵循机械规律，并允许人类对其部件的构建和运动进行解释。这一概念所排除的内容使科学进步变得更加简单。笛卡尔学说的分离观点正是科学革命所需要的。自然界变成了一架被数学定律支配的完美机器——随着人类对其不断深入理解和掌握，数学定律越来越能为人类所用。牛顿，自不必说，他所创立的许多定律直至今日仍主宰着我们对宇宙的理解。例如，他的第三运动定律是我们进行因果推定以及事故原因推定的基础：每一个作用力都有一个大小相等、方向相反的反作用力。换而言之，每一个原因都会产生一个相等的结果，更确切地说，每一个结果都必然有着相等的原因。尽管这条定律适用于力学系统中能量的释放和转移，但当其用于分析社会技术问题时，就会产生误导效应，令人迷惘，因为在社会技术问题中，正常组织中的正常人所实施的正常工作中的平常琐事和细微差别会缓慢地恶化，导致巨大的灾难，释放出不成比例的巨大能量。牛顿的第三运动定律所描述的因果对等关系极其不适合作为组织事故的模型。

　　获得对物质世界的掌控对 500 年前的人至关重要。笛卡尔和牛顿所处的时代背景可被视为他们灵感和观点成长的沃土。欧洲处于中世纪晚期——中世纪往往被看作令人恐惧的灾难性时代，战争、疾病和瘟疫缩短了人类寿命。人类对于自己能否战胜那些真伪不明的逆境的担忧与恐惧或许不该被低估。例如，在牛顿的故乡英格兰，人口数量直至 1650 年才恢复到 1300 年的水平。人类任由那些难以理解且几乎无法掌控的力量摆布。在上一个千年，人类主要寄希望于通过虔诚、祈祷和忏悔等方式获得支配疾病和灾难的能力。

　　科学革命带来的见识的增长慢慢开始提供另一种可能性——借助于丰硕的实验成果。科学革命为人类切实掌控自然界提供了新的途径。得益于望远镜和显微镜，人类用全新的方式研究那些曾因太小或太远无法看见的组成部分，开辟了宇宙研究的新视角，也是第一次揭示了某些迄今为止一直被误解的现象成因。自然不再是一个无法逃避的大恶霸，而人类也不再是只能一味承受其莫测变幻的受害者了。利用新的研究手段和新的仪器，自然可以被分解、被拆解成更小的部分而被测量，这样人类就能够更好地理解并最终掌控自然。数学的进步（几何、代数、微积分）所构建的模型能够解释并开始预测新发现的现象，例如，在医学和天文学领域。通过发现一些构成生命和宇宙的要素，并通过数学模型模拟其运行过程，科学革命再次唤醒了长期蛰伏于中世纪的可预测性和掌控感。人类能够克服自然界的变迁兴衰和不可预测，获得主导和支配地位。取得如此的进步，源于对我们周围的世界进行测量、拆分（如今被称为还原、分解或解构）和数学建模——然后根据我们的要求进行重新构建。

　　可测量性和掌控是推动科技革命的两大主题，至今仍能引发强烈共鸣。二元论（物质和精神分离）和解构主义（较大的整体可以通过其低阶部件的构建和相互作用进行解释）的观点甚至在其创始人离世后仍长期存在。人们认为，笛卡尔的影响在某种程度上极其深远，是因为他用自己的母语——而不是拉丁语——进行写作，从而使更多人能够接触到他的思想。基于其二元论观点的自然机械化思想，以及牛顿等人在数学领域取得的巨大进步，预示了之后长达数百年的、前所未有的科学进步、经济增长和技术成就。正如弗里乔夫·卡普拉（Fritjof Capra）（1982）所说，如果没有勒内·笛卡尔，NASA（美国国家航空航天局）就不可能将人送上月球。

从笛卡尔–牛顿学说到整体论和复杂性

如果我们想在适当的、可能的时候摆脱安全领域中的笛卡尔–牛顿思想，我们需要改变或更新以下观点：

- 我们对于因果之间简单关系的信念。
- 我们可以通过将系统还原为其组成部分的行为来理解系统的复杂性。
- 关于危害的可预见性的假设（以及导致的结果和后视偏差）。
- 时间的可逆性（暗示我们可以"重新构建"导致事故或事故征候的事件）。
- "当知识与某些外部客观世界相符时，知识准确无误"的观点。
- 制定完成任务的最佳方法的能力，以及一旦进展不顺利，设法还原一个"真实事件"的能力。

笛卡尔和牛顿都赞同线性思维：这是一个包含从前提到单一结果的一连串因果推理的思考过程。相比之下，复杂性思维认为结果产生于一个由因果相互作用构成的复杂网络，而不一定是单一因素作用的结果。本章的余下部分展示了针对我们系统的牛顿式分析方法是如何对因果关系、危害的可预见性、时间的可逆性以及还原导致事件的"真实故事"的能力进行特定假设的。了解笛卡尔–牛顿世界观是如何成为高度现代主义的基石：如果没有这种世界观，高度现代主义的前提和承诺都将一文不值。通过与这种世界观对比，我们系统运作的复杂性和系统性将得到认可。我们需要建立一种不同的方式，而本书正是为了助力于此而写成的。

牛顿科学思想背后的逻辑易于阐述，尽管它对我们思考系统中成功和失败的方式产生了微妙而普遍的影响。经典力学——由牛顿奠定，由拉普拉斯等人进一步发展——促进了一种还原的、机械的方法论和世界观的形成。许多人仍将"牛顿思维"等同于"科学思维"。这种机械论范式以其简单性、连贯性和表观完整性著称，并在很大程度上与直觉和常识相一致。本章的余下部分将以摘要的形式思考笛卡尔–牛顿思想中最重要的方面。而在本书的剩余部分，我们将通过案例分析及围绕安全和人的因素进行理论阐述来探究其影响，并对其进行剖析。

还原主义和灵感突现部分

牛顿科学思想中最著名的原则——早在牛顿之前已由哲学家、科学家笛卡尔详细阐述——就是分析原理或还原主义。整体的运行或不运行可以通过组成部分的运行或不运行进行解释。试图通过复杂系统中某一组成部分的故障或破损来解释该系统的失败——无论该组成部分是人还是机器——是很常见的（Galison，2000）。纽约环球航空（TWA）800班机空难的调查人员就是在搜寻所谓的"灵感突现"部分：这一部分可以让全体调查人员宣称那个损毁的零件，那个导火索，那个罪魁祸首，已经找到并能够以此解释整起波音747失事事件。然而在此次空难中，始终没有找到所谓的"灵感突现部分"（Langewiesche，1998）。深度防御隐喻（Hollnagel，2004；Reason，1990）通过对系统的线性解析确定破损的蒙皮或部件。这一方法最近被BP（2010）用于分析深海地平线事故和随后发生的墨西哥湾漏油事件，其他人则认为这是在把责任转移给参与油井和平台施工过程的各方（Levin，2010）。

牛顿科学的哲学思想是一种简单的方法：世界的复杂性仅是表面现象，为了应对这种复杂性，我们需要通过分析其基本组成部分来分析现象。例如，用这种分析方法研究失败的心理学根源。将"人的差错"细分为更多类别，如知觉丧失、注意力丧失、记忆丧失，或是无所作为，这种方法，举例来说，也被用于空中交通管制（Hollnagel和Amalberti，2001）。这一方法同样应用于法定推理中，通过选取个人部分的一次或几次行为（或不作为），对事故进行分析。

事件原因可被查明

在牛顿的世界观中，发生的每件事情都有着明确的、可识别的原因和明确的结果。原因和结果之间是对等的（它们大小相同，方向相反）。确定"原因"或"各种原因"被理所应当地视为事故调查最重要的功能，但这建立在假设物理效应能够追溯到物理原因（或是一系列的因果效应）的基础之上（Leveson，2002）。这种没有特定原因就不会产生结果的假设也影响了事故分析中的法定推理。例如，要对事故中的失职进行提问，危害就必须是源于失职行为（Gain，2004）。关于因果对称的假设能够体现在所谓的结果偏差中（Fischhoff，1975）。结果越糟糕，先前的任何行为就越被视为应受指责（Hugh和Dekker，2009）。

牛顿的存在论是唯物主义的：所有现象，无论是生理、心理还是社会的现象，都能被还原为（或理解为）物质，也就是说，是三维欧式空间内物理成分的运动。区分粒子的唯一特性就是它们在空间中所处的位置。变化、演变甚至事故都能被还原为基本相同的物质的几何排列（或偏差），其相互运动完全受线性运动定律和因果定律支配。牛顿模型变得如此普遍和适用于"科学"思维，以致如果无法对因果关系进行解析还原，事故分析方法或机构就会被认为是完全无效和不称职的。时任NTSB主席吉姆·霍尔（Jim Hall），就曾对未能在TWA800事故调查过程中发现"灵感突现部分"的调查机构加以指责，因为这可能影响NTSB的整体声誉（P.119）："你们所处理的不仅是一次航空事故……你们的所作所为将机构的信誉和政府调查的可信度推上了风口浪尖。"

（Dekker，2011b）。

危害的可预见性

　　根据牛顿对宇宙的构想，只要能随时了解所有状态相关的细节，人们就能绝对准确地预见宇宙任一部分的未来。只要对粒子的初始条件以及支配其运动的定律有着充分的了解，人们就能预见后续发生的一切事情。换而言之，如果能证明某个人已经了解（或理应了解）系统组成部分的初始位置和动量，以及作用于这些组成部分之上的力（不仅是外力，还包括那些由组成部分的位置以及其他粒子所决定的力），那么，从原则上来说，这个人就能十分确定和精准地预见系统的进一步发展。

　　如果从原则上来说，这种知识是可以获取的，那么危害性后果也是可以预见的。如果人们有将知识用于预测干预效果的注意义务，那么根据牛顿模型，就应该质问他们为什么没有预见后果。他们难道不了解那些支配宇宙中这一部分的定律（换而言之，他们是缺乏能力，还是无知）？他们是否无法设想其行为可能产生的后果？事实上，在判断失职与否时，法律理性遵循牛顿模型的特征："如果有需要注意的义务，就必须给予合理的注意，从而避免那些可以被合理预见可能会造成危害的行为或疏漏。如果因未能采取合理的技术手段，导致危害发生，那么做出危害行为的人被视为失职。"（Gain，2004，P. 6）

　　换而言之，如果人们未能避免实施那些可预见会导致后果的行为，将被视为失职——如果当事人投入更多精力去了解那些牛顿亚宇宙中各种要素的初始条件以及支配其后续运动的定律，这些后果本可以被预见并避免。大多数道路交通法规也是基于牛顿学说对可预见性的承诺。例如，一个典型西方国家的道路交通法规定了汽车驾驶员应当如何调整行驶速度，从而在与其他物体相撞之前能够把车停下，同时还要注意观察可能影响驾驶速度的周边环境。针对可能出现的所有障碍物的可预见性，以及对决定行驶速度至关重要的周边环境（初始条件）的警觉意识都深受牛顿认识论的影响。这两者也极易受结果偏差的影响：如果事故表明，驾驶员未能预见障碍物或是特殊环境，那么行驶速度一定过快。其结果就是，这个系统的使用者永远是错的（Tingvall和Lie，2010）。

时间的可逆性

牛顿学说体系的轨迹不仅能决定未来，还能决定过去。鉴于其现状，从原则上来说，我们可以逆转演变过程，从而重新构建之前经历过的任何状态。这种假设使事故调查人员相信，一个事件序列能够从结果开始，追溯因果链，回到过去。重新构建的观点再次确认和证实了牛顿的物理学说：对于过去事件的认识并非完全还原，而仅是揭示先前存在秩序的结果。横在调查人员和一次理想的重新构建之间唯一的障碍就是再现所发生事件的准确程度。由此可见，"更好的"调查方式能够提高描述的准确程度（Shappell和Wiegmann，2001）。

认识的全面性

牛顿坚决主张宇宙的基本规律可以被发现，并且终将完全为人所知。上帝创造了自然秩序（尽管他藏起规则手册，不让人类看到），调查人员的任务就是从表面的一片无序之下发现隐藏规律（Feyerabend，1993）。由此可见，分析或调查人员搜集到的事实越多，调查工作就做得越好：更好地再现"所发生的事件"。在极限情况下，这种做法能够完美、客观地再现外部世界（Heylighen，1999），或是重现一个最终（真实）事件——其中外部事件与内部表现形式之间毫无鸿沟。那些有着更好方法的人，尤其是那些喜爱更强的"客观性"的人（换而言之，那些没有偏见、不会对世界产生歪曲认识的人，那些考虑到所有事实的人），更适合于构建这样一个真实事件。由政府资助的正规事故调查机构有时会喜欢这种客观和真实的想法——即使不是在被再现的事件真相中，那么至少也是在围绕着再现过程的制度化安排中。假定的客观事实也能以相当主观的形式谨慎地加入调查过程：所有当事人（例如供应商、行业、操作人员、工会以及专业协会）都能正式参与进来［尽管反对的声音会被压制或排斥（Byrne，2002；Perrow，1984）］。其他各方则通常等到正式报告出炉才会公开表态或采取行动，他们将事故调查组视为事实与虚构之间的最终仲裁者。

社会技术系统及笛卡尔-牛顿学说

关于分解的理所当然的假设、因果对称性、危害的可预见性、时间的可逆性以及认识的全面性共同引发了对牛顿学说的分析。分析内容可以总结如下：

- 为了了解系统的运行情况，我们需要搜集结果（无论是成功还是失败）和系统组成部分的运行或故障之间的明确联系。对组件行为和系统行为之间关系的分析也不在话下。
- 事件原因总能被查明，因为有因才有果。事实上，后果影响越大，原因也必然越严重（换而言之，更糟糕）。
- 如果能投入更多精力，人类就能预见更可靠的结果。毕竟，投入精力后，他们对初始条件有了更深入的理解，也早已了解了系统运行的规律（否则，他们不该被允许在系统内工作）。做到以上两条，就能够预见未来所有的系统状态，还能够预见和避免有害状态。
- 一个事件序列能够从结果开始，追溯因果链，回到过去，完成重新构建。对于过去事件的认识是揭示先前存在秩序的结果。
- 根据所发生的事件进行正式报告是可行的，也是必要的。这不仅是因为只需揭示一个先前存在秩序，还因为认知（或事件）是秩序的心理表征，或者说是秩序的镜子。在最真实的事件中，外部事件与内部表现形式之间的差距也是最小的。在真实事件中，外部事件与内部表现形式之间不存在差距。

在安全和人的因素领域，上述假设可以很大程度上保持透明，也不接受批评，因为它们是如此地不证自明、合乎常识。这些假设得以保留和再现的方式

与阿尔都塞（Althusser，1984）所称的"询唤"相类似，它们都由共享关系、共享话语、机构和知识汇集而成。福柯（1980）将产生知识并保持知识流通的实践称为知识型：这是一组为事实而打造的规则和概念工具。这种实践具有排他性。它们的部分作用就是区分被认为是正确的说法和被认为是错误的说法。因此，社会技术牛顿物理学被归为能够产生更加复杂的解释的事件。例如，卷入事故分析的人可能被认为会依据主导假设为自己辩解；他们会利用这些假设来了解事件；他们会在自己的言行中再现现有秩序。围绕着他们的工作的组织、制度和技术构建并没有留出看似可行的选择（事实上，正是这些构建含蓄地令其保持沉默）。例如，调查人员被授权找出可能的原因，并将受损部件清单作为调查结果。技术分析支持（事件数据库，误差分析工具）强调了线性推理和故障部件识别（Shappell和Wiegmann，2001）。同样，组织和那些对内部故障负责的人需要找到"适当"的说法，从而进一步保持责任精简。如果上述过程无法满足社会问责要求，法庭可以决定追究个人刑事责任，这也可以说是在寻找破损的部件（Dekker，2009；Thomas，2007）。

系统观点和复杂性

解析还原无法告诉我们，当同时受到多种影响时，多个不同的事物和过程是如何共同行动的。这就是复杂性，是系统的特性。复杂行为的产生是因为系统组成部分之间的相互作用。这就要求我们不要关注单个组成部分，而要关注它们之间的关系。系统特性是其组成部分相互作用的结果；它们不属于单个组成部分。复杂系统内部会产生新结构；它们不依赖于外部设计师。系统必须改变某些内部结构，以应对变化的环境条件。

繁杂与复杂

繁杂系统和复杂系统之间存在重大区别：

- 繁杂系统可能看起来杂乱如麻，包含大量部件（例如一架喷气式客机）。尽管如此，繁杂系统可以被拆解，然后再组装起来。即使一个人无法完全理解这样一个系统，原则上来说，这个系统仍是可以被理解和描述的。这就是繁杂系统。

- 复杂系统形成于组成部分的相互作用中。当喷气式客机应用于一个名义上规范的世界时——这个世界有着文化多样性、传者本位与受众本位沟通需要、驾驶舱内不同的等级梯度、多层次的礼仪差异、疲劳效应、程序变动和多种多样的培训和语言标准（Hutchins等，2002），以及风险感知、态度和行为中的跨文化差异（Lund和Rundmo，2009）——它就成了复杂系统。

这就是复杂系统之所以复杂的原因：复杂系统所面临的影响远不止工程可靠性预测。在一个复杂系统中，每个组成部分并不了解系统作为整体的行为，也无法了解其行为的全部影响。组成部分对呈现的信息做出局部响应，因局部行为而产生的相互关系和相互作用构成了成倍增长的巨大网络，复杂性就产生于这个网络。构成系统的界限变得模糊；相关性和相互作用成倍增加、快速增长。它们的非线性特性不仅为控制和调节，也为扩大进入系统的风险影响提供了机会。

复杂性是系统的特性，而不是系统组成部分的特性。人们对每个组成部分的了解局部且有限，没有一个组成部分具有足够的能力代表整个系统的复杂性。系统行为不能被还原为其组成部分的行为。如果我们想要研究这类系统，我们就必须调查系统本身。在这一点上，还原论方法失效了。

复杂系统有一段历史，一条依赖之路，这段历史同样漫过了那些模糊的界限。系统的过去，以及系统相关事件的过去，共同对系统现在的行为负责，而对复杂性的描述也应当考虑这段历史。

在描述系统宏观行为（或突现行为）时，无法考虑到所有微观特征。因此，宏观层面上的描述是对复杂性的还原或压缩，不能精确地描述系统的实际行为。此外，宏观层面上的涌现属性能够影响微观活动——一种常被称作"自上而下的因果关系"的现象。然而，宏观行为完全是系统微观活动的产物，我们要牢记微观活动不仅受其相互作用和下行效应影响，同时也会受到系统与环境之间的相互作用影响。当使用复杂系统分析事故时，这种看法将对知识主张产生重要影响。由于我们无法直接接触复杂性本身，原则上来说，我们对此类系统的认识是有限的。为了理解安全和人的因素，让我们列出这些看法的含义，重新审视上述主题（见表 2.1）。

表 2.1　对比笛卡尔-牛顿学说和复杂性世界观

笛卡尔-牛顿学说	复杂性世界观
还原主义：想要了解系统，你需要将其分解成部分，因为这些部分的运行线性地解释了系统层面的行为。你需要放低自我，置身其中	整体论和综合论：想要了解系统，你还必须提升认识，跳出固有思维模式，观察系统是如何与其他系统相互作用，又是如何在其他系统之中运作的
结果源于原因；可在单个组成部分的行为中发现	结果源于组成部分之间的复杂相互作用
只要你知道初始条件和系统运行规则，就能够预见结果	我们只能估算结果产生的可能性，而无法确切知晓
系统时间可逆。从任何时刻开始，你都能重新构建过去任何时候的状态，还能预见未来任何时候的状态	时间不可逆转。由于关系和联系发生内部演化，系统不断变化，并适应不断变化的环境
全面的认识是可以实现的。这需要与外部世界完全保持一致，我们为此开发了更好的方法	全面的认识无法实现。对复杂系统的不同描述通过不同的方式对系统进行分解，这些方式无法还原为彼此

整体论和综合论

佩罗（Perrow）在几十年前就曾指出，牛顿学说中将组成部分视为事故原因进行重点研究的做法会形成一种错误的观念，那就是：冗余是防范风险的最佳方法（Perrow, 1984; Sagan, 1993）。其缺点在于：冗余构成了障碍，它和职业专业化、政策、程序、协议、冗余机制以及结构一起，共同加剧了系统的复杂性。

更多障碍，更多风险：社会冗余的谬论

让我们回忆第 1 章中牛顿的观点——部件失效是系统故障的原因——是如何体现在瑞士奶酪模型中的。一家医院决定效仿这一模型进行危害预防，并决定通过设置双重屏障来防止病人误用药物。双重屏障包括护士在允许病人用药前进行仔细检查。不久，结果出乎意料：在引入双重屏障程序后，误用药物的风险不降反升。

斯科特·萨根（Scott Sagan）称之为社会冗余的谬论（Sagan，1993），这一现象也详细记录在詹尼斯（Janis）关于群体思维的著作中（Janis，1982）。社会复制，就是让两个不同的单位、团队或个人在同一个生产程序中做同样的事情，这一做法产生的不完全是技术冗余或重复的效果。原因就在于社会冗余中的"组成部分"并非独立存在。人们认识彼此，他们交谈，他们被彼此的观点和想法所影响（甚至是自己的观点和想法），他们都受共同因素影响，例如生产压力、疲劳、对病患对象的了解等。换而言之，增加社会冗余是一个谬论。在这样的情况下，遵循特定的安全模型（更多屏障）可能会对安全造成严重的危害，因为这个安全模型并不适合被管理的风险的环境和特性。

引入更多屏障势必造成（部件、层次和组成部分之间的）新关系猛增乃至蔓延到整个系统。系统事故源于各个组成部分之间的关系，而不是任何组件的运行或功能障碍（Leveson，2002）。失败包含复杂系统中大量事件出乎意料的相互作用——事件和相互作用，通常十分正常，然而其组合猛增能快速超过人类在预测和缓解故障时所做的最大努力。为了了解复杂系统中的问题从何而

来，人类应当"提升认识，跳出固有思维模式"，而不是"放低自我，置身其中"（Dekker，2011b）。不要考虑单个组成部分是如何可靠或不可靠，而应当考虑它与其他组成部分之间的关系，以及其所在系统是如何与其他系统相关联的。例如，在上面的事例中，对药物进行仔细检查的护士就置身于社会和组织关系中。对其工作而言，他们依赖于许多事物和因素，其中有些事物和因素他们无法或难以控制，有些则可以控制。例如，护士必须仔细检查的药物包装并不受其控制，然而却能影响相互作用的成功与否。工作计划（以及计划共事的人）、疲劳和其他因素可能很大程度上也超出其控制范围。药物所在位置可能一定程度上受其控制，但还与药剂师有关，而护士可能对此不甚了解。所开的处方极大程度上取决于医生，护士应该信任医生，然而，如果护士不信任医生，他们也会提出反对意见。较之分析（放低自我，置身其中），综合推理（提升认识，跳出固有思维模式）更能揭示影响失败概率的关系和限制。全面思考的对象是涵盖了人类及其技术的系统，而不只是系统中的组成部分。

涌现性

安全一直被认为是一种涌现性，人类无法基于系统的组成部分对其进行预测（Leveson，2002）。事故也同样被视为复杂系统的涌现性（Hollnagel，2004）。事故无法基于组成部分进行预测。反之，事故是组成部分（正常）工作时的涌现特征。系统事故可能发生在这样一个组织中：人们本身没有经历任何值得注意的事件，一切看来正常，每个人也都遵照当地规定、常见解决方案或习俗行事（Vaughan，2005）。这就意味着整体行为不能用组成部分的行为来解释，也不能为其所反映。1993 年，在伊拉克北部的禁飞区内，两架美军战机击落两架美国黑鹰直升机，斯努克（Snook，2000）通过研究这一事件，得出如下观点：糟糕的结果可能会无缘无故地发生。

此次调查之旅简直是在捉弄我的感情。当我初次检查数据时，我感到困惑、愤怒和失望——困惑于两名训练有素的空军飞行员竟会犯下如此致命的错误；愤怒于AWACS全体管理人员竟能坐视悲剧发生而未采取行动；失望于OPC特遣部队机能之失调，竟在空中行动中没有实施很好的整合前就让直升机孤身冒险。每一次，我满怀焦灼和猜疑开始研究。每一次，我满怀同情和气馁结束工作……如果没有人做错什么；如果在任何分析层面上都不存在无法解释的意外；如果从行为和组织的角度来看毫无异常；那么原因是？

斯努克尝试找到存在问题的组成部分的想法（致命失误、管理人员坐视不管、特遣部队机能失调）一无所获。没有"灵感突现部分"。这起事故向牛顿的逻辑发起了挑战。

不对称性或非线性意味着初始条件的细微改变会导致日后的巨大差异。对初始条件的敏感依赖使得系统的输入和输出之间的比例关系不复存在。在2003年"哥伦比亚号"航天飞机的致命飞行之前，针对外部燃料箱掉落碎块所造成损害的评估可以作为一个范例（CAIB，2003；Starbuck和Farjoun，2005）。因为始终处于协调密集的发射计划和预算削减（部分原因是资金被挪用于国际空间站项目）的压力之下，某些问题被视为维修问题而非飞行安全风险。维修问题可以通过表面上更为简单的官僚主义程序解决，这就缩短了航天飞机的周转时间。在两次太空飞行任务之间需要完成的大量评估中，泡沫材料碎块撞击所造成的影响正是其中之一。将问题逐渐从安全领域转向维修领域，这与NASA在一架航天飞机着陆和另一架航天飞机准备飞行之间所做的其他风险评估和决策没什么不同——不过是一个决策，就像其他上万个决策一样。考虑到所处环境和决策者的目标、认识及重点，此类决策可能是相当理性的，因此系统的交互复杂性可能将其引向一条无法预测的道路——通往难以预见的系统结果。

这种复杂性对复杂系统失败后的伦理负载分配产生了影响。结果并不能构成评估原因的重要性（或是导致结果的决策质量）的基础，在安全和人的因素文化中，这一看法一直饱受争议（Orasanu和Martin，1998）。这一观点表明，日常组织决策——植根于大量类似的决策，只需带着后见之明进行特别考虑——无法出于苛求责任的目的单独提出（例如通过定罪），因为此类决策与最终结果的关系是复杂的、非线性的，可能无法预见（Jensen，1996）。

可能性而非确定性的可预见性

复杂系统中的决策者有能力对特定结果的可能性而非确定性进行评估。对初始条件的认知和对系统管理法则的全面了解（牛顿学说中评估危害的可预见性的两个条件）在复杂系统中难以实现。尽管如此，我们在回顾过去时通常假设其他人具备这类知识。然后，我们再基于上述假设对他们的决策进行评判。我们这样做不仅是因为要面对结果和后见之明之间证据充分却又难以摆脱的心理偏差，而且还要与牛顿的思想保持一致：只要我们足够勤奋努力，就能全面认识这个世界。而在回顾过去时，这一点也适用于其他人。因此，当我们知道结果后，（假设中的）可预见性就变得显而易见，仿佛某个决策实际上已经决定了这个结果，而这个结果是决策必然导致的。（Fischhoff和Beyth，1975）

时间的不可逆转性

复杂系统的条件是不可逆转的。导致特定结果（例如一场事故）产生的一系列精密条件是永远无法彻底重新构建的。随着关系和联系在内部演化并与变化着的环境相适应，复杂系统也不断地经历着变化。考虑到复杂系统的开放适应性，事故发生后的系统与发生前的系统是不一样的——许多事物将发生变化，不仅因为结果带来的变化，同样也是时间推移带来的变化。这也意味着针对失败的回顾性分析的预测能力极为有限（Leveson，2002）。例如，组织决策在一定程度上可以脱离背景得到执行和描述，它并不是串在某条线性因果序列上的单个珠子——尽管事后看起来可能如此。复杂性表明，组织决策大量产生并停滞在错综复杂的组织生活内部，而正是这样的组织生活以多种形式影响、冲击和造就了组织决策。其中许多方式难以追溯，因为它们并没有遵循成文的组织协议，而是取决于给定情况下看似合理可行的不成文惯例、隐含期望、专业判断以及巧妙的口头影响（Vaughan，1999）。

总而言之，在复杂系统中不可能重新构建事件，这主要是由复杂性的特征所决定的。回顾性调查的心理特征也是如此。只要产生了结果，过去发生的任何被认为导致此结果的事件都会经历一整套变化（Fischhoff和Beyth，1975；Hugh和Dekker，2009）。接受这样的想法：事故发生前一定有一连串的事件。是谁选择了"事件"，又是建立在怎样的基础上呢？将重要的或有促进作用的事件与不重要的事件区分开来，这是构建行为、是在创造事件，而不是在重新构建一个已经存在并正待揭露的事件。任何事件序列、影响因素或决定因素清单都已经将一系列选择机制和选择标准偷偷带入假定的"重新"构建之中了。不存在客观的行事方式——所有的选择都或多或少地受到分析者的背景、偏好、经历、偏见、信念和目的的影响。"事件"本身被分析者与之配置的事件所定义和限制，在这个精心选择的、排他的、陈述性的前结构以外是无法想象的（Cronon，1992）。

认知领域永久的不完整性和不确定性

牛顿学说的观点之一在官方事故调查中得以实例化和再现，那就是：世界是客观可用和可以理解的。这种认识立场体现了一种非透视的客观性。它假设调查人员能够持"本然的观点"（Nagel，1992），一种无涉价值、无背景、无立场的真实观点。这就重新肯定了古典自然观或牛顿的自然观（存在着一个独立的世界，调查人员通过正确的方法能够客观地认识这个世界）。它所基于的观点是：观察者和观察对象是可以区分的。认识无非是从客体到主体的映射。调查并不是一个创造的过程：它仅仅"揭示"了已经存在并有待观察的特质

（Heylighen等，2006）。

相比之下，复杂性表明，观察者不只是在观察，在很多情况下也是观察对象的创造者（Wallerstein，1996）。控制论将这一理念引入复杂性和系统思考：认识从本质上讲是主观的，它是一种不完美的工具，被聪明的行为主体使用，帮助其实现个人目标。行为主体不仅不需要对现实的客观反映，事实上，它永远也不可能得到客观反映。实际情况是，行为主体无法了解"外部现实"：它只能感知输入，记录输出（行为），并从两者间的相互关系中归纳出某些在其所处环境下能够成立的规则或规律。不同的行为主体，体验着不同的输入和输出，通常会归纳出不同的相互关系，并因此对其所处环境形成不同的认识。没有客观的方法能决定谁的观点是正确的，谁的又是错误的，因为行为主体实际上处于不同的环境之中（Heylighen等，2006）。

对一个复杂系统的不同描述，随后（从不同行为主体的观点来看）通过不同的方式分解这个系统。由此可见，通过任何描述所获得的认识通常与描述的角度相关。这并不意味着任何描述与其他描述一样好。这仅仅是下述事实的结果：只有少数的系统特征能够通过具体描述得到重视。尽管没有先验程序能够决定哪种描述是正确的，但有些描述会比其他描述带来更加有趣的结果。这并不是说某些复杂读物在相应地更接近某种客观状态意义上的"更加真实"（因为这是牛顿学说所认同的结果）。相反，承认事故分析的复杂性能够带来更丰富的认识，并因此在遭遇失败之后获得提高安全性的能力，还有助于在失败的后果中扩大伦理响应范围。

社会技术系统和复杂性

当社会技术系统被认为复杂时，系统部件行为（或其机能失调，例如"人的差错"）和系统层面结果之间的明显关系便不复存在。相反，系统层面行为源自系统内部更深层次的多种关系和相互联系，而且并不能还原成这些关系和相互联系。"原因"（或"事件"或"影响因素"）的选择一直都是调查人员采用的构建行为之一。不存在客观的行事方式——所有的分析选择都或多或少地受到调查人员在复杂系统中所处立场的影响，受其背景、偏好、语言、经历、偏见、信念和目的的影响。这样永远也无法构建发生的真实故事。总之，真相存在于解释和表述的多样性，而不是异常之中（Cilliers，2010）。安全和人的因素研究如果接受了复杂性观点，就可能会停止寻找失败或成功的"原因"。反之，它们从复杂系统内部的不同角度收集各种表述，这些表述针对突现输出的产生方式给出了部分重合又部分矛盾的解释。复杂性视角摒弃了复杂系统事件存在简单答案的观点——据称可以通过最佳方法或最客观的调查得以实现。这就允许我们将更多的声音引入对话，并庆祝其多样性和贡献。

还原和构成要素：笛卡尔-牛顿思维方式

笛卡尔-牛顿学说的遗产是一件利弊并存之事。人的因素和系统安全与一种专业语言绑定，其隐喻和意象强调了结构、组成部分、工作流程、部件和相互作用、原因和结果。在向我们指出建立安全体系和查明问题的初始方向时，如果事实证明我们并没有初始方向，那么这种传承下来的词汇的实用性就受到了限制。

回到扰流板

让我们继续回顾发生在 1999 年夏日里的MD-80 飞机冲出跑道事件。遵循笛卡尔-牛顿学说的优良传统，我们可以先把飞机多切开一点，拆分各种部件和程序，一秒一秒地观察它们是如何相互作用的。起初，我们会满足于经验主义的极大成功——就像笛卡尔和牛顿常做的一样。然而，当我们想基于发现的部件重新构建一个整体时，一个更令人烦恼的现实进入了视野：这个整体变得不再协调了。人为原因和机械原因之间，以及社会问题和结构问题之间那简洁明了、在数学层面上令人愉快的区别变得模糊不清。这个整体看起来不再是部件总和的线性函数。正如斯考特·斯努克（Scott Snook，2000）所解释的那样，西方古典科学的两大进步——解析还原（化整为零）和归纳合成（化零为整）可能看似有所作用，然而，将找到的部件简单复原并不能捕获隐藏在事件之中或围绕在事件周围的丰富的复杂性。这就需要一种整体、有机的整合功能，可能还需要一种对有组织的社会技术活动的总体情况十分敏感的、新的分析和合成方式。但是，让我们首先来检查这起分析性的、与成分有关的事件。

扰流板指的是飞机着陆后机翼上表面迎向气流升起的减速板。扰流板不仅能够通过阻碍气流辅助飞机刹车，还能使机翼失去产生升力的能力，将飞机的重量加在机轮上。地面扰流板的升起还触发了机轮上的自动刹车系统：机轮承载的重量越大，刹车系统的效率越高。着陆前，飞行员根据跑道长度和条件在机轮自动刹车系统中选择想要的设定值（最低、中等、最高）。着陆后，机轮自动刹车系统将使飞机减速，飞行员无须操作，机轮也不会打滑或失去牵引力。作为第三种减速机制，大多数喷气式飞机安装了反推装置，该装置能够改变喷气发动机喷出气流的方向，使其沿着飞机飞行方向而不是向后方喷出。

在这个案例中，扰流板没有放出，因此没有触发机轮自动刹车。飞机冲下跑道时，飞行员多次检查了自动刹车系统的设定值，以确保其处于预位，当他们看到跑道末端不断接近时，他们甚至将其调为最高。然而，这一切毫无效果。仅存的飞机减速装置就是反推装置。然而，反推装置在高速状态下最为有效。当飞行员意识到他们无法在抵达跑道尽头之前把飞机停下时，速度已经相当低了（他们最终冲进田地时的速度为 10~20 节），而反推装置不再具有瞬时效应。当飞机越过跑道边缘时，机长关闭了反推，稍微向右转向以避开障碍物。

如何将扰流板调至预位？在两名飞行员之间的中央操纵台上，有许多手柄。有些用于操纵发动机和反推装置，一个用于操纵襟翼，一个用于操纵扰流板。为了将扰流板调至预位，需要由一名飞行员向上拉起手柄。手柄拉起大约 1 英寸（1 英寸 ≈ 2.54 cm）并保持不变，扰流板保持预位直至着陆。当系统感知到飞机已经在地面上时（部分是通过起落架电门感觉到的），手柄将自动收回，扰流板放出。阿萨夫·德加尼曾广泛研究此类程序问题，他认为扰流板问题并不是人的差错问题，而是时机问题（Degani等，1999）。与其他飞机一样，在这架飞机上，在选择放下起落架并完全到位之前，扰流板不应设置为预位。这与能显示飞机何时着陆的电门有关。当飞机重量落在机轮上时，电门压缩，但不仅如此。这一类型的飞机存在风险，当起落架从舱中放出时，其前轮起落架的电门也会压缩。发生这种情况是因为前轮起落架是迎着气流放下的。前轮起落架放出时，飞机正以180节的速度穿过大气层，垂直风力导致前轮起落架压缩，触发活门，随后可能面临放出地面扰流板的风险（如果扰流板处于预位）。这可不是个好主意：地面扰流板放出会导致飞机飞行困难。因此出现了这样的要求：起落架需要全程放出，指向下方。只有当气动活门压缩的风险完全消除时，才能设置扰流板预位。以下为着陆前程序的顺序：

起落架放下并锁定

扰流板预位

襟翼完全放下

在典型进近中，当所谓的下滑道出现时，飞行员选择放下起落架手柄：此时飞机进入电子信号范围，电子信号会引导飞机降落到跑道上。起落架一放下，扰流板必须预位。然后，飞机一旦截获下滑道（换而言之，正好处于电子波束上），并开始向跑道下降，襟翼需要被设定为完全放下（通常为40°）。襟翼是自机翼延伸出的其他装置，它能改变机翼的尺寸和形状。它们还降低了飞机着陆时的速度。这样程序就要以情景为条件。当前程序如下所示：

起落架放下并锁定（显示下滑道时）

扰流板预位（起落架放下并锁定时）

襟翼完全放下（截获下滑道时）

然而，从"显示下滑道"到"截获下滑道"需要多长时间？在一次典型进近（在给定空速的条件下）中，这个过程大约需要15秒。在训练用的模拟机上，就不会产生这个问题。整个起落架循环周期（从放下起落架手柄到驾驶舱内显示"起落架放下并锁定"）大约需要10秒。在机组需要选择襟翼完全放下之前，飞行员有5秒钟的时间可以设置扰流板预位（程序中的下一个项目）。在模拟机上，过程如下所示：

$t=0$ 时　　　　　　　　起落架放下并锁定（显示下滑道时）

$t+10$ 时　　　　　　　扰流板预位（起落架放下并锁定时）

$t+15$ 时　　　　　　　襟翼完全放下（截获下滑道时）

　　然而，在真实的飞机上，液压系统（延伸自机翼的其他装置之一）不像在模拟机上那样有效。当然，模拟机所模拟的飞机飞行中的液压系统仅限于刚刚出厂、尚未开始飞行的崭新飞机。在比较旧的飞机上，起落架可能需要花半分钟才能完全放下并锁定。其过程如下所示：

$t=0$ 时　　　　　　　　起落架放下并锁定（显示下滑道时）

$t+30$ 时　　　　　　　扰流板预位（起落架放下并锁定时）

但是！$t+15$ 时　　　襟翼完全放下（截获下滑道时）

　　综上所述，在实际情况中，程序中的"襟翼"项目插到了"扰流板"项目之前。当"襟翼"项目完成，飞机向着跑道下降时，程序就容易从这里中断，然后执行接下来的项目。这样一来，扰流板永远也无法预位。由于时间错位造成的偏差，扰流板预位工作陷入了混乱。针对人的差错（或CRM失效）的特定要求更加难以与背景相抗衡。事实上，这里到底有多少人的差错？让我们暂时先保留二元论观点，再回到式（2.1）。现在对机械故障进行更自由的定义。真实飞机的前轮起落架装有压缩活门，这样设计是为了在空中能够迎风放下起落架。这就引入了一种系统机械易损性，只能通过程序性时间设置（一种已知存在漏洞的故障防止机制）加以克服：先放下起落架，再预位扰流板。换而言之，"起落架放下并锁定"是扰流板预位的机械前提，但整个起落架放下过程所用的时间比程序预留的时间及其发挥功能的时间要长。老旧飞机的液压系统也不增压：需要花上30秒才能完全放下起落架。相比之下，模拟机在10秒之内就能完成相同的工作，留下微小却又真实存在的机械不匹配。鉴于实际操作中的微妙差异，人们将新的工作顺序引入训练并加以演练。此外，这种飞机有一个能报告起飞时扰流板是否预位的预警系统，却没有报告进近时扰流板未预位的预警系统。为此，驾驶舱中出现了这样的机械设置：扰流板预位手柄与未预位手柄在长度上差了 1 英寸，末端还有一个红色的小方块。从右座飞行员（需要确认预位情况）的位置来看，当飞行员坐在典型进近位置时，这个红点隐藏在油门杆后面。这里面存在如此之多的机械因素（起落架设计、逐渐磨损的液压系统、模拟机和真飞机的差异、驾驶舱手柄设置、缺少进近时扰流板预位的预警系统，以及程序性时间设置）；以及一次机缘巧合的随机排班（飞行中安排两名机长），更多的机械失效问题被代入等式，从而重新平衡了人的因素所导致的贡献值。

　　然而，这依然是二元论的方法。当重新组装我们在程序、时间设置、机械磨损和折中设计方案中发现的部件时，我们会想知道机械因素究竟在哪里结束，人为失误又是从哪里开始。其界限不再那么明确。180 节的风速施加在前轮起落架上的载荷被转化为一个脆弱的程序：先放下起落架，再预位扰流板。迎风放下并且装备有压缩电门的前轮无法承担这份载荷，也无法确保扰流板不被放出，因此将由一个程序来承担载荷。扰流板手柄的位置让人难以辨认，而扰流板未预位的警告系统也没有安装。再一次，差错原因在人类意图和工程硬件之间摇摆不定，变幻莫测，令人不安——它既属于二者，又不属于二者。于是就有了以下结论：在飞机审定的过程中，并没有考虑到液压系统的逐渐磨损。即使一架MD-80飞机的液压系统需要花费半分钟以上才能完成起落架的放出、放下和锁定，违背了原始设计原则的三个条件之一，它仍被认为是适航的。磨损的液压系统不会被视为机械故障，也不会导致飞机停场；难以辨认的扰流板手柄或是进近中缺少的警告系统也不会导致停场。无论是否存在上述问题，飞机都被证明是适航的。换而言之，没有发生机械故障，并不是因为没有机械问题。没有发生机械故障，是因为由生产厂家、监管机构和可能的运营人组成的社会系统——该系统毋庸置疑是出于对实际情况的考虑而建立的，体现了对未来磨损的不确定性的工程学情境判断——决定了不会发生机械故障（至少与MD-80飞机冲出跑道事件所暴露出的问题无关）。机械故障和人的差错是从哪里开始的？如果进行足够深入的探究，问题就变得无法解答。

广延实体与思维实体，新与旧

强加世界观

将广延实体与思维实体区分开来，就像笛卡尔所做的那样，是非自然的行为。这不是自然过程或条件的结果，而是在强加一种世界观。尽管这种世界观起初曾经推动过科学进步，现在却严重限制了我们的理解能力。在现代事故中，机械和人为原因难以区分。物质和精神世界的分离以及对其进行区别描述和分开描述的要求正在削弱我们努力理解社会技术成功与失败的成果。

对人的差错的新旧观点的区别——此前曾在《人的差错实战指南》（Dekker，2002）中进行论述——在现实中对这些微妙之处横加霸凌。回忆针对冲出跑道事件进行的调查是如何将"CRM失效"定为事件因素的。这就是旧观点的思维方式。有的人，在这次事件中是某名飞行员，或者说是两名飞行机组成员，忘记将扰流板调至预位。这就是人的差错，是一种疏忽。如果他们没有忘记将扰流板调至预位，这次的事故就不会发生，故事结束。然而，此次失败分析并没有对直接可见的表面下的一系列事件的可变因素进行探讨。正如佩罗（1984）所说，这种分析评判的只是人们在哪方面应该这样而不应该那样。关于人的差错的旧观点常见到令人吃惊。在这种旧观点中，差错——或换成其他任何名称（如自满、疏忽、CRM失效）——被认为是令人满意的解释。这就是人的差错的新观点所试图避免的。新观点将人的差错视为一种结果，视为人们工作的系统内更深层次的失败和问题的后果。它拒绝将人的差错视为原因。相比因人们没有做他们应做的事情而对其进行评判，新观点引入的是解释人们为什么做了他们所做的事情的工具。人的差错变成了出发点，而不是结论。在扰流板事件中，差错是折中设计方案、机械磨损、程序漏洞和操作随机性共同作用的结果。当然，新观点的主旨就是拒绝简单粗暴地认定人的选择或故障部件将整个结构引入毁灭之路。新旧观点之间的区别重要且不可或缺。然而，即使在新观点中，差错仍然是一种结果，而结果是牛顿学说的专业术语。新观点含蓄地认可了差错的存在和真实性。它将差错视为存在于世上的某种事物，导致差错的是同样存在于世上的另一种事物。正如以下章节所述，这种（幼稚的）现实主义立场也许是站不住脚的。

回忆笛卡尔-牛顿宇宙的构成方式：将整体分解为组成部分及其相互作用（如人与机器、后端和一线端、安全文化和责备文化）从而对其进行解释和掌控，这样的整体构成了笛卡尔-牛顿宇宙。系统由组成部分以及组成部分之间的机械联系构成。这一说法就是在人为原因和物质原因之间做出选择的根源（是人的差错还是机械故障？）。牛顿学说在其中寻求任何观察效果的原因，而笛卡尔学说在二元论中也是如此。事实上，它表达了笛卡尔的二元论（精神或物质：你不能混淆二者）和分解的概念——低阶属性及其相互作用完全决定了所有现象。这二者已经足够，无需其他理论。分析问题的构成要素及其累加方式是了解问题发生原因的必要和充分条件。式（2.1）反映的就是针对低阶属性的假定解释充分性。列出个体因素，问题发生的原因就水落石出了。现在，我们可以通过将条件划分为人的原因和机器原因、分析属性及其相互作用，再将其重新组合成一个整体来了解飞机冲出跑道事件。"人的差错"被认为是答案。如果没有物质因素，人们期望人的因素能够完全解释事件发生的原因。

如果使用这种世界观取得了进展，那就没有理由怀疑它。在科学的各个角落，包括人为因素，许多人仍然认为没有理由这样做。的确，没有理由认为结构主义模型不能应用于错综复杂的社会技术系统内部。然而，当我们用后现代主义方式剖析这些系统时，它们显示出类似机器的属性（组成部分及其相互作用，层次和孔洞），但这并不意味着这些系统就是机器，或者说它们完全像机器一样发展和运转。正如莱文森（2012）所指出的，解析还原有如下假设：

- 将整体分解为构成要素是可行的。
- 子系统独立运行。
- 不因拆分整体而曲解分析结果。
- 这相应地暗示了组成部分不受反馈回路和其他非线性相互作用的影响，无论是在单独检查时，还是在整体中发挥作用时，它们在本质上都是相同的。

- 此外，还假设将组成部分组装成整体的原则是直截了当的；部件之间的相互作用简单到可以与整体行为分开考虑。

牛顿的社会物理学说

人的因素及其现实主义世界观

人的因素，作为一门学科，秉承了相当现实主义的观点。它存在于一个由真实事物、事实和具体观察构成的世界。它假定存在一个外部世界，人们能够客观地刻画和描述这个世界中所产生的现象。在这个世界中，存在着"差错"和"违规"，而且这些差错和违规都是相当真实的。它们构成了牛顿社会或心理物理学的一部分，这两种物理学都可以通过自然科学研究方式进行描述和理解。例如，上一章提到的驾驶舱观察员，会看到飞行员没有在着陆前将扰流板设置为预位，并将此行为记录为差错或程序违法。观察员认为他的观察结果是"真实的"，而差错也是"现实存在的"。发现扰流板没有预位后，飞行员自己也认为他们的疏忽是"差错"，因为他们遗漏了他们不该遗漏的工作。然而，对观察员来说，这个差错之所以成为"现实"，是因为它从经验流之外可见。而从经验流内部，当事情正在进行，工作正在完成，就不存在"差错"。在这种情况下，只存在因时机和各种任务序列被无意间破坏的程序，而使用程序的人连这一点都没有注意到。

保罗·费耶阿本德（Paul Feyerabend, 1993）曾指出，所有的观察都是概念性的。如果观察者没有运用特定理论告诉自己要寻找的目标，"事实"就不会存在。观察者不是被动的接受者，而是他们遭遇的经验现实的主动创造者。观察者和观察对象之间没有明显的区别。正如前一章节所说，对观察者来说，这并没有令"差错"显得不那么现实。然而，这不意味着差错"确实"存在于某个独立的经验主义世界。这就是本体相对主义的主旨：在特定情境下会发生什么以及会进行怎样的特定观察都具有较大的灵活性，并与观察者系统关联。人们不能仅仅依据关于世界的经验数据就把可能的世界观评判为优等或优越，因为人们无法客观公正地认识这个世界。然而，在人的因素的务实精神和乐观现实主义精神中，通过使人们相信自己能够公正地认识世界，误差计数法获得了广泛认可。特权要求存在于（正如现代主义和牛顿科学所要求的）方法之中。这种方法强大到足以发现飞行员自己没有发现的差错。

当我们走出或置身于差错发生的经验流之外时，差错显得如此"现实"。对于坐在飞行员身后的观察员来说，差错看起来"现实存在"。在事件发生后，即使在飞行员本人看来，差错都显得如此现实。但这是为什么呢？这不可能是因为差错现实存在，因为独立原则已经被证明是错误的了。作为观察到的"事实"，差错只能通过观察者及其在经验流之外的立场而存在。差错并不是因为某种客观经验现实——其中差错推定发生——而存在，因为不存在这种现实，即使曾经存在，我们也不可能知道。回忆一下之前章节提到的空中交通管制测试：对空管指令的行为、疏忽和延迟对工作经验内部和外部的人具有完全不同的意义。甚至不同的外部观察者也无法达成共识，因为他们有着不同的背景和概念窥镜。独立原则是错误的：没有观察者，"事实"就不存在。

差错是历史中有效的矫正干预

为了解释吉登斯的理论，差错是（即时）历史中有效的矫正干预。我们无法书写一部记叙我们经历的纯粹编年史：我们的假设、过去的经验和对未来的愿景使我们通过刚刚经历过或看到的事物给特定组织留下了深刻的印象。"差错"是将结构强加给过去事件的有效途径。"差错"也是我们作为观察者（甚至是参与者）重新构建我们刚刚经历的事实的特定方式。但是，这样的重新构建方式导致了过去和现在的严重间断。"现在"也曾经是一个不确定的、也许极不可能发生的未来。但现在，我们将其视为一个不可逆转的过去的唯一貌似合理的结果。站在一系列发展中的事件以外（或者作为有着后见之明的参与者，或者作为设定之外的观察者）我们很难看到我们曾经对即将发生的事情有多么不确定（或者当置身其中，我们可能会多么不确定）。对于回顾过去的外部人员（即使这名观察者不久前也是历史的参与者）来说，他眼中的历史与当今的决策者眼中的世界也有着本质区别。这就赋予了历史——即使是即时历史——一种当其仍处于发展阶段时所缺乏的决定论。

总之，"差错"是事后构建的产物。基于后视偏差的研究包含了一些最有力的相关证据。"差错"不是经验事实。正如菲利普·泰洛克所指出的，差错是外部观察者将已知事件硬塞入貌似最合理或是最方便的确定方案。在基于后见之明的研究中，不难看到这种回顾性的重新构建行为是如何用一种自由的方式来重新叙述历史的。回顾过去的观察者所描绘的现实情况与参与者所经历的现实情况（即使他们曾经是同一批人）之间的距离随着所运用的修辞和论述及其所使用的调查实践大幅增长。我们马上就能看到许多此类情况。

我们再来看一下心理学的发展，其发展（不久之前）曾试图摆脱我们在理解人类行为和决策时的规范主义偏见。这段插曲是必要的，因为如果没有某些规范，那么即使是暗示，"差错"和"违规"也都不会存在。当然，后见之明能够有效地从外部人员所在的背景引入标准或规范，还能强调当时的实际表现在哪里没有达到标准。将差错视为事后构建，而不是观察到的客观事实，所以我们必须了解隐性规范对我们评判过去表现的影响。没有差错意味着没有规范主义。这就意味着我们无法质疑内部人员描述的准确性（人的因素一直在做的工作，例如，当声称"情景意识缺失"），因为没有客观的规范事实能够支持这种描述，并与我们认为准确或不准确的描述进行对比。人们当时经历的现实情况就是事实，因为那就是他们当时所经历的。正是那个他们所经历的世界决定了他们的评估和决策，而不是我们（甚至是他们）对那段经历所做的回顾性的、外部人员角度的演绎。我们必须运用对胜任能力的局部规范来理解为什么人们当时的所作所为对他们有意义。

将错综复杂的历史线性化

后视偏差是心理学中最稳定的"偏差"之一。其结果之一就是"如果人们知道一段由错综复杂的不确定事件构成的复杂先验历史的结果，在他们的记忆中，这段历史会更有决定性，'必然地'走向他们已经知道的结果"（Weick，1995，P.28）。后见之明使我们将过去的不确定性和复杂性转变为秩序、结构和过度简化的因果关系。

转弯导致事故

举例来说，1995 年，在哥伦比亚卡利市附近，一架波音 757 飞机转弯后飞向山区，随后发生事故。根据调查结果，机组并没有意识到转弯，至少没有及时意识到（Aeronautica Civil，1996）。机组应当查看哪些设备才能知道飞机已经转弯？根据该飞机制造商所说，他们能够获得许多指示：

"能够显示飞机正在左转的指示包括以下几种：EHSI（电子水平姿态指示仪）地图显示面板上（如已选择）显示一条偏离预定飞行方向的曲线航径；EHSI VOR显示面板上，CDI（偏航指示器）向右移位，表明飞机处于直飞卡利的VOR航向的左侧；EaDI显示转弯角度大约为 16 度，所有航向指示器指向右边。此外，机组可能在ADF中输入Rozo，并在RMDI中将方位指示器信息调为Rozo NDB"（波音，1996，P.13）。

这是事故后的标准处置方法：指向能够揭示事件真相的数据。后见之明中存在大量证据能够指出事件真相，人们只要注意到其中一些证据，结果就会变得不同。面对一长串可能避免事故的指示，我们想知道人们当时为什么没有发现这些指示。我们想知道"顿悟"是如何丧失的，为什么这个装满了启示的鼓鼓囊囊的购物袋从来没有被最需要它的人打开过。

然而，对"关键"数据的认识只存在于后见之明的全知状态中。我们只有在了解结果之后，才知道究竟哪些是关键的或高度相关的数据。但是，如果数据显示完全可用，我们通常假设事件中的从业人员能够看到数据。问题就在于，指出某些情况应当被注意并不能解释这些情况为什么没有被注意，或者为什么在那时有着不同的理解。这些困惑与我们有关，与我们调查的人无关。在我们对失败的反应中，我们没有意识到，数据可用性和数据可观测性——显示已经完全可用的数据和在当事者的任务、目标、关注焦点、期望及兴趣错综交织的条件下可观测到的数据——是有区别的。数据，正如上述案例中一长串的指示，在重大的决定性时刻并没有显示在从业人员眼中。当人们从事实际工作时，数据是点点滴滴贯穿在实际操作中的：这里一点，那里一点。数据随着时间的推移不断出现，数据可能是不确定的，数据可能是模棱两可的。人们还有其他的事情要做。有时，连续或多重数据位是矛盾的；通常，它们是不值得被注意的。说我们在后见之明中如何发现这些数据的重要性是一回事，理解这些数据对当时的当事人意味着什么又是另一回事。

当我们在后见之明中发觉某些评估和行为指向一个共同条件时，就产生了同样的困惑。乍看之下，好像如此。在试图了解过去表现时，将那些看起来有共同点的、以某种方式相关联的以及与最终结果有关的人类行为的单个片段整合起来是很吸引人的事情。例如，"匆忙"着陆是从卡利事件的调查证据中提取出的主要原因。人们同意用匆忙的转弯来解释差错产生的原因：

赶时间？

"调查人员能够确认一系列的差错始于飞行机组收到管制员要求在 19 号跑道着陆的指令……CVR显示，接受指令在 19 号跑道着陆的决定是机长和副驾驶经过开始于 2136：38 的 4 秒交谈后共同做出的。机长问：'你想直接在 19 号跑道降落吗?'副驾驶回答：'是的，我们得赶紧降落。我们能做到的。'这次交谈紧跟着之前的一次讨论，在那次讨论中机长向副驾驶表达了他想尽快降落到卡利的意图，由于从迈阿密起飞延误，根据客舱乘务员的其他要求，机长明显试图尽可能减少延误造成的影响。例如，在 2126：01，机长要求副驾驶'下降时增加速度'……（这是执行任务时仓促行事的证据）。"（Aeronautica Civil，1996，P.29）

　　但是，在上面的案例中，构成匆忙行事论据的片段源于对半个多小时内的行为的拓展。外部观察者把记录看作用来开采石头的露天采石场，把事故解释看作需要建造的建筑。问题在于，脱离其产生情境的每个片段都毫无意义：每一个片段都有它自己的故事、背景和存在原因，当它产生时，它可能与现在被整合在一起的其他片段毫无关系。同样，行为发生在片段之间。其间还包含了感知和评估的变化和演变，这些内容不仅按时间还按意义对被删除的片段进行划分。因此，事件情况以及事件中所构建出的将行为片段串联在一起的线性，并非源于每个片段产生的环境，这并不是环境特征。这是外部观察者有意为之的结果。在上面的案例中，"匆忙"是后见之明识别出的情况，它貌似合理地将起飞（延误将近两小时）与毁灭性的结局（山区而不是机场）联系在一起。"匆忙"这一主题源于对事件的回顾，它引导调查人员围绕自身开展证据搜集工作。与真实情况相比，它给调查人员留下的故事更加线性化，貌似合理，而且也不那么凌乱复杂。然而，这并不是一组发现，而是对构建对象及随后发现结果的一组重复描述。

反事实推理

从结果回溯事件的进展——我们作为外部观察者早已知道结果——我们总能发现那些人们本有机会修正对形势的评估但未能成功的节点；在这些节点上，人们手握摆脱困境的选择权，却没有采取行动。这就是反事实思维——在事故分析中相当常见。例如，"如果能保持15°抬头的俯仰姿态，反推设置为1.93EPR（发动机压力比），并按计划收上起落架，飞机本可能避免遭遇风切变"（NTSB，1995，P.119）。反事实思维证明的是，如果满足了某一时刻和往往理想化的条件，那么原本会发生什么。当试图揭示未来应对失败的潜在对策时，反事实推理也许是一种卓有成效的实践方法。然而，声称人们本可以采取行动以避免特定结果，并不能解释他们为什么做出了那些举动。这就是反推理的问题所在。当反推理被用作解释手段时，有助于规避调查中的疑难问题：查清人们为什么做了他们所做的事情。强调未做的事情（然而如果已经这样做了，事故就不会发生）无法解释实际发生的情况，或发生的原因。此外，反事实思维也是后视偏差的有效支持之一。在反事实思维的帮助下，我们将之前错综复杂的历史结构化和线性化。反事实思维能够将大量相互重叠又相互作用的不确定行为和事件转化为一个线性序列中清晰明了的各种分支。例如，人们本可以完美地实施复飞，但未能成功；他们本可以拒绝变更跑道，但他们没有这么做。当事件回归过去，脱离其结果，故事才能成立。我们注意到人们在每一个岔路口都选择了错误的方向，一次又一次——一路带着错误的选择无可避免地走向构成我们调查出发点的结果（因为如果没有事件结果，就不会有调查）。

然而，在不断变化的复杂世界中，人类的工作很少是简单的二元选择（例如犯错还是不犯错）。分支极为罕见——尤其是对每一分支的结果已经做出清楚预判的情况。在做出选择的时刻（如果有的话）通常会显现出多种可能的走向，将我们引入越发浓厚的未来迷雾之中，例如窗户上的裂缝。其结果是不确定的，隐藏在尚未到来的未知之中。在不确定的条件下，在时间和资源都有限的压力下，人们需要采取行动。从外部回顾的立场来看，那些可能看起来是独立的、轻松二选一且不会失败的机会，其实是事件内部一个被卷入一连串相关行为和评估的片段。从内部来看，它也许根本不像是一个选择。这些通常是只存在于后见之明中的选择。对于那些被卷入事件的人来说，也许没有任何有说服力的理由能让他们在调查人员现在认为是重要或争议性的节点上重新评估自身处境或是决定不做任何事情（否则他们可能会采取行动）。他们可能仍会像他们做过的那样做，因为基于他们对情况的理解和他们的压力，他们认为自己是正确的。调查人员面临的挑战变成了去理解：对于正接受行为调查的人来说，其行为为什么不是一个独立事件？调查人员需要看到为什么其他人决定继续的"决策"可能不过是连续行为而已——通过他们当前对情境的理解加以巩固，通过他们关注的线索进行确认，并通过他们对事物发展的期望进行再确认。

评判代替解释

当外部观察者运用反事实思维，即使是作为解释手段，他们自己通常也需要解释。毕竟，如果摆脱困境的方法对外部观察者都显而易见，其他人怎么可能没有发现？如果存在能恢复改正的机会，能够避免坠机，那么就需要解释飞行员为什么没有抓住这个机会。观察者通常在规则制定、专业标准、与人们当时操作紧密相关的可用数据，以及人们为什么没有看到或遇见他们应当看到和遇见的事物等条件中寻求解释。通过承认所做所见与应做应见之间存在差别——按照这些标准——我们可以轻易地断定人们没有做他们应该做的事情。当对比行为片段和后见之明中被认为可行的书面指导时，实际表现通常被认为是有欠缺的；该表现没有达到程序或规定的要求。例如，"其中一名飞行员……执行（计算机输入）时没有核实选项是否正确，也没有获得另一名飞行员的许可，这违反了程序"（Aeronautica Civil，1996，P. 31）。调查组投入大量时间研究组织的历史记录，这样他们就能构建出操作行为发生或应当发生于其中的管理或程序框架。当事后对组织记录进行调查，并发现规定适用于这种或那种特定情境时，现有程序和规定与实际行为之间的不一致就很容易暴露出来。

然而，这并没有包含太多有用信息。事实上，实际行为和书面规定之间永远存在差别。指出差别的存在并没有解答行为出现的原因。而且，在这个问题上，程序和实践之间的差别并不是事故发生的唯一原因，还存在着不太明显或不成文的标准。当争议性片段［例如，接受跑道更改指令的决定（Aeronautica Civil，1996），或是否复飞的决定（NTSB，1995）］没有明确的预先规定，而是依赖于局部的情景判断时，通常会援引这些标准。针对这些情况，总是有基于整个行业惯例和推定实践的"良好的实践标准"。航空业的这种标准就是"良好的飞行技巧"，在没有其他标准的情况下，"良好的飞行技巧"能够解释尚未说明的行为差异。

在进行微观匹配时，观察者将人们过去的评估和行动放置在她或他根据回忆创造的世界框架内。通过框架覆盖着事件的进展，她或他看到行为的片段以各种角度出现在各种地方：这里没有遵守规则；那里没有观察可用数据；那里又没有符合专业标准。但是，相比解释与其产生环境有关的，以及与其先行和后继的行为流有关的争议性片段，框架仅仅是将行为片段装进一个观察者现在认为真实的世界。问题就是，这个事后世界也许与产生被研究行为的实际世界几乎无关。与这种行为相对比的是观察者眼中的实际情况，而不是事件发生时围绕着该行为的实际情况。评判他人没有依据某些规定或标准行事并不能解释为什么他们做了他们所做的事。说人们没有走这条路或那条路——只有在事后之明中是正确的选择——是站在一个具备更广泛洞察力和结果认知的立场评判其他人不具备这种洞察力和认知。这并不能解释事情的发生，也并不能说明人们为什么在给定的周围环境下做了他们所做的事情。外部观察者陷入了威廉·詹姆斯在1个世纪前提出的心理学家的谬误：他用自己的实际情况替换了他的研究目标之一。

视角反转

了解并防止出现心理学家的谬误，这种现实的混合对理解"差错"至关重要。从回顾事件的外部人员的立场来看，"差错"可以显得极其真实，极其令人信服。他们没有注意到也不知道，他们应该这样做或那样做。然而从处于情境中的人及其他潜在观察者的观点来看，相同的"差错"往往不过是正常工作而已。如果我们想要开始了解人们为什么做了他们所做的事情，我们必须重新构建其局部理性。他们知道什么？他们对情况的认识是怎样的？他们有着怎样的多重目标、资源限制和压力？在情境语境中，其行为是理性的：人们来工作不是为了把事情搞砸。正如历史学家芭芭拉·塔奇曼（Barbara Tuchman）所说：

> 每一篇文稿都有资格在其产生的环境中被朗读。为了理解另一个时代中人们所面临的选择，就必须将自己限制在他们所了解的事物中；穿着过去的而不是我们现在的服装，观察过去是什么样子（Tuchman，1981，P.75）。

这一立场将社会和运行环境变成了唯一合理的解释方法。这种环境限制了我们现在对过去的争议性评估和行为所赋予的意义——当事情发生时，我们并不在现场。不只是历史学家在鼓励这种转变——这种视角反转，劝说我们将自己置于他人立场的行为。在释经学中，它被称为注释解经（根据经文原意进行解读）和私意解经（将自己的思想注入经文进行解读）之间的差异。其重点在于解读出经文在那个时代和地点所表达的意义，而不是解读出我们现在想要经文说出和表明的内容。吉恩斯·拉斯姆森（Jens Rasmussen）指出，如果我们不能找到令人满意的答案来解答诸如"他们怎么可能不知道？"之类的问题，那并不是因为这些人行为怪异，而是因为我们选错了理解其行为的参照系。理解人们行为的参照系就是他们正常的、个人的工作环境，他们植根于这种环境，从这种环境的观点来看，其决策和评估大多是正常的、日常的、不值得注意的甚至可能是不易察觉的。一项挑战就是理解外界看来像是"差错"的评估和行为是如何变得中立化或正常化，这样从内部看来，它们显得不值得注意、符合常规和正常。

如果我们想要理解人们为什么做了他们所做的事情，那么就不该质疑内部人员所表述情况的适当性。原因在于，我们赖以做出评判的这个领域没有任何客观特征。事实上，我们一旦做出这样的评判，就已经从外界引入了标准——来自另一个时代和地点，来自另一种合理性。人种学者一直以来支持着内部人员的观点。埃莫森（Emerson）和拉斯姆森一样，建议我们调查并采用关于胜任能力的局部观点——这种观点在特定的社会环境中得到推崇和应用，而不是使用外界标准来检验错误和差错（Vaughan，1999）。这就排除了通用规则和母性原理（例如，"飞行员应当对商业压力免疫"）。这种"标准"忽视了本土化技能和优先级设置的微妙变化；它们推翻了内部实际情况认定的"良好""合格"和"一般"。的确，这种标准从外界引入了一种合理性，而这种合理性所带来的不受情境影响的、理想化的实践概念框架给这种由专为当地定制并微妙调整过的标准占统治地位的环境留下了深刻印象。

主位研究观点和非位研究观点之间的人种学区别创立于 20 世纪 50 年代，其目的是了解内部人员和外部人员在对环境看法上的区别。主位最初指的是在被研究的文化中人们所使用的语言和范畴，非位则是外部人员（例如人种学家）的语言和范畴，建立在对重要区别进行分析的基础之上。今天，主位通常被理解为由内向外的世界观，也就是说，在被研究的人眼中，世界是怎样的。人种学的重点在于开发内部人员对所发生事情的观点，一种由内向外的观点。对比之下，非位是一种由外向内的观点，研究者或观察者试图通过心理法，如调查或实验室研究，来了解关于内部人员的部分知识。

主位研究考虑的是意义构建行为。它研究的是人们根据经验构建的多重现实。它假定无法直接了解单一的、稳定的、完全可了解的外部现实。没有人能直接了解。相反，对现实的全部理解植根于情境之中，并受限于观察者的局部理性。主位研究指向每个人的独特体验，暗示任何观察者理解世界的方式和其他人一样有效，没有客观标准能够评判这种意义构建方式是对是错。主位研究者拒绝区分某种情况的"客观"和"主观"特征。这种区分会分散观察者对情况的注意力，仿佛他关注的是内部人员，实际上还会扭曲这种内部人员观点。

主位研究最关心的就是获取和描述系统内部或某种情况下人们的观点；明确内部人员认为哪些事情是理所当然的，哪些事情是常识，哪些事情是不值得注意或正常的。当我们想要理解差错时，我们必须接受本体相对性，并不是出于哲学上的不妥协或是慈善，而是为了获得由内向外的观点。为了了解系统安全或脆弱的原因，我们必须这样做。正如我们将在第 5 章看到的，例如，关于什么构成了"事件"的观点（换而言之，什么是值得报告的安全威胁）是社会构建的；由历史、制度约束、文化和语言概念塑造成型；并在系统内部人员中商定。如果内部人员没有将安全威胁视为值得报送到报告系统的"事件"，那么该组织为落实事件报告系统而采取的结构性措施就不会起到任何效果。如果这个组织不能从日常工作执行者的角度来理解"事件"的概念（以及与之相反的"常规"的概念），那么该组织就永远也无法真正地提高报告率。

为了提高报告率，外部人员需要由内向外看；他们需要接受本体相对性，因为只有这样才能破解系统安全和脆弱的密码。所有为避免走上失败之路而设置复杂系统的过程——将危险的信号转变为预期要发生的正常问题；借自安全领域的渐进主义思想；假设过去的成功运行是未来安全的保障——都是通过由内部语言和合理化驱动的社会组织隐性共识来维持的。上述过程的内部工作根本不受外部检查的影响，因此也对要求改变的外部压力无动于衷。如果外部观察者一直看到"差错"和"违规"，他们就无法获得主位观点或是研究内部人员创造的多重合理性。外部人员也许能够通过（重复）施加不受情境影响的规定、规则或劝诫，以及提出道德诉求供人遵循来获得一些优势，但这些效果通常是短暂的。这些措施无法得到运行生态学的支持。就这样，实践面临着适应开放系统的压力，暴露在稀缺和竞争的压力之下。它会再次无可避免地陷入没有明显安全投入却产生更多运营回报的舒适区。

差错和（非）理性

在局部理性的背景下理解差错，或是就事而论的理性，并不是研究差错心理学的自动副产品。事实上，对人的差错的研究直到 20 世纪 70 年代仍带有理性主义的偏见（Reason，1990），而且在心理学和人的因素的某些方面，这种理性主义的偏见从未真正消失。理性主义意味着人们可以根据描述最优策略的规范性理论来理解心理过程。当决策者完美详尽地了解所有相关信息，花费足够的时间进行全面考虑，并设置明确的目标和偏好来做出最终决定时，其策略可能是最优的。在这样的情况下，人们参照对这种"理性"规范、这种理想状态的偏离来解释差错。如果决策被证明是错误的，可能是因为决策者没有花费足够的时间去考虑全部信息，或是她或他没有创建一套详尽的选择方案以供选择。换而言之，差错是不正常的，它是对标准的偏离。差错是非理性的，因为对差错的解释需要一种动机（与认知相反）成分。如果人们没有花费足够的时间去考虑全部信息，那也是因为他们不能受到打扰。他们没有付出足够的努力，他们下次应当更加努力，可能还要借助一些培训或程序指导。对人的因素的调查实践仍然充斥着这种理性主义的习惯。

认知心理学家没有花费很长时间就发现了人类为什么不能或不应该像完全理性的决策者或完全理性的任何事物一般行事。当经济学家坚持决策的规范假设时（决策者完美详尽地了解所有决策相关信息，并对其想做的事情有着明确的偏好和目标），心理学借助于人工智能假定不存在完全理性这样的事物（换而言之，充分了解所有相关信息、可能结果和相关目标），因为世界上不存在一个单一的认知系统（既不是人类也不是机器）具有足够的计算能力能处理这一切。理性是有限的。心理学随后开始记录人类不完全的、有限的或是局部的理性。心理学发现，论证受人类的局部理解、关注焦点、目标和知识的支配，而不是受某些全球性理念支配。人类行为植根于它所发生的环境，并与之系统关联：人们能够参照语境，而不是某些通用标准来了解（换而言之，理解）人类行为。只有在其产生的局部环境中，人类的行为和评估才能获得有意义的描述；通过将人类的行为和评估与其产生并共存的环境细节进行紧密联系，就能够理解这些行为和评估。这些研究赋予"理性"一种诠释弹性：局部理性的事物不一定是全局理性的。如果一个决策是局部理性的，那么它从决策者的角度来看是正确的——如果我们想要了解从外界看来似乎是"差错"的潜在原因，这一点非常重要。局部理性的概念无须依赖于对差错的非理性解释。"差错"是有意义的：从产生差错的环境内部看来，如果只是在局部如此，那么它们就是理性的。

然而，心理学家自己常常会对此感到困扰。他们发现，即使是从语境内部来看，决策中的偏见和偏差（例如群体思维、确认偏差和违反常规）似乎也并不合理。这些偏差现象更需要动机解释。它们需要动机解决方案。人们应当被鼓励去做正确的事情，去集中精神，去仔细检查。如果他们没有这样做，应当有人去提醒他们：这是他们的职责，是他们的工作。注意我们是多么容易退回史前的行为主义：通过现代主义的奖惩制度（工作上的激励、奖金或惩罚的威胁），我们希望按照所谓的世界固定特征来塑造人为表现。

心理学家和其他人会认为这种行为是非理性的，并将其归因于某些动机成分，这也许是受该学科的概念语言的限制。推定动机问题（例如故意破坏规则）必须重归语境，观察人类目标（并未严格遵守全部规定从而快速完成工作）是如何通过微妙的压力、有关组织偏好的潜意识信息以及操作外部现有规定的经验主义胜利与系统目标达成统一的。系统需要快速的周转时间、最大化利用生产能力和效率。鉴于上述系统目标（通常为隐性目标），违规行为并不是一种动机缺陷，而是积极主动的人类操作者的象征：个人目标和系统目标和谐统一，相应地能够取代整个系统的目标——效率与安全背道而驰。然而，心理学经常能看到动机缺陷。而且人的因素不断提出催眠对策（强制要求遵守规则，更好的培训，更多自上而下的任务分析）。人的因素难以将组织环境、结构、过程和任务的更微妙但深远的影响融入个人认知实践。在这方面，该学科在概念上有进一步发展的空间。的确，未阐明的文化规范和价值观如何从制度和组织层面通过个人评估和行为（反之亦然）表达自己是社会学而不是人的因素的关注中心。在存在着违规行为的系统化生产中建立宏观—微观联系意味着理解广泛的问题——诸如组织特征和偏好、其环境和历史、以牺牲安全为代价换取产量的渐进主义思想、破坏不同群体和部门之间解决问题活动的无意识结构秘密、作为组织决策不完全投入的安全相关信息的模式和表现、等级制度和官僚问责制对人类选择的影响，以及更多其他问题之间的动态相互关系（例如，Vaughan，1996 和 1999）。今天，人的因素和系统安全领域的结构主义专业词汇无法描述很多概念，更不用说其相互作用模式了。

从决策到意义构建

在远离理性主义、迈向视角反转的过程中（换而言之，试图从决策者当时的视角理解世界），在过去的十年间，大量的人的因素已经接受了自然决策理念（被称为NDM）。通过将关于认知的循环观念（态势评估影响行为，行为改变态势，态势相应地更新评估）（Neisser，1976）引入结构主义和规范主义心理学专业词汇，NDM实质上重新塑造了决策行为（Orasanu和Connolly，1993）。其重点由实际决策时刻回到了态势评估之前。这种转变伴随着一种方法论的重新定位，人们越来越多地对处于复杂的自然环境下的决策行为和决策者进行研究。结果很快表明，实际决策问题抵制由经济学支配已久的理性主义形式：选项没有详尽列举，获取的信息不完全，人们花费更多的时间来评估和衡量情况，而不是进行决策——如果这确实是他们所做的一切（Klein，1998）。对比规范性模型的解决方案，决策者不想同时制定或评价多种行动方案以做出最佳选择。人们一般不具有明确或稳定的偏好，也就无法据此列出行动方案并选出最好的一个。实际上，大多数复杂决策问题并没有唯一的正确答案。倒不如说，行动中的决策者倾向于当时制定单个选项，在内心模拟该选项能否应用于实践，接下来或者付诸行动，或者转换新思路。较之先前的决策范式，自然主义决策更加认真地扮演了专家的角色：优秀的决策者和糟糕的决策者之间最大的区别在于是否能够基于相关知识经验了解实际情况。这种针对情况的思考方式由奈瑟尔（Neisser，1976）在其理念中再次提出，该方式更偏向于模式驱动，更具有启发性和识别性，计算性则不那么强。典型的自然主义决策环境不允许决策者有足够的时间或信息基于完全理性的计算制定完美的解决方案。自然主义决策需要的是在不确定性、模糊性和时间压力下做出的判断，而看似可行的选项好于从未经过计算的完美选项。

在历史上，同样重新构建的矫正干预让我们对"差错"有了清晰的认识，还产生了离散"决策"。我们从外部看来视作"决策"的行为植根于大量的实践，来源于态势评估和重新评估，应运而生，永不停歇。

复飞"决策"

在后见之明中，对于许多航空事故，我们可以问一问机组，当他们意识到无法以安全的方式完成着陆时，为什么没有执行复飞程序。飞安基金会（The Flight Safety Foundation）在 20 世纪 90 年代末赞助了一项研究，对导致进近和着陆事故的因素进行分析（Khatwa和Helmreich，1998），部分结论不出所料：执行复飞是飞行员为避免进近和着陆事故所能做的最佳安全投入之一。这种建议不应与为何许多机组未执行复飞的解释混为一谈。事实上，让机组执行复飞，尤其是在不稳定进近的情况下，至今仍是最令全世界总飞行师和飞行运行部门总经理苦恼的问题之一。诸如"坚持进近"之类的界定方法无法解释为什么机组坚持进近；这样的说法其实只是换了一种方式来强调一个非常困难的问题，却没有提供任何更深层次的理解。

这样的结果就是，针对飞行机组的同步建议难以执行。例如，建议之一是"飞行机组应当充分意识到需要及时复飞的情况"（Khatwa和Helmreich，1998，P.53）。即使机组被证明具备这种理论知识——实际上大多数机组的确如此（例如，他们能够背诵飞机操作手册中稳定进近的标准）——意识到需要及时进近却取决于一种特殊的情景意识。来自继续进近的数据显示，机组在解读情境时主要考虑的并不是稳定进近标准，而是自己继续进近的能力。如果是在大型繁忙机场所执行的定期航班临近尾声的条件下，软性和硬性评判关口（例如，1 000 英尺，500 英尺）就成了阻碍机组根据空中交通和天气情况规划和协调实际进近的标准，而不是停止进近的强制规定。

因此，提醒机组需要复飞的情况看起来并无用处，因为几乎所有机组都能探讨此类情况并提供正确处置建议——直到他们自身处于急剧变化的情况之下。当他们自己处于进近过程时，机组首先看到的并不是通用标准——依据通用标准，机组就能对继续进近的合理性和明智性进行认知演算。当他们处于进近过程时，机组看到的是一种看似可行的情况，他们也许能够成功进近，他们也许能给右座经验不足的同事上一课，暗示他们在进入跑道入口前一切都会变好的。

对于解释各种事件的离散决策的不满在人的因素研究领域与日俱增。人们不再相信运行决策是建立在"理性"分析所有决策相关参数的基础之上。反之，决策，更确切地说，一连串的形势评估，集中于允许决策者区分合理选择的形势要素。决策心理学就是这样一门学科，人们并不是根据所有适用标准（当然不是定量标准），而是根据形势似乎呈现的选项进行形势评估（Klein，1993；Orasanu和Martin，1998）。

基于对自然主义决策研究的深入了解而产生的有前景的对策看起来并不是在提醒机组稳定进近标准，而是向所有机组实施复飞的案例提供一般奖励。给予复飞机组"不追究原因"奖励（例如，一瓶红酒）的总飞行师或飞行运行部门总经理通常认为复飞行为成功地减少了不稳定进近的数量。制定这样的政策意义十分重大，因为这类政策向机组传达了中断进近不仅完全合法，而且出自实际需要：引导飞行员认同"每一次着陆都是一次不成功的复飞"这一理念。颁发这种奖励应当广而告之。这样的鼓励政策在面对生产和经济压力时当然难以立足，而且极易通过向机组传递潜意识信息（或者更公开的信息）削弱准时抵达或成本/燃油节约的重要性。准时抵达奖金——一直以来都是一些航空公司的惯例——会明显增加未中断的不稳定进近的可能性。

计划延续

一条有趣的研究路线来自NASA阿姆斯研究中心（Orasanu和Martin，1998）。一种被朱迪思·奥勒沙努及其同事称为"计划延续"的现象从下面的案例中捕获了大量可用数据：尽管有线索——后见之明或书面指导——表明复飞的明智性，飞行员仍然继续进近。机组制定的对策被后见之明证明是错误的——3/4的此类案例实际上符合计划延续模式。NASA研究项目将决策心理学作为研究出发点，与过去数十年的成果一起纳入研究范围。复杂动态环境中的决策，比如进近，并不是一种需要根据预设标准对选项进行权重比较的行为。确切地说，这种决策"头重脚轻"：这意味着大多数的人类认知资源花费在评估形势和重新评估其持续可行性上了。换而言之，进近时的决策与决策行为几乎无关，而是不断地评估情况。简单地说，"决策"通常就是结果，是形势评估自动产生的副产品。这就是复飞决策转变为不断（重新）协商问题的原因：即使复飞决策不是基于现在的形势评估制定的，它也可以向后推迟，几秒钟或者更长时间之后，当新的形势评估产生时，再做决策。

在制定决策时，比认知过程更重要的是当时围绕着机组的情境因素。发展态势来临的顺序及其相对说服力是计划延续的两个关键因素。条件的恶化往往是逐渐的、模糊不清的，而不是急剧的、明确无误的。在这样逐渐恶化的过程中，几乎永远存在着强大的初始线索，暗示情况已经得到控制，并可以继续下去而不增加风险概率。这令机组走上计划延续之路。微弱的和迟来的线索暗示着另一种行为方式可能会更安全，这样的线索很难将计划移除，因为计划在继续，而且如同目前为止的处理方式一样，为形势所证明。

注意计划延续是如何与"确认偏差"的描述方式区分开来的。确认偏差暗示着机组以其他证据为代价，寻找能支持（或确认）他们的情境假设的证据。在大多数情况下，几乎没有任何信息显示操作者在主动避开那些反对计划的证据，就好像计划仍在继续一样。实际上，确认偏差中的"偏差"似乎更多地产生于回顾过去的观察者——就是那个称其为"确认偏差"的人的头脑中，而不是在被观察者的头脑中。再次重申，正是后见之明赋予某些指标一种异于其他的特殊显著性———一种事后解释，根据这种解释，观察到的行为可以被评判为"偏差"。当然，这几乎称不上是有意义的结论：只有后见之明才会显示出哪些线索更重要，而且情境中的人不具有后见之明，因此无法被评判为"偏离"后见之明。后见之明不应该成为我们解释人们为什么做了他们所做的事情的来源。相反，他们自身展开的情境才应该是解释的来源。

语境动态是世界上问题的发展方式以及针对问题所采取的行动的联合产物。决策和行为彼此交错，而不是暂时分离。因此，决策者被视为与不断展开的环境保持一致，同时被环境所影响，并通过她或他的下一步行动影响环境。那么，理解"决策"，就需要理解导致假定"决策时刻"的动态，因为在我们到达的时候，有趣的东西已经蒸发，消失在行动的噪声中。自然主义决策研究"头重脚轻"：它研究的是决策的前端，而不是后端。事实上，相比决策，它对意义构建更有兴趣。

斯努克（2000，P. 206）建议，逻辑上的下一步就是将"决策"从人的因素调查的字典里移除，这将是一种额外的避免反事实推理和判断的附加方式，因为最终导致不良后果的决策过快地变成了"不良"决策。

> 直接将这样的悲剧归因于决策，这将我们的注意力集中在个人选择上……这种归因方式带领我们直截了当地走上了一条直接指向单个决策者的道路，这就远离了可能十分强大的情境特征，迅速回到基本

归因误差的狭隘境地。"他们为什么决定……?"迅速地变成"他们为什么做出了错误的决策?"事件发生的原因就这样直截了当地归结于决策者，而不是影响行为的有效情境因素。将……难题看作意义问题而不是决策的做法把重点从单个决策者转移到情境与个体行为重合的交点上。

然而，意义构建也并不受反事实压力影响。在给定结果的情况下，对情境内人员有意义的事物仍然毫无意义，这就是人的因素需要尽快指出的一点（见第 4 章）。即使在意义构建过程中，规范主义也是一个永远存在的风险。

思考题

1. 解释解构主义、二元论和结构主义是如何轻松地介入我们对事故和事件的调查的，并尝试找到一份能证实这一观点的事故报告。

2. 总结笛卡尔-牛顿世界观，并解释时至今日，该世界观是如何指导我们进行调查的。

3. 既然在复杂世界中无法重新构建事故，那为什么在牛顿宇宙中重新构建事故的行为是有意义的?

4. 如果我们想要了解为什么人们在其所处的情况下做了已做的事情是可以理解的，作为调查人员，我们需要采取哪些步骤? 我们应当避免什么?

5. 有限理性或局部理性意味着什么? 在实际事故调查和认知科学中，这一概念有哪些基础?

6. 在认真对待复杂性的新纪元中，调查有哪些特征? 例如，新纪元能否找到"原因"? 它将撰写怎样的推荐意见，让人类承认自己无法掌控一个复杂系统的未来，但可能对其产生影响?

3 把人作为一个问题来管控

本章要点

- 现代主义通常把我们带回到原点：把人作为问题进行管控，尤其是在他们不遵守身边逐步建立起来的协议、程序、规则和检查单时——通常，这些协议、程序、规则和检查单是由那些日常工作对于安全并非至关重要的其他人建立起来的。

- 对差错的观察和衡量是安全机构运转机制的一个范例。假设以下做法是可行的：将不同观察所获得的差错进行计数和比较，从而得到某些客观数据，而并非从环境角度对其进行解释和归类。差错计数的另一个倾向是将安全视作不存在负面事物，以及把人作为问题进行控制。

- 如果将程序视作"如果—那么"的算法，那么它们就不是行动的资源，其应用要依据情况而定；它们也不是在把人视作问题予以控制与人是可利用的解决方案之间拉锯的例证。成功应用和调整程序是一种实质性的认知技能。

- 这对复杂系统中的监管者（或安全监督者）的职责提出了问题。在简单系统或牛顿系统（或系统的各个方面）中，存在一种最佳工作方式，因此，遵守规则是有意义的。但是，在复杂系统中，安全监督、监察或监管代表了不止一种的系统分解方式，这将产生多种说法。

- 复杂的运行系统具有目标冲突和资源受限的特征。相互矛盾的多重目标需要同时追求并达成，安全只是其中之一。那些被外部视作"不合规"的事情，对于工作的人们来说，却是符合了期望、需求和压力的复杂综合体；这些期望、需求和压力，许多并未被明确说明，模糊不清。

如果相信把人作为问题进行管控，那么我们需要在人的态度和行为层面进行干预，我们通常是怎么做的呢？本章归纳了我们的一些做法：我们统计差错的数量，我们设置各种程序，我们监管和检查是否遵守规定。但是，如果不停下来，研究我们到底在做什么，以及我们希望实现什么，这就不会成为本书的一个章节。例如，统计差错的数量，是根据支持它的认识论和本体论假设设置的。如果对我们用于解析绩效观察结果的分类进行认真检查，进而会发现观察的结果是多么少，而我们自己构建的又是多么多。当我们相信这些努力时，我们就陷入了认识论的魔力中。我们将自己的社会构建、观察结果和心理属性一并转化，转化为能够被强化和存储在世界各处数据库中的各种事实，并被其他人视作"真实的"。程序化被视作复杂的运行世界中的泰勒干预，在复杂的运行世界中，安全不是遵守所有规则的结果，而与掌握调整的时机和方法相关。这需要在一线（或其他部门）工作通常面临目标冲突的背景下进行理解，在一线，其日常工作的一部分就是调和根本不可能调和的各种期望值。

差错计数和差错控制

当组织和其他利益相关方（如商业和行业团体、监管者）试图评估和控制其运行中的"安全健康"时，差错计数和汇总统计似乎是一种有意义的衡量方式。这种方法，不仅提供一个因事故导致的死亡、受伤和其他不良事件的概率的直接数值估计，还能对系统及其组成部分进行官僚式比较（此医院与彼医院、此航空公司与彼航空公司、此航空器机队与彼航空器机队、此地与彼地、此国与彼国）。跟踪不良事件被认为是提供相对简单、快速和准确地了解系统内部安全工作情况的方式。归根结底，据说不良事件和差错指出了各防御层中存在的各种漏洞，以及如泰勒所认为的那样，不良事件可以被视作深度探查的开始或其原因，其目的在于寻找不利的组织条件，通过改变这些不利的组织条件，从而预防不良事件的再次发生。许多行业致力于安全问题的量化，以及寻找产生弱点和失效的潜在原因。这催生了差错分类系统的数量。有些分类系统澄清了决策差错及其产生的条件；有些则有某个具体的目标，例如，将信息传输问题进行分类（如指令、值班交接简报中的差错、协调失败）；其他的则试图将差错原因分为认知差错、社会差错或处境差错（物理的、环境的、人体工程学的）；仍有一些系统试图将差错原因按照线性的信息处理流或决策模型进行分类，有些采用了瑞士奶酪模型（例如，系统有多层防护，但每一防护层上都有漏洞）来确定因果链上的差错和弱点。差错分类系统既被用于某一事件发生后（如在事件调查中），也被用于目前对人为表现的观察中。

衡量得越多，知道得越少

在进行差错分类和汇总统计时，人的因素会做许多假设，并采取某些哲学立场。在这些方法的描述中，很少会明确说明这种情况。当把差错计数作为衡量安全健康状况的方法并作为改进所需资源的分配指导工具时，就会影响到差错计数的利用和质量。举例如下。在某种方法中，一位观察者被要求区分"熟练性差错"和"程序性差错"。熟练性差错是与缺乏技能、经验或（最近的）实践做法相关的差错，程序性差错则发生在实施已规定的或已规范的动作序列（如检查单）过程中。两者的定义似乎很明确，但是，如克罗夫特（Croft）所说，在使用航空业界非常流行的某一差错计数和分类系统时，该观察者遇到了如下问题：某一种类别的差错（飞行员向飞行管理计算机中输入了一个错误的高度）可以被合理地归为两种差错计数方法中的任何一种（程序性差错或熟练性差错）。

例如，在飞行管理系统中输入错误的飞行高度被认为是程序性差错……不知道如何使用航空器飞行管理计算机的某些自动化功能被认为是熟练性差错（Croft，2001，P.77）。

飞行员在飞行管理系统中输入错误的飞行高度，这是程序性问题，还是熟练性问题，或两者皆是？在面临理论与观察实际相联系问题（如将观察结果按照理论分级进行分类的问题）的种种模糊概念时，托马斯·库恩（Thomas Kuhn）鼓励科学要转向创造性哲学。阐明并弱化（如果需要）传统对集体思想的控制，并提出新的方法基础，这是一个有效的做法。在出现关于"我们如何了解（我们认为）自己所知道的"这类认识论问题时，这当然是合适的。为了了解差错分类方法及与之相关的某些问题，让我们再一次将它与控制了大量的人的因素和安全研究以及世界观的哲学传统关联在一起。

现实主义和实证主义

当人的因素使用各种观察工具来衡量"差错"时，它所采取的立场是现实的：假设有一个真实、客观的世界，存在着可验证的模式，此模式可以被观察、被分类和被预测。从这个意义上讲，差错是一种涂尔干事实。社会学创始人埃米尔·涂尔干（Emile Durkheim）认为，社会现实是客观"存在"，可用于中立的、公正的实证审查。现实是存在的，真理是值得为之奋斗的。当然，在追求真理的过程中会遇到障碍，事实难以把握。但是，祈求与现实的完全映射或密切对应，是理论拓展有效且合理的目标。达成完全映射或密切对应这个目标，支配着差错计数方法。如果难以获得此种对应，那么这些困难实质上仅仅是方法论的问题。要想解决这些困难，需要改进观察设备或者给观察者提供更多的培训。

这些假定是现代主义，继承自科学革命的思想。某方法以最优秀的科学精神，被用来指引探照灯穿越经验现实，被用来修正观察结果中的不明确之处，甚至打破了迄今为止未经探索的经验现实的新部分，或者将注意力集中在那些迄今为止模糊和难以捉摸的部分上。符合这种经验现实方法的其他标签还包括实证主义，实证主义认为，唯一值得关注的知识类型是直接基于经验的知识。实证主义与奥古斯特·康德学说相关：最高级、最纯粹（以及也许唯一真实）的知识形式是对可感知现象的简单描述。换句话说，如果观察者看到了一个差错，那么就存在一个差错。例如，飞行员未能打开扰流板。然后，我们就要把该差错记录下来，并进行归类。

但是在社会科学研究中，实证主义得到了一个负面暗示，实际上意味着"坏"。相反，如果定要如此天真的话，描述差错计数方法立场的中立方式是现实主义。从现实立场出发，研究人员关注有效性（衡量他们所寻求的对应关系）和可靠性。如果事实可以被外部观察者捕捉到并进行客观描述，那么多名观察者也有可能产生汇聚性证据，并就此事实的特性达成一致认识。这意味着可靠性：与经验现实建立了可靠的联系，不同的观察和不同的观察者都能同等接触到并获得相同的结果。

差错计数方法依赖于现实主义和实证主义。有可能把来自不同观察者和不同观察对象（例如，不同的航班或航空公司）的差错进行汇总，建立通用数据库；把该数据库用作某种规范集，来衡量新成员或现有成员。但是，绝对客观性是不可能获得的。世界太复杂，经验世界里发生的现象太混乱，方法永远都不可能是完美的。那么，对于差错来说，各种差错计数方法有着不同的定义和不同层次的定义，这不足为奇，因为差错本身就是一种复杂而混乱的现象。

- 差错是失效的原因：例如，飞行员未能打开扰流板，导致冲出跑道。
- 差错即失效本身：当对可观察到的、操作人员会发生的差错类型（例如，决策差错、感知差错、基于技能的差错）进行分类，并探究处置或表现失效的原因时，可以采用此种分类方法。据黑姆雷奇（Helmreich）说，"差错源于人的生理和心理缺陷，产生差错的原因包括疲劳、工作负荷和恐惧，以及认知超限，人际沟通不畅、信息处理不善和决策缺陷"（Helmreich，2000a，P.781）。

- 差错是一种过程，或者更准确地说，是对某种标准的背离：这一标准可能包括操作程序。违规行为，无论是例外的还是例行的，无论是有意的还是无意的，都是根据过程定义的差错的例子。当然，根据所使用的标准不同，观察者对什么是差错有着不同的结论。

不区分差错的这些定义之间的不同之处，是一个众所周知的问题。差错是原因，还是结果？对于差错计数方法来说，这种因果混淆和混乱既不令人惊讶，也不会真的有问题。毕竟，真相是难以捉摸的。重要的是方法正确。更多的方法可以解决方法中存在的问题。当然，如果方法真的存在问题的话。现实主义者会说"是的"。"是的"是来自科学革命先前发展的基本答案。方法论全力应对经验现实，而经验现实难以捉摸，确实是方法论胜出了。找到一个更好的方法，各种问题就消失无踪。经验现实则将完全地浮现于视野之中。

医生比枪支拥有者更危险

美国大约有 70 万名医生。据美国医学研究所估算，每年有 4.4 万至 9.8 万人死于医疗差错（Kohn等，2000）。每名医生引起的年度意外死亡率为 0.063~0.14。换句话说，每 7 名医生中就可能有 1 名医生，每年会因为其犯错而导致 1 名患者死亡。与枪支拥有者相比：美国有 8 000 万名枪支拥有者，但是每年，他们的差错"仅仅"导致 1 500 人因意外枪击死亡。这意味着，由枪支拥有者的差错而导致的年度意外死亡率为 0.000 019。即每 5.3 万名枪支拥有者中仅有 1 人会误击他人，导致死亡。那么，因医生差错导致的死亡率是该数值的 7 500 倍。不是每个人都持有枪支，但几乎每个人都有一名医生（或几名医生），那么，每个人都面临着严重的人的差错问题。

你亲眼看到差错的发生了吗？

但是，是否存在一个单一而稳定的事实，可以用最好的方法来处理它，并能以与事实对应的方式来描述它？此外，如果确实存在这样的一个事实，我们能够知道它吗？如果我们用某种特定的方式来描述事实（例如，这曾有一个"程序性差错"），那么这并不意味着客观可达的外部事实的任何类型的映射——接近或遥远，好或坏。或许，这样的语言，或者构建这样的一个物体，不能描述各种现象，尽管它们反映或象征了某些稳定的、客观"在那里"的东西。相反，捕捉和描述一个现象，是在此情况下，人的因素研究人员及其同行们集体产生并达成一致意见的结果。换句话说，程序性差错这个事实是社会构建的。这是一种社会实践，成型于并依赖于群体共识进化过程中的知识模型和范式。通过观察人员的培训体系、给结果打标签和沟通系统，以及行业接受和推广系统，这一意义得以强化和传递。哲学家库恩（Kuhn）曾经指出，这种语言和思维范式在某种程度上采用了某种自我维持的力量，或"共识权威"（Angell和Straub，1999）。通过以下循环得以维持：

- 如果人的因素审计人员为管理人员进行差错计数，作为（被认定为科学的）衡量者，他们不得不假设差错是存在的。
- 但是，为了证明差错的存在，审计人员必须衡量差错。换句话说，差错衡量成为差错存在的证据。
- 反过来，衡量差错预先设定了差错的存在。

最终，每个人都同意差错计数使得安全迈进了一大步，是因为几乎所有人似乎都同意这是向前迈进了一大步。这种做法未被质疑，是因为很少有人质疑。程序性差错成为真实存在（或作为对某些客观现实的密切对应，出现在人们面前），只是因为专家团体已经为开发让它如此呈现的工具做出了贡献，并就让它可见的语言达成了共识。关于差错，根本就没有任何本质上的真实。在接受使用差错计数时，行业能接受其理论（以及它所产生的观察结果的真实性和有效性），多半是由于作者、教师及其文本的权威性，而不是由于证据。在他的头条中，克罗夫特（2001）宣称，现在研究人员有完美的方法来监控飞行员在驾驶舱中的表现。研究人员已经有了完美的方法。除了接受这种独裁式的高度现代主义，一个行业能做的几乎很少，更不用说被监控的飞行员了。库恩问道，他们有什么选择，有什么权力？

现实主义，作为科学革命和极端现代主义的产物和伴生物，假定可以为所有的信仰和价值系统找到一个共同点，并且，我们应当努力通过我们的（科学的）方法趋同那些共同点。真理存在，值得通过方法进行寻找。正如情景意识衡量中的"基本事实"一样，在还没有此种共同点时就开始应对，这需要勇气。这是对现实主义和经验主义的极端现代主义文化的挑战，在现实主义和经验主义的极端现代主义文化中，计数方法是且仅是一个例子。用瓦雷拉等人（Varela等，1991）的话来说，难以放弃这种"笛卡尔焦虑"。我们似乎需要一种理念，一个固定的、稳定的现实围绕着我们，而与它看上去什么样子无关。放弃这种理念会陷入不确定性、理想主义和主观主义之中。不再有依据，不再是一套预定的规范或标准，只有不断变化的个人印象的混乱，这将导致相对主义，最终走向虚无主义。

这是差错吗？答案取决于你提问的对象

尽管人们生活在同一个经验世界中，但对于这个世界中发生了什么，他们通常会得出不同但是通常又是同等有效的结论。他们使用不同的词汇和模型，来捕捉各种现象或活动。哲学家们有时候用一棵树做例子。虽然乍看之下，某些外部现实中客观且稳定的实体，与作为观察者的我们分离开来，但是，一棵树对于撒哈拉沙漠上的流浪者和伐木业从业人员来说，可能是完全不同的东西。这两种解释都是有效的，因为有效性是根据局部相关性、情境适用性和社会可接受性来衡量的——而不是用与真实外部世界的对应关系来衡量的。在这个世界各种不同的界定方法中，没有更现实或更真实。有效性随着解读符合观察者所呼吁对象的世界观的程度而变化。程序性差错是捕捉经验性遭遇的一种合法的、可接受的形式，仅仅是由于有一个由志趣相投的编码者和消费者组成的共识系统，他们就语言标签达成了一致意见。呼吁则遇到了沃土。

但是，观察结果的有效性是可以协商的。这取决于呼吁的方向，谁看了，以及谁听了。这被称作本体论相对主义：在世界上或在某一特定的情况下，它的意义是灵活的和不确定的。观察某一特定情况的意义，完全取决于观察人员给它带来了什么。那棵树不仅仅是一棵树。它是阴凉、依靠和生存的源泉。根据康德（Kant）的理论，社会学家认为，观察和感知对象（包括人类）的行为不是一个被动接受的过程，而是一个主动参与的过程，观察者参与其中，改变或影响观察对象。这就造成了认识论上的不确定性。这种不确定性潜移默化地渗透到所有的差错计数方法、事件分类系统和其他极端现代化的体系中，别忘了，这些体系试图将观察结果硬塞进数字化客观性中。大多数的社会观察者、事件编码者或者差错计数者，会在某个时候感觉到这种不确定性。这是一个程序性差错，还是一个熟练性差错，抑或两者皆是？或者，也许根本就没有差错？这是原因，还是结果？如果由康德决定的话，感觉不到这种不确定，就会表明这是一个特别迟钝的观察者。这不是认识论智慧给方法或差错计数提供的证明。他们所遭受的不确定性是认识论的不确定性，因为人们认识到，确定我们所知道的，甚至是如何知道我们是否知道，似乎是遥不可及的。然而，正如每当遇到将观察与理论更紧密联系在一起的问题时一样，统治范式中的那些人对这一挑战有着他们的基本答案。更多的方法论协议和完善，包括观察者的培训和标准化，可以消除不确定性。接受过更好培训的观察员，能够分辨程序性差错和熟练性差错，编码类别的改进也可以做到这点。类似的现代主义方法已经在近 5 个世纪以来取得了显著的成功，因此，没有理由怀疑，即使在这里，它们也能提供进步的途径。要不然的话，又会在哪里呢？

更多方法能解决方法的问题吗？

更多的方法，有可能无法解决看似与方法相关的问题。考虑一下郝那根和阿玛尔贝蒂（Hollnagel和Amalberti，2001）报告的一项研究，此项研究试图测试一种新的差错衡量方法。设计这种方法的目的是帮助收集相关数据，以便更好地理解空中交通管制人员发生的差错，并且确定薄弱环节，找到改进的可能。方法要求观察者统计发生差错的数量（主要是小时差错率），并使用开发者提出的分类方法对差错进行分类。该工具已经被用于对过去发生事件的差错进行区分和分类，但是现在，要在真实的工作现场进行测试——由研究管制员实时工作的心理学家和管制员共同实施。实施观察的管制员和心理学家都接受过差错分类的培训，被要求把他们所看到的所有差错都记录下来。

尽管双方接受了同样的培训，但是两组观察者所记录下来的差错数量相差相当大，只有非常少的一部分差错是双方都观察到的。观察同样的表现，并使用相同的工具对行为进行分类，得出完全不同的差错计数结果。对评分表进行更仔细的检查后发现，管制员和心理学家倾向于使用工具中可用的错误类型的不同子集，这说明了错误的概念是如何可协商的。对于两个不同（但接受过类似培训和标准化）的观察者团队，相同的表现片段有着完全不同的意义。管制员依赖外部工作条件（如界面、人员和时间资源）来指出和分类错误，而心理学家更愿意将差错定位在头脑的某些部位（如工作记忆）或某种精神状态（如注意力缺失）。此外，实际工作的管制员告诉两组差错编码者，他们都错了。情况介绍会揭露有多少观察到的差错，对于那些据说犯下错误的人来说，根本不是差错，而是正常工作，是深思熟虑后采取的策略，旨在管理差错计数者未能看到或者看到了却未能理解的问题或预见的情况。克罗夫特（2001）报告，对驾驶舱差错进行的观察，得到了相同的结果。差错计数者发现的差错中，有超过一半都不被飞行机组自己视作差错。有些现实主义者可能会说，发现人们自己不能发现的差错的能力是一件好事，它证实了方法的力量或优越性。但是，在郝那根和阿玛尔贝蒂（2001）的案例中，差错编码者被迫否认这种认识论特权的主张。他们将差错重新归类为正常的操作，评分表上几乎没有剩下差错。例如，结果表明，过早移交航空器不是差错，它对应于一种深思熟虑后采取的策略，与管制员的远见、预先规划和工作负荷管理相关。这类策略非但不是薄弱环节，还揭示了韧性的来源，这是仅仅使用分类工具中的数据永远也不能获得甚至还会被曲解和不被准确评价的。这种行为的正常化，最初从外部偏离开始，是理解人的因素及其优劣势的重要方面（参见Vaughan，1996）。不理解这种正常化的过程，就不能透彻理解差错和违章在不同情况下的含义。现实主义者的理念是差错"在那儿"，它们存在，能被观察者独立地观察到、捕捉到并记录下来。这就意味着无论观察者是谁都没有什么不同（经验之谈）。这种假定的现实主义很天真，因为所有的观察都是观念性的——多少都会受到观察者及控制这些观察的世界观的影响（或者首先让它成为可能）。现实主义在人的因素和安全研究领域无甚作为，是因为最终不能将观察者与被观察者隔离开来——我们将在方法和模型一章中再次谈到某些相关内容。

假定的差错真相

空中交通管制员差错计数方法测试，揭示了"不应该仅仅根据观察者所看到的情况而将某个行为归类为'差错'"（Hollnagel和Amalberti，2001，P.13）。测试证实了本体论相对主义。然而有时候，观察到的错误应该是完全没有争议的，不是吗？看看本书前面提到的扰流板例子。飞行机组成员忘记打开扰流板，他们犯了错，这是一个差错。你可以用新的观点来看待人的差错，解释所有相关的环境、情况和缓解因素。解释为什么他们没有打开扰流板，但是他们没有打开扰流板的确是事实，产生了差错，甚至多名观察者都同意此种观点。飞行机组成员没有打开扰流板，怎么能不承认那个差错的存在呢？它就在那里，它是事实，就在我们面前。

独立性原则

但是，什么是事实？事实总是优待统治范式。事实总是支持当前的解释，因为它们存在于对发生事情的现已构建的表达中。事实实际上是基于现有范式而存在的。如果没有现有范式，事实不可能被发现，也不可能被赋予什么意义。没有范式就没有任何观察；缺失特定的世界观，就不可能进行研究。保罗·费耶阿本德（1993，P.11）说过，"通过更仔细的分析，我们甚至发现，科学根本不知道任何'赤裸裸的事实'，但进入我们知识的'事实'已经被以某种方式看待，因此本质上是观念性的"。费耶阿本德称，事实是独立可用的，因此，客观地倾向于某一理论而并非其他理论，即独立性原则（Feyerabend，1993，P.26）。

独立性原则主张，作为某一种理论的经验内容而获得的事实（例如，程序性差错，作为符合威胁与差错模型的事实），客观上也可为其他理论所使用。但这是行不通的。如扰流板一例所示，差错发生在某个背景之下，因为该例中的这个背景如此系统化和结构化，以至于最初原始的人的差错相形见绌。差错几乎变得透明，它被规范化，变得几不可见。在此背景下，在程序、时机、工程权衡和削弱的液压系统等的情境中，完全遗忘打开扰流板这个因素被消除了。数字和基本事实交换了位置：不再关注是不是真正观察到的差错，甚至对此根本不感兴趣。随着调查的深入，基本事实变作了数字。背景开始作为真实故事被优先考虑，归总并吞噬了原始的差错。差错不再被判定为一个单一的失败决策。应用自然主义决策理论的人看不到程序性差错。相反，他们看到的是持续不断的行动和评估流，两者相关联并相互暗示；非线性反馈循环和相互作用流，不可分割地嵌入一个多层次的演变背景中。换句话说，人与系统的互动，被视作持续的控制任务。这种特征化不利于挖掘个人的人的差错所必需的数字化。

差错能否被发现，取决于所使用的理论。进行差错计数的观察者本人是参与者，参与了被观察的事实的创造过程，并不仅仅是因为他们人在那里，在观察其他正在工作的人。当然，通过他们单纯的存在，差错计数者可能扭曲了人们正常的做法，也许会将某情境下的表现变成只是一种弄虚作假的姿态。然而，更根本的是，差错计数中的观察者是参与者，因为如果没有他们，他们看到的事实就不会存在。事实是通过方法创建的。观察者是参与者，因为不可能将观察者和观察对象分离开来。差错不是"读出"观察结果。相反，它们是被"解读"了的观察结果——记住：差错是历史中（此例中是其他人的历史）的积极干预。

顺便说一句，上述这些都没有让那些观察到程序性差错的人感受到，程序性差错变得不那么真实。这是本体论相对主义的重要观点。但是，它并不意味着独立性原则是假的。事实不是向掌握了正确工具和方法的科学家展示的一个独立现实的稳定方面。每一个事实的发现和描述都依赖于某种理论。用爱因斯坦（Einstein）的话来说就是，理论决定了什么能被看到。事实并不"存在"于理论之外。他认为有一种更好的理论，能以更贴近现实的方式来解释程序错误，这是在坚持一个早已被证明为错误的科学进步模式。它遵循的观点是，在有令人信服的理由之前，不应当否定理论，而产生令人信服的理由只是因为有大量与该理论不一致的事实。在这一思想中，科学工作是与理论所观察到的事实的明确对抗。问题是，没有理论，这些事实就不存在。

抗拒改变：理论是正确的，还是对此存疑？

一个在其他领域常见但在人的因素和安全研究中不常见的假设是，理论的进步是随着观察到的事实的积累而发生的（Parasuraman等，2008）。不一致的事实最终会推翻一种理论。但问题是，反例（例如，与理论不一致的事实）并不总是被视为反例。相反，如果观察揭示了反例（例如，差错不能在差错计数方法的任何类别中进行唯一的分类），那么，研究人员会将其视作把观察结果与理论进行匹配的更深层次的难题（Kuhn，1962）——可以通过进一步优化他们的方法来解决这个难题。换句话说，反例不被视作针对理论的反例。库恩（Kuhn）认为，对于范式危机的确定性反应之一是，科学家并不把异常情况作为反例，尽管它们确实是反例。人们极难放弃导致他们陷入危机的范式。相反，差错计数方法所遭受的认识论困难（是原因还是结果？是程序性差错还是熟练性差错？），被当作轻微的刺激因素和原因而被忽视，以便能进行更多与当前范式一致的方法论改进。直到和除非有另一个可行的替代方案准备好取代某个范式，否则，研究人员和他们的业界支持团体是不会愿意放弃这个范式的。这是围绕是否继续使用差错计数方法的持续论点之一。从事差错分类研究的研究人员，愿意承认他们所做的并不完美，但是发誓要继续下去，直到其他人给他们展示出更好的方法。业界也认同。正如库恩所指出的，接受某种范式的决定必然与接受另一种范式的决定相一致。然而，提出一种可行的、能够处理自身事实的替代理论是极其困难的，而且历史也证明了这一点。毕竟，事实优待现状。

伽利略和他的望远镜

伽利略用望远镜观测天空得到的结果，产生了对地球在宇宙中所处位置的另一种解释。他的观测结果支持了哥白尼的日心说（地球围绕太阳转），反对了托勒密的地心说（太阳围绕地球转）。但是，哥白尼的解释与当时人们所接受的世界观背道而驰，许多人怀疑伽利略的数据仅是关于日心事实的一个有效的经验窗口。人们高度怀疑新的仪器。有些人要求伽利略拆开他的望远镜，证明里面没有暗藏小月亮。否则，如果月球或任何天体不是藏在望远镜里的话，它怎么能如此近距离地被看到呢？其中一个问题是伽利略并没有提供理论上的解释，为什么会是这样的？为什么我们会认为望远镜比肉眼能够提供更好的观察效果？他做不到，因为在当时，相关理论（光学）尚未很好地发展。生成了更好的数据（如伽利略所为），并开发了全新的方法（如望远镜）来更好地获取这些数据，这本身不足以推翻一个已建立的理论，该理论让人们通过肉眼观察现象，并用他们的常识来解释观察到的现象。类似的，无须借助差错分类方法，人们用肉眼就能看到飞行员没有打开扰流板这个差错的发生。甚至，他们的常识就可确认这是一个差错，太阳绕着地球转，地球是固定的。教会是正确的，伽利略是错误的。他观察到的情况完全不能证明他是正确的，因为没有一套连贯的理论可以接纳他的事实，并赋予其意义。教会是正确的，因为它有所有的事实，而且，它有理论，能够全面、一致地接纳这些事实。

有趣的是，根据当时的定义，教会更接近理性。它考虑了伽利略替代方案所带来的社会、政治和伦理影响，并认为它们太过冒险，无法接受——当然是基于试验性的、摇摇欲坠的证据。否定地心思想将是否定造物本身，消除过去千年以来业已存在的本体论共同点，并严重削弱教会因此而获得的权威和政治权力。

同样，差错分类方法，也捍卫着业界和研究界许多人员都不希望看到解体的某种理性。差错发生后，可以被客观地进行区分。差错可以作为不安全表现的指标。有好的表现和不好的表现；人们为什么表现得好或差，以及为什么会发生失效，都有可以确定的原因。没有这样一个假定的事实基础，没有客观理性的希望，传统和公认的应对安全威胁和努力创造进步的方法就会崩溃。这将是某种形式的笛卡尔式的焦虑。如果没有"差错"，如何让人们对其所犯错误负责？如果没有差错，我们如何报告安全事件？如何维系昂贵的事件报告体系？如果没有不利事件的原因，我们能解决什么？这些问题契合了反对相对主义的广泛呼吁。有指责说，相对主义很容易导致道德歧义、虚无主义和缺乏结构性进步。坚持现实主义的现状更加可取。毕竟，大多数观察到的事实仍旧优待它。差错是存在的，它们不得不存在。差错存在的论点不仅是自然和必要的，而且是无可挑剔、相当有力的。相反，差错不存在的想法是不自然的，甚至是荒谬的。那些在既定范式内的人，将挑战那些质疑的人的纯粹合法性。"的确，有些心理学家会完全否认差错的存在。我们不会在这里继续这种令人怀疑的论点。"（Reason和Hobbs，2003，P.39）因为目前的范式判定它是荒谬和不自然的，所以有关差错是否存在的问题就不值得去探究。这是令人怀疑和不科学的——从最严格的意义上说（当在统治范式内衡量和定义科学追求时），这正是它的本质所在。如果一些科学家未能成功地把陈述与事实达成更紧密的一致（他们看不到别人都能看到的程序性差错），那么，这是科学家丢脸，而不是理论蒙羞。

伽利略和差错计数

伽利略也曾遭受过此种影响。科学家被羞辱（至少在一段时间内），而不是主流范式蒙羞。那他是怎么做的呢？一旦他引入一个如此不自然、如此荒谬、如此反文化、如此革命性的解释时，伽利略又该如何继续？当他注意到甚至事实（被解释为）都不站在他那边的时候，他该如何办？正如费耶阿本德（Feyerabend，1993）巧妙描述的那样，伽利略开始宣传和使用心理诡计。通过与萨格雷多（Sagredo）、萨尔维亚蒂（Salviati）和辛普利西奥（Simplicio）的假想对话，用他的母语而不是拉丁语书写，他充分展示了地心说的本体论不确定性和认识论困境。地心说的纯粹逻辑支离破碎，日心说的逻辑却取得了胜利。当对经验事实（因为这些事实仍会被迫符合主流模式，而不是其替代方法）的申诉失败时，对逻辑的诉求仍然可能会成功。差错计数和分类也是如此。想象一下下面这段对话。

辛普利西奥：差错是由人类生理和心理缺陷导致的。发生差错的原因有：疲劳、工作负荷和恐惧，以及认知超限、人际沟通不畅、信息处理不善和决策缺陷。

萨格雷多：但是，这种情况下的差错不只是其他差错的结果吗？决策缺陷是一个差错。但是在你的逻辑中，它导致了差错的发生。那什么是差错？以及，我们如何对它们进行分类？

辛普利西奥：嗯。但是，差错是由决策失误、不遵守简令、没有把注意力放在优先事项、不恰当的程序等造成的。

萨格雷多：这似乎不是因果解释，而是简单的重新标注。不管你说的是差错，还是决策失误，或者是没有把注意力放在优先事项上，这听起来仍然像是差错，至少在你的世界观中是这样解释的。一个差错怎么能成为另一个差错的原因，而把另一个差错排除在外呢？差错是否会导致决策失误，就像错误决策会导致差错一样？在你的逻辑中没有任何东西排除了这一点，但最后我们得到的是一个同义反复，而不是一个解释。

　　但是，这样的争论也无济于事。在面对统治范式的压倒性支持时，对逻辑的申诉可能会失败——这种支持来自达成共识的权威机构，来自政治、社会和组织的必要，而不是逻辑或经验的基础（毕竟，这有相当多漏洞的）。就连爱因斯坦也对这种依靠衡量（例如差错计数）而非依靠逻辑和论证的共同反应感到惊讶："这难道不奇怪吗？"在给马克斯·玻恩（Max Born）的一封信中，阿尔伯特·爱因斯坦（Albert Einstein）这样说道："人类通常对最有力的论据充耳不闻，而总是倾向于过高估计衡量的准确性。"（Feyerabend，1993，P.239）数字是强大的。论据是无力的。差错计数是好的，因为它产生了数据，依赖的是准确的衡量［回想一下Croft（2011）曾宣称，"研究人员"有"完美"的方法来监控飞行员的表现］，而不是论据。最终，没有争论，这些宣传或心理诡计都不能取代代理论的发展，伽利略的情况也是如此。没有范式，没有世界观，就没有任何事实。人们不会因为争论或逻辑拒绝任何理论。他们需要另一种理论来代替它。范式的更迭空白期会导致瘫痪。在理论真空中，研究人员将不再能够看到事实或利用它们做任何有意义的事情。

安全是不存在负面事物？

如果我们着手开始寻找一个替代范式，让我们先提一个问题，这个问题会把我们带回到第 1 章。为什么人们一开始就为差错计数而烦恼呢？他们希望经验方法帮助他们实现哪些目标，以及有没有更好的方法能实现这些目标呢？差错计数的终极目标是帮助提升安全，但是这让差错和安全之间的联系受到了以下质疑：

- 对负面事物（如这些差错）进行计数，能提供对安全有用的信息吗？
- （差错）数量的测量与（安全）质量管理有什么关系？

差错分类方法假定这两者之间有密切的映射关系，并认为没有差错或差错减少是安全取得进步的同义词。通过把安全看作可实证衡量的，差错计数可能吸收到过去时代的科学精神。曾经通过差错计数来衡量人在实验室中的表现，现在，当研究人员在简朴的环境中测试有限的、人为设计的任务行为时，仍然采用这种方法。但是，到了自然环境中，人们实际进行复杂、动态和互动工作，决定结果好坏的各种因素被严重混淆时，这种方法又能有多好呢？

这可能不重要。由于与所有数值化绩效测量方法同样的原因，现实主义计数的理念正为业界和许多研究人员所接受。管理者很容易迷恋平衡计分卡、关键绩效指标或其他业绩指标。整个业务模式依赖于量化的绩效结果，因此，为什么不量化安全呢？差错计数法又成为另一个管理干预的定量基础。来自业务领域的数据被切割、形式化后，与原数据已大不相同，但是，这些数据被转化为图表和条形图，然后成为管理干预的灵感。这让管理者和他们的航空公司能够详细阐述他们控制业务实践及其结果的想法。然而，管理控制只存在于精心制定并试图影响操作人员的意图和行为这个意义上（Angell 和 Straub，1999）。这与控制结果是不一样的（通过控制结果，最终可以在全行业范围内对安全进行衡量），因为现实世界太复杂了，运行环境也太过随机了（如 Snook，2000）。

试图通过差错计数和差错分类在安全方面取得进展，还有另一个棘手的方面。这与差错计数时不考虑背景环境有关。在现实主义的解释中，差错代表了一类等价的不良表现（例如，不符合某人的目标或意图），而不论是谁犯了错误，或者是在什么情况下犯错。这样的假设必须存在，否则，统计表格就站不住脚了。毕竟，不同种类的东西是不能（不应该）加进去的。如果不同种类的东西都被输入此方法中（而且，假定独立性原则是错误的，差错计数方法确实增加了不同种类的东西），那么它就可能生成一个统计表格，宣称医生导致的风险是枪支拥有者的 7 500 倍。正如郝那根和阿玛尔贝蒂（2001）所说，试图将与情境相关的人的能力——如决策、熟练程度和深思熟虑等——映射到离散的各种类别中，注定是误导。这种映射无法处理实际实践的复杂性，必将导致结果的严重退化（Angell和Straub，1999）。差错分类脱离了数据。它移除了在其特定表示中、帮助某种行为产生的背景。这种脱离确实会妨碍理解。当把背景从有争议的行为中移除时，就不可能维持局部合理性原则（从其内部看，人的行为是理性的）。而差错分类恰恰是做了这件事情：移除了背景。一旦某类差错的观察结果被整齐地锁定在某种类别中，它就被客观化、正式化了，远离了产生它的情境。没有了背景，就没有办法重建局部合理性。没有局部合理性，就无法理解人的差错。如果不理解人的差错，就无法知道如何在安全问题上取得进步。

安全是自反性项目

安全不仅仅是衡量和管理负面事物（差错），如果它就是这样的话。正如差错在认识论中是难以捉摸的（你如何知道你所知道的？你真的看到程序性差错发生了？或者，这是熟练性差错吗？），以及差错是本体论的相对主义（这意味着在某个特定情境中，"做"得好与坏和表现得好与坏要因人而异），类似的，安全的概念也缺乏一个客观的共同点。通过差错计数来衡量安全的思想是，安全是一种客观稳定的（也许是理想的）事实，这种事实可以通过方法进行衡量、反映或表示。但是，这个想法成立吗？例如，罗克林（Rochlin，1999，P.1550）提出，安全是一个"人构建的概念"，而人的因素领域里的其他人已经开始探索个体从业者如何构建安全，通过评估他们理解的风险是什么，以及他们如何看待自身在管理挑战性环境的能力进行。从业人员安全构建中很重要的一部分是反思性的，评估个人自身在不同情况下维持安全的能力和技能。有趣的是，风险的显著性（从业人员认为某一特定的安全威胁有多严重）与遭遇的频率（实际遇到这些安全威胁的频率有多高）之间可能并不匹配。被认为是最突出的安全威胁，通常是那些最不常被处理的（Orasanu和Martin，1998）。安全更像一个自反性项目，通过一个可修改的自我认同的描述来维持，这种自我认同是在面对频繁遇到和较不频繁遇到的风险时发展起来的。它不是什么参照物，也不是作为共同点"在那里"的客观存在，那些采用最佳方法的人都可以接近它。相反，安全可以是自反性的：安全是与人们自身相关联的。

差错计数所产生的数字是侧重于（假定的）原因和后果的结构化分析的逻辑端点，按照最少化差错和可测量后果，这种分析功利性地定义了风险和安全。更近期的另一种方法更加倾向于社会性和政治性，强调表达、感知和解释，而非结构特征（Rochlin，1999）。由差错计数产生的在管理上吸人眼球的数字不带有这种自反性，对于在一线"在那里"、干工作、创造安全来说，没有任何细微的差别。然而，"在那里"意味着什么，最终决定了安全（作为结果）。人们的局部行为和评估是由他们自己的观点所决定的。相应的，它们不仅融入组织的和组织亚文化的历史、仪式、互动、信仰和神话中，也融入个人的历史、仪式、互动、信仰和神话中。这可以解释为什么很难获得良好、客观和经验性的社会和组织安全定义指标。可靠系统的操作人员"正在表达他们对受人类行为影响的积极状态的评价，这种评价自反地成为他们所描述的安全状态的一部分"（Rochlin，1999，P.1550）。换句话说，安全对于个体操作者意味着什么的描述，本身就是这安全的一部分，是动态且主观的。"在某种意义上，安全是一个团体或组织讲述自己及其与任务环境关系的故事。"（Rochlin，1999，P.1555）

我们能衡量"安全"吗？

但是，一个组织如何获得团体对自己的看法？如何将这些故事固定下来？管理部门如何衡量一个受到影响的自反性想法？如果不是通过差错计数，一个组织可以找什么来衡量自己的安全程度？最近发生的重大事故提供了一些线索，说明可以从哪里开始寻找（参见第 5 章）。安全运输系统中的其他残余风险的一个主要来源是，陷入第 2 章所描述的失效。稀缺性和竞争压力将组织的注意力缩小并集中在与生产相关的目标上。随着成功经验（例如，即使安全越来越多地与诸如利润最大化或产能利用率等其他目标相权衡，也没有发生事故）的积累，通过其成员日常大大小小的各种决定，该组织将会开始相信，过去的成功是未来安全的保证，而历史上曾经的成功是相信下一次相同行为会产生同样（成功）结果的理由。换句话说，没有失效是危害不存在、已到位的对策有效的证据。这种风险模式深深融入罗克林（1999）所讨论的自反性安全故事中，只有通过定性调查，探讨人类在情境下进行的评估和采取的行为的可解释方面，才能把它搞清楚。差错计数对阐明这一点没有多大用处。尽管确实难以建立起客观的或本体决定论的危害存在，但是，更多的定性调查会揭示，目前权衡风险模型如何可能越来越不符合危害的实际性质，离它越来越远。

然而，组织成员如何讲述或评价安全故事的某些特定方面可以作为标志。例如，伍兹和郝那根（Woods 和 Hollnagel，2006）把其中一种标志称为"差分定距"。在这一过程中，组织成员将其他失效和其他组织视作与自己的组织和情况无关。他们舍弃那些表面上显现为不同的或遥远的其他事件。通过定性调查发现的这一点，有助于具体说明人们和组织如何自反性地创造它们的想法、它们的安全故事。仅仅因为组织或部门有不同的技术问题、不同的管理人员和不同的历史，或者可以声称已解决了事件所揭示的某个具体的安全问题，并不意味着他们对问题具有了免疫力。看似不同的事件，可能代表着相同的滑向危害的潜在模式。高可靠性组织的特征是他们对失效的长久思考：不断地问自己事情为什么会错、事情本来也可能出问题，而不是自我陶醉于事情进展顺利。

通过差分定距意味着淡化了这种长久思考。它阻止人们从其他地方所发生的事件中学习，给与安全相关的信息的流动设置障碍。

可以发现的其他过程包括：组织在多大程度上抵制对运行数据过度简化的解释，是否服从于专业知识和专家判断而非管理命令。此外，探讨解决问题的过程在组织部门之间、单位之间或分包商之间，多大程度上变得支离破碎，也是有趣的事情。1996 年发生的瓦卢航空公司（ValuJet）空难，未安装安全帽的易燃氧气发生器被放置在飞机货舱中，随后燃烧导致飞机烧毁。此次事故与一个分包商关系网有关，这些分包商一起组成了事实上的瓦卢航空公司。即使是其中某一个分包商，也有几百人参与了瓦卢航空公司该架事故飞机的相关工作，而这个分包商只是负责运营（甚至是组成）该家航空公司的众多参与者之一。分包商没有相应的维修部件（包括安全帽），缺乏针对此事的专门指南，而局部对必须有安全帽的理解顶多是模糊的，在此情况下产生了处理过期氧气发生器的想法。由于工作和责任被分配给了众多参与者，已经没有哪个人，包括监管部门，还能看到全局了。没有人能够认识到，原有系统的设计和运行中所设置的安全约束已逐渐被侵蚀了。

如果安全是自反性项目，而非客观数据，我们就必须开发新的探查方法来衡量一个组织的安全健康状况。差错计数不能满足此种需要。它们坚持理性和控制的幻觉，既不能提供真正的洞察力，也不能提供在安全方面取得进展的有效途径。当然，模糊定义的组织流程是否能作为新的安全探测方法（例如，通过差分定距、尊重专家意见、碎片化解决问题、增加对灾难的判断）中的一部分，这是一个有争议的问题，比试图通过替换或增加计数方法所获得的差错要更加真实。但是，这些现象的事实就在旁观者的眼里：观察者和被观察者是分不开的；客体和主体在很大程度上没有区别。对那些寻找以及运用理论来包容结果的人来说，这些过程和现象是足够真实的。成功的标准可能存在于其他地方，例如，衡量方法怎样映射到过去失败前兆的证据上。然而，即使是这样的映射，也受到证据基础的范式解释的约束。事实上，伴随着与本体论相对性同时代的人的因素的进入，争论可能永远不会结束。医生是否比枪支拥有者更危险？是否存在差错？这取决于你问谁。

因此，如果你愿意，真正的问题需要远离争吵，需要到达一个新的层面。无论是我们把差错看作涂尔干事实，还是把安全视作自反性项目，相互冲突的前提和做法反映了特定的风险模型。这些风险模型之所以有趣，并不是因为它们获取经验真理的能力不同（因为它们可能都是相对的），而是因为它们说明了我们什么，说明了人的因素什么以及系统安全什么。我们不应仅仅关注对安全的监控，而是要对监控进行监控。如果我们想在安全上取得进展，一个重要的步骤就是进行超级监控，以便更好地了解安全的假设和方法中所包含的各种风险模型。

程序：行为的规范还是资源？

作为控制基础或韧性基础的程序

从程序着手这种超级监控是一个很好的开始。程序是人是需要控制的问题与人是解决问题的方案这两种观念之间的纽带。人并不总是会遵守程序。在观察工作中的人时，我们可以很容易地观察到这一点，管理人员、监督人员和监管人员（或其他任何对工作的安全结果负责的人）经常认为这是一个很大的实际问题。在某次灾祸之后，事后方才领悟到，违规行为是如此明显的原因。要是他们遵守了程序就好了！研究总是不断回到一个基本结论：事故发生之前有违反程序的行为。例如，对航空器制造厂商所做的分析表明，"飞行员偏离基本操作程序"是大约100次事故的主要原因（Lautman和Gallimore，1987，P.2）。在独裁的极端现代主义乐观或怪诞（取决于你怎么看待）的说法中，它们的头衔是"控制机组导致的事故"。换言之，是机组或是人类引发了事故。通过更好地遵守程序、更好的等级秩序和强制执行与服从规则，控制机组是可能的。作为一项经验证据，这类工作的一个方法论问题是，它在因变量（事故）上选择其案例。这会产生同义反复，而不是发现的问题。事实上，将违反程序作为"因果"图中最重要的部分，这本身并不能提供任何信息。极端现代主义者的思维是围绕控制和层级秩序的词汇组织起来的。关于表现的各种变量，尤其是与明确的书面指南不一致的那些，是对极端现代主义秩序的诅咒。在这样的词汇和这样的思维中，当然很容易因它们在事件顺序中的角色而被过高评价：

> 自然主义偏见可能会歪曲事实真相，高估非正式行为或违反程序可能导致的后果。虽然可以证明许多安全事件都涉及违反程序的行为，但许多违反程序的行为并不总会导致安全事件，事实上，有些违反程序的行为（严格解释）似乎是更加有效的工作方式（McDonald 等，2002，P.3）。

夹杂着不确定性和压力的复杂而混乱的历史，在事后往往会变成明显选择后的简洁逸事。从外部和事后看，看上去像是"违规"的事件，往往是有意义的行动，因为在实际工作中存在着压力和权衡。换句话说，发现程序性违规行为是造成不幸的诱因或原因，更多的是与我们和我们在回顾一系列事件时所引入的偏见相关，而不是与那些当时正在做实际工作的人相关。然而，如果违反程序被认为是事故的一个重要因素，那么在失效之后引入更多的程序，或者改变现有的程序，或者强制执行更严格的法规是很有诱惑力的。例如，美国战斗机在伊拉克北部一次致命性击落两架黑鹰直升机后不久，"欧洲更高总部发布了一系列重要的规则，文件高达几英寸厚，'绝对保证'这一悲剧将永远不会再次发生"（Snook，2000，P.201）。这是一种常见的但并非令人满意的典型性反应。采用更多的程序并不一定能避免下一次事件的发生，更谨慎地遵守规则也不一定会提高遵从程度或提升安全。最后，程序与实际做法之间的不匹配并不是事故所独有的。不遵守程序并不一定会带来麻烦，安全的结果可能也存在与事故（相对的）同等数量的程序偏离。

作为遵守规章的程序应用

当规则被"违反"，是因为坏人忽视了规则吗？或者是，糟糕的规则不符合实际工作的要求吗？不可否认的是，以标准化为目标的程序，可以在形成安全实践做法中发挥重要作用。商业航空常常被视为标准化对安全具有深刻影响的主要例子。但是，有一种更深层次、更复杂的动态情况，即真实的实践做法总是时不时地偏离官方的书面指南，有时符合指南，有时并不符合。还有一种更深层次、更复杂的相互作用，实践做法有时先于规则存在，并定义规则，而不是由规则来定义实践做法。在那些情况下，违反行为是一种蔑视规则的表现，还是一种遵守规则的表现——遵循"实践规则"，而不是那些官方的、不切实际的规则？

这些可能性介于两种对立的模型之间，即程序意味着什么，以及程序对安全意味着什么。这些程序模型，指导组织思考怎样在安全问题上取得进展。第一种模型基于不遵循程序会导致不安全的概念。它的前提是：

- 程序代表着慎重考虑后得出的最佳方法，因此是开展工作最安全的方式。
- 遵守程序大多是基于规则"如果—那么"的简单心理活动：如果出现这种情况，那么这个算法（例如检查单）适用。
- 安全是人们遵守程序的结果。
- 要想在安全方面取得进展，组织必须在人们对程序的认识上予以投入，确保这些程序被遵守。

在这种程序观念中，那些违反程序的人，往往被描绘成凌驾于法律之上。这些人可能认为规则和程序是为他人制定的，而不是为他们，因为他们知道如何真正做好这项工作。这种关于规则和程序的想法表明，对于那些选择不遵守规则的人，存在着某种例外主义者或错误的精英主义者。例如，在发生与维修相关的某次事故之后，监管机构的调查人员发现，"更换襟翼的工程师表示愿意绕过困难，不咨询设计单位甚至可以不遵守维修手册"（JAA，2001，

P.21）。工程师表示"愿意"。这种术语体现了意志的概念（工程师可以自由选择遵守还是不遵守）和充分的理性（他们知道自己在做什么）。他们自愿违规。违规者是错误的，因为规则和程序规定了完成一项工作最好、最安全的方法，与做这项工作的人无关。规则和程序是为每个人设置的。这种描述充其量是天真的，而且总是具有误导性。如果你知道该往哪里看，日常实践就证明了程序的模糊性，并且证明程序是人类工作中一个相当有问题的范畴。

"工作感知差距"

航线维修具有代表性："工作感知差距"存在于，当主管确信安全和成功来自维修人员遵守程序——签字放行意味着遵守了各个适用的程序。而维修人员可能会遇到某些问题，包括：手边没有合适的工具或部件；飞机可能停放在远离基地的地方。或者时间不够：飞机有相当多问题需要解决，但距离下一个航班的过站时间只有半个小时。因此，维修人员认为，成功是他们在面对局部压力和挑战时，所表现出的调整、发明、妥协和即兴发挥等方面技能产生的结果——签字放行意味着，尽管资源有限、存在着组织困境和压力，但这项工作还是完成了。那些最熟练的维修人员因其工作能力而受到重视，甚至是被组织较高层所重视。然而，庞大的非正式工作系统却未被这些层级所认可，这些未被承认的系统，让维修人员能完成他们的工作，提高他们即兴发挥和满足工作需要的技能，相互传授，并将它们浓缩成自制的非正式文档（McDonald等，2002）。从外部看，这种非正式的工作系统，其定义特征是例行违规。但从内部看，同样的行为是专业技能的标志，由专业和同行间的自豪感所激发。当然，非正式工作系统的出现并蓬勃发展，首先是因为程序不足以应付局部挑战和意外，也因为程序的工作概念与实际工作的稀缺性、压力和多重目标相冲突。

在实际应用程序时，我们可以观察到哪些问题？

- 业务工作是在资源有限、多重目标和压力的背景下进行的。程序假定有时间来完成它们，确定（在什么情况下）并提供足够的信息（关于是否按照程序完成任务）。这就已经让规则远离了实际任务，因为实际工作中很少能符合这些标准。不能遵规工作，表明遵守规则与同时完成工作是不可能的。

- 一些最安全的复杂、动态工作，不仅发生在无视程序的情况下——如飞机航线维修——也发生在完全没有程序的情况下。罗克林等（1987，P.79）在评论海军航空母舰上引入越来越重的且能力强大的飞机时指出："没有关于将这种新硬件集成到现有例行工作中的书籍，除了在海上，无其他地方进行实践……而且，很少有书面记录下来的程序，因此，运行中的船舶是唯一可靠的手册。"工作"在船与船之间不是标准化的，事实上，也没有在某处系统地正式书面记录下来"。但是，固有高风险运转特性的海军航空母舰，有着惊人的安全记录，就像其他所谓的高可靠性组织一样。

- 遵守程序也可能与安全背道而驰。在 1949 年的美国曼格峡谷灾难中，死难的野外消防队员都是那些坚持遵守组织命令，在任何地方都随身携带工具的人（Weick，1993）。在此情况下，与其他情况一样，人们面临着在遵守程序和幸存之间做选择（Dekker，2001）。

- 书面规则与实际任务之间总是有一定的距离。由于行为涉及无限不确定性和模糊性，文件不能代表与情境有关的实际行为的全部密切关系。特别是在正常工作反映出紧急情况下的不确定性和临界性时，规则是从实践和经验中产生出来的，而不是在此之前产生的。换句话说，程序最终是跟随工作而不是事先指定行动。

　　迄今为止，人的因素还无法追踪和模拟人类与系统、工作与规则的共同进化。相反，它通常从上到下强加一种机械的、静态的观点来看待一种最佳实践行为。这就是对立。程序被视为对安全的投入——但事实证明，它们并不总是如此。程序被认为是实现安全实践行为所要求的，但它们既不总是必要的，也不太可能是创造安全的充分条件。程序详细说明了如何安全地完成工作，但遵守所有的程序可能导致工作无法完成。尽管这是一个相当大的实际问题，但在人的因素文献中，这种对立关系被低估、分析不足。人种学家艾德·哈钦斯（Ed Hutchins）已经指出，程序如何不仅仅是外部化的认知任务（例如，任务已经从头脑移植到世界上，然后到检查单上）。更确切地说，遵守程序本身所要求的认知任务，在程序中并没有具体规定。将书面程序转化为行为，需要认知活动（Hutchins，1995）。不可避免的是，程序是不完整的行为规范：它们所包含的对对象和行为的抽象描述，与实际情况中所遇到的具体对象和行为关系松散（Suchman，1987）。

润滑一根起重螺杆

　　将MD-80飞机起重螺杆的润滑工作作为一个例子——阿拉斯加航空公司261号航班坠机之前，起重螺杆润滑不充分，而且维护时间间隔过长（参见"漂移陷入失效"，Dekker；2011b）。应当如何进行润滑工作的书面程序如下所述（NTSB，2002，P.29-30）：

　　A. 打开检修门6307、6308、6306和6309。

　　B. 按以下程序进行润滑：

　　……

　　　3. 起重螺杆

　　　　给螺纹上涂抹一薄层润滑脂，然后全行程操作机械机构，让润滑脂均匀分布在所有螺旋丝杠上。

C. 关闭检修门 6307、6308、6306 和 6309。

这留下了很多的想象空间，或者说，给了维修人员很大的自主权。多少润滑剂算是"一薄层"？是用刷子涂润滑剂（如果需要一薄层的话），还是直接用润滑剂枪将润滑剂泵到零部件上？在润滑的过程中，机械结构（起重螺杆及其螺母）多久能全行程运行一次？这些问题在书面指南中都没有提到。难怪"调查人员发现，维修人员采用不同的方法来完成润滑程序中的某些步骤，包括：给梯形螺母接头和梯形螺杆加润滑剂的方式，以及在加润滑剂后让润滑剂均匀分布而立即转动配平系统的次数"（NTSB，2002，P.16）。

此外，这项工作实际上很难完成。水平尾翼的检修盖板仅有能容一只手通过那么大，手伸进去就会阻挡视线，无法看到内部的任何东西。作为一名维修人员，你需要看到你必须做什么或你刚刚做了什么，或者实际上做了什么。而这里，因为检修门太小，你不能同时完成这两件事。这让我们很难判断工作做得怎么样。调查同样发现，当调查人员访谈负责给事故飞机做最后一次润滑的维修人员时，"当被问到他如何判断是否正确地完成润滑工作，以及何时停止润滑剂泵枪时，机修工回答说'我不知道'"（NTSB，2002，P.31）。

润滑程序要花的时长也不清楚，因为程序中"包括"了哪些步骤是模糊的。程序从哪里开始，到哪里结束？是在接触到检修口之后，还是在此之前？以及就时间估计而言，是否把关闭盖板考虑进去了？听说整个润滑过程需要"几个小时"，调查人员从事故飞机的维修人员那里得知："……润滑工作大概……要花一个小时"才能完成。从他的证词中还不完全清楚，他是否在他的估计中包括了移除检修板的时间。当被问到他估计的一个小时是否包括接触到检修门时，他回答说："不，那可能要花一点时间——嗯，你可能需要从面板上取下十几个螺丝钉，所以——我认为不会超过一个小时。"发问者接着问："包括接触到检修门？"技工回答说："是的。"
（NTSB，2002，P.32）

正如上述MD-80起重螺杆润滑程序表明，正式文件既不能依赖，也不能用来支持有密切关系的行动。社会学家卡罗尔·海默（Carol Heimer）区分普适性规则和特殊性规则为：普适性规则是非常通用的禁令（例如"给螺纹上一薄层润滑剂"），与其实际应用仍有一定距离。实际上，所有的普适性规则或通用禁令都会发展为特殊性规则。随着经验的积累，人们遇到应用普适性规则需要的条件，并越来越能够具体说明这些条件。其结果是，普适性规则通过实践行为来呈现适当的局部表达方式。

当然，需要记得的是，我们对程序的信念是如何从科学管理传统中产生的，在科学管理传统中，程序的主要目的是尽量减少人的多样性，最大限度地提高工作的可预测性，使工作合理化（Wright和McCarthy，2003）。航空业与许多其他行业都有着强大的传统：程序代表着常规化，并使常规化变得可能，让完全陌生的人可以共事于安全关键工作。程序替代了对同事的了解。例如，在航空领域，副驾驶的行为是可预测的，不是因为认识副驾驶（实际上，你可能以前从来没有和她或他搭班飞行过），而是因为程序使他们的行为可以预测。没有这样的标准化，就不可能与不认识的人安全、顺利地合作。

在科学管理的精神下，人的因素还假定运行系统的秩序和稳定性是合理和机械地实现的，控制是垂直执行的（例如，通过任务分析，形成完成工作的相关规定）。此外，信息加工心理学对人的因素的强烈影响，也强化了诸如"如果—那么"遵守规则类程序的观念，程序类似于计算机程序，反过来又成为人类信息处理器的输入信号。由程序规定的算法成为人类处理器上运行的软件，但事情并非那么简单。在实践中应用这些程序需要更多的智力。它需要更多的认知工作。这给我们带来了第二种程序和安全模型。

作为实质性认知活动的程序应用

程序不是工作

工作人员必须对程序本身不能完全具体说明的行为和情况进行解释（例如，Suchman，1987）。换句话说，程序本身并不是工作。工作，尤其是在复杂、动态的工作场所中，往往需要对子任务的时机、相关性、重要性、优先次序等做出微妙的局部判断。例如，商用飞机着陆前检查单之所以不能自动化，是没有任何技术原因的。这类检查单上的项目（例如，关闭液压泵、放下起落架和设置襟翼）大多是机械的，可以根据预先设定的逻辑激活，而不必依赖人去做或不断提醒人这样做。但是，目前没有任何一个着陆前检查单是完全自动化的。其原因在于着陆的情况不同——时机、工作负荷、优先次序等方面都存在不同。实际的原因是，检查单不是工作本身。重复苏克曼（Suchman，1987）的观点，检查单是行动的资源，它帮助人们在大致相同但有微妙不同的情况下构建他们的行为。这种变化是不可避免的。环境会变化，或者环境会与设计程序的人员当初所预见的情况不同。这表明了另一种模型的轮廓：

- 安全不是机械地遵守规则；它是人们对情境具备洞察力的结果，这些情境要求采取某些行动，要求人们巧妙地找到和使用各种资源（包括书面指南）来实现他们的目标。这就提出了关于程序和安全的第二种模型。
- 程序是行动的资源。程序不能具体说明它们应用的所有情况。程序不能支配自身的应用。
- 在不同情境下成功地应用程序是一项实质性的、熟练的认知活动。
- 程序本身并不能保证安全。安全是人们熟练地判断何时、如何（或何时不）调整程序，以适应当时的具体情况后产生的结果。
- 为了在安全方面取得进展，组织必须监控和理解程序与实践之间存在差距背后的原因。此外，组织还必须找出方法来支持员工发展判断何时调整和如何调整的技能。

书面指南中所规定的逻辑与实际行动之间总是有一定的差距，面对新事物和不确定性，预先设定的指南就显得尤为不足。调整程序以适应特殊情况，是一种实质性的认知活动。例如，以 1998 年加拿大新斯科舍省哈利法克斯附近大型客机坠毁事故为例。飞机平稳离场后，闻到了物体燃烧的气味，不久之后，驾驶舱里就冒出了烟。报纸上的报道（可能不公平或者过于带有成见）将两名飞行员分别描述为两种不同程序和安全模型的各自体现：副驾驶更倾向于快速降低飞行高度，并建议提前放掉燃油，这样飞机着陆时不会过重。但机长告诉当时正在驾驶飞机的副驾驶，下降率不要太大，并坚持要完成处理烟雾和起火的适用程序（检查单）。机长推迟了放燃油的决定。当火势蔓延开来后，飞机失控，坠入大海，机上 229 名乘客全部罹难。有许多很好的理由支持不立即改航哈利法克斯机场：两名飞行员都不熟悉该机场；他们必须执飞并不太熟练的进场程序；不太容易获得有关机场的适用航图和信息；而且，客舱内刚刚开始提供大量的餐食服务（TSB，2003）。

基本程序的进退两难局面

该实例部分说明了，对于那些遇到意外并不得不在实践中应用程序的人来说，存在一个进退两难的双重处境（Woods和Shattuck，2000）：

- 如果在有指征表明需要调整程序的情况下，仍然坚持机械地遵守程序，这可能会导致不安全的结果。人们会受到指责，因为他们的僵化，以及他们在应用规则时对情况不敏感。
- 如果在不完全了解环境或不完全确定结果的情况下，尝试针对意外情况进行调整，也可能会出现不安全的结果。在这种情况下，人们会受到指责，因为他们偏离程序，不遵守规则。

换句话说，人们可能无法进行调整，也可能因尝试调整而失败。遵守规则可能成为一种去同步化和越来越不相关的行为；与事件和故障在整个系统中如何真正地展开和扩大脱钩。哈利法克斯坠机事件中，通常情况下，关于是否需要进行调整存在着不确定性（飞机的状况有多糟糕？是真的吗？），以及调整的效果和对安全的影响也存在着不确定性：机组人员需要多长时间才能改变计划？他们能不放燃油，仍试图着陆吗？进行可能的调整，以及将这种可能转化成成功的能力，不一定需要特定的训练或全面的职业教导来支持。毕竟，民用航空倾向于强调第一种模型：跟着程序做，你很有可能是安全的（例如，Lautman和Gallimore，1987）。通过惩罚或其他监管干预来加强对程序的遵守，并不能消除进退两难的局面。事实上，它可能会恶化这种情况——让人们更难判断何时以及如何调整。增加遵守规则的压力，相应增加了不采取调整的可能性——迫使人们采用一种更加保守的响应准则。人们会要求更多证明需要调整的证据，这就需要时间，而在需要调整的情况下，时间往往可能是稀缺的（如上述坠机事故）。仅仅强调遵守程序的重要性，就会增加人们在面对意外情况时不进行调整的可能。另外，让人们在没有足够的技能或预先准备的情况下进行调整，则会增加调整失败的可能性。摆脱进退两难境地的一个方法是培养人们的调整技能。这意味着给予他们平衡两种可能的失败风险的能力，这两种可能的失败包括：未能进行调整或尝试进行的调整失败。这需要提升对具体条件、机会和风险的判断能力，以及对在此环境下运行的更大的目标和存在的限制的认识。按照罗克林的解释，这种技能的提升可以意译为：为意外情况做准备。实际上，如罗克林（1999，P.1549）注意到的那样，高可靠性组织中的安全文化，在"对未来发生意外的持续期待"中，会对未来可能的失败有预期并为之做计划。

在安全方面取得进步，还取决于一个组织在失败后（或者仅仅是面临失败的威胁）的反应。事后的详细剖析，可以很快揭示程序与具体实践做法之间的差距，而事后分析会夸大非正式行为所起的作用（McDonald等，2002）。因此，回应往往是试图通过发布更多的程序或采取更严密的监管行为，来强行弥合程序与实践之间的差距。非正式行为模式的作用及它们所代表的一切（如资源的限制，组织上的缺陷或管理上的无知，相互冲突的目标，同伴的压力，职业精神，可能是更好的工作方式）都被误解了。真正的实践做法，就像在庞大的非正式工作系统中所做的那样，是被驱动的和隐藏的。尽管失败为每个社会技术系统提供了一个批判性的自我反省机会，但是，事故的故事却被编写成：偏离程序在其中扮演了一个重大的邪恶角色，并且被打上了离经叛道和原因的标签。对系统如何工作或应该如何工作的官方解读被彻底改造为：规则意味着安全，人们应该遵守规则。相比之下，高可靠性的组织，通过不断地尽力监测和理解程序和实践之间的差距，而与其他组织不同。他们通常的反应不是试图缩小差距，而是理解它存在的原因。这样的理解，洞察了非正式行为模式存在的理由，并且，通过对具体业务环境的敏感，为改善安全开辟了途径。

监管者：现代主义者的层级控制还是侧面指导？

检查规则是否被遵守

集中指导和具体实践之间总是存在着紧张关系，这给那些负责监管安全关键行业的人制造了一个明显的两难困境。规则和检查规则是否被遵守，共同组成了重要的监管工具。但强迫操作人员遵守规则，可能会导致低效、无产出甚至不安全的行为。对于各种各样的工作来说，遵守规则和完成任务是相互排斥的。另外，让人们面对实际需求而调整具体做法，可能会导致他们牺牲系统的整体目标，或者错过系统运行中的其他限制或弱点。帮助人们解决这个根本性的权衡，不是不顾一切去推行标准。在需要调整的情况下，不鼓励人们去尝试调整，这会增加因不调整而失败的次数。另外，如果不鼓励组织为人们提升调整技能进行投入，允许偏离程序，则会增加因调整而导致失败的次数。

这意味着，规则与任务之间的差距，书面程序与实际工作之间的差距，需要由监管者和运行人员共同来弥合。为监管机构工作的监察员也需要"适用"规则：找出这些规则的确切含义及其对实践领域的影响。从普适主义到特殊主义的发展也适用于监管。这就引发了一个问题：监察员应该扮演什么样的角色？他们是否应该充当警察——检查市场在多大程度上遵守了他们应该维护的法律？在这种情况下，他们是否应该应用非黑即白的判断（这会让很多家公司立即关门）？或者，如果监察员和运行人员共享的程序与实践之间存在差距，并同时努力弥合，那么，监察员是否能成为合作伙伴，共同努力以期在安全方面取得进展？但只能在善意的基础上建立起后一种关系，尽管这种善意只是建立一种新型关系或伙伴关系迈向安全进步的副产品。规则与实践之间的差距不再被视作监察的逻辑性结论，而成为起点；是共同发现实际做法及其产生背景的开始。什么是产生和维持此种差距的系统性原因（与组织、监管资源相关）？

同时在内部和外部

对于监察员作为合作伙伴或指导者的基本批评是很容易预见的：监管者不应太接近他们所监管的机构，以免他们之间的关系变得过于亲密，导致他们不能对安全标准进行客观判断。他们的工作也不是顾问。但无论如何，监管者都需要接近他们监管的对象。监管者必须是"内部人"，在某种意义上，他们要说被监管机构的语言，了解他们的业务种类，从而获得来自他们最需要的信息提供者的尊重和可信度。与此同时，监管者需要成为局外人——抵制融入他们所监管对象的世界观中。一旦进入系统内部及其世界观中，就会越来越难发现陷入失败的可能。对于运行人员来说是正常的事情，对于监察员来说也会是正常的。

必须同时是局内人和局外人之间的矛盾关系很难解决。在许多情况下，冲突、对立的安全监管模式并没有被证明是有成效的。它导致监察过程中运行人员弄虚作假和惺惺作态，以及在其他任何时候保密或混淆与安全相关的信息和与工作相关的信息。正如航空公司的维修工作所证明的那样，实际做法是很容易被掩盖的。即使对于那些作为警察而不是作为合作伙伴行使权力的监管者来说，同时成为局内人和局外人的斗争也不是自动解决的。获取信息（关于人们如何工作的相关信息，即使监察员不在场时）和监察员的可信度要求，在监管者和运营人之间建立起一种关系，让信息能够被获取，让可信度得以维持。那些希望利用程序在安全上取得进展的组织需要：

- 监控程序和实践之间的差距，并试图理解它存在的原因（而不是试图通过简单地告诉人们遵守规则，从而弥合差距）。
- 帮助人们提升判断何时和如何调整的技能（拒绝仅仅告诉人们他们应该遵循程序）。

但是，很多组织或行业都不这样做。他们甚至不知道，或者不想知道（或者没有能力知道）差距的存在。再次以航空器维修为例。工作场所的各种因素（沟通问题、物理距离或阶层差距以及劳资关系）掩盖了这种差距。例如，现有实践做法的持续安全结果，让主管们没有理由质疑他们对如何完成工作的假设（如果他们是安全的，他们必须遵循现有的程序）。然而，业界的无知更加广泛（McDonald等，2002）。发生失效之后，非正式工作系统通常会从人们的视野中退却，滑出调查人员的可接触范围。被误解或没有被注意到的是，非正式工作系统弥补了组织无法提供的执行任务所需的基本资源（例如与行动密切相关的时间、工具及文档）的不足。如果仅仅满足于违规者被抓住、正式的工作指令再次被放大，则组织系统几乎不会有改变。它完成了另一个"稳定性循环"，其特点是组织学习停滞，安全方面没有取得任何进步（McDonald等，2002）。

目标冲突和程序性偏差

安全不是当务之急

偏离书面指南的主要驱动因素是，需要同时追求多个目标。多重目标意味着目标冲突。正如迪特里希·多纳（Dietrich Dörner）所说："复杂的情况下，相互矛盾的目标是规则，而不是例外。"（Dörner，1989，P.65）以对飞行签派员所做的一项研究为例，史密斯（Smith）说明了这种两难局面。恶劣天气是否会影响一个大型枢纽机场？签派员应当怎样安排航路上的所有飞机？安全

（让飞机改航，绕过恶劣天气）追求的是"容忍虚惊，但痛惜失手"（Smith，2001，P.361）。换句话说，如果安全是主要目标，那么让所有飞机改航，即使是恶劣天气最终没有影响到该枢纽机场（虚惊一场），也比不让他们改航，让他们轻率地一头扎进恶劣天气中（失手）要好。另外，效率却根本不鼓励虚惊一场，实际上则要处理失手的情况。这是大多数业务系统的本质。尽管安全是（声明的）当前要务，这些系统却不是为了安全而存在的。它们的存在是为了提供某种服务或某种产品，为了获得经济效益，为了最大化利用生产能力。但是，它们仍然必须是安全的。那么，要理解日常偏离常规化背后的驱动因素，一个研究起点就是深入掌握这些目标之间的相互作用。正是由于这些目标之间存在着根本的不相容性，人们才需要在工作当中努力解决问题。特别令人感兴趣的是，人们自身从其运行实际中是如何看待这些冲突的，以及与管理者（或监管者）对同一行为的看法之间形成了怎样的对比。

更快、更好、更经济

20 世纪 90 年代末期，NASA "更快、更好、更经济"的组织哲学，是复杂系统中多个矛盾目标如何同时存在和活跃的缩影。1999 年"火星气候探测者号"和"火星极地着陆者号"的失败在很大程度上归因于 3 个目标的不可调和性，这些目标降低了发射成本，缩短了任务日程，削弱了人员技能和同伴互动，使时间受限、工作人员流失，还降低了通常应当有的检查和制衡水平（NASA项目管理报告，火星气候探测者号失败调查小组，2000）。人们辩解说，NASA应该从 3 个目标中挑选其中的任意两个。更快和更经济并不意味着更好，更好和更经济意味着更慢，更快和更好意味着会更贵。然而，这样的减少掩盖了安全关键设置中运行人员所面临的实际情况。这些人在那里同时追求这 3 个目标——微调他们的业务，如思德巴克和米利肯（Starbuck和Milliken，1988，P.323）所说，以便"更少冗余、更高效率、更多利润、更加经济或更多用途"。换句话说，微调是为了使其更快、更好、更经济。

2003 年"哥伦比亚号"航天飞机事故，注意力集中在航天飞机外部燃料箱的维护工作上，再次揭示了安全和完成任务（更好、更快和更经济）的不同压力。一名为承包商工作的技术工人，其任务是将绝缘泡沫涂在外部燃料箱上。他做证说，仅仅花了几个星期就学会了如何完成这项工作，从而满足了上级管理层和生产计划的要求。很快，一位年长的工人向他展示了如何将泡沫的基本化学物质混合在一个杯子里，并将其涂刷在绝缘层的划痕和沟槽上，却不报告维修情况。不久之后，该名技术工人发现自己做了上百次这样的工作，每次都不填写要求的文书。在组织所关心的范围内，用杯子里的混合物涂刷的划痕和沟槽，根本就不存在。那些不存在的事无法推迟外部燃料箱的生产进度。检查人员经常不检查。曾经向工人支付了数百美元寻找缺陷的公司项目已经被打了折扣，无形中被现在完成工作的激励所取代。

在这样的经验中，目标互动至关重要，它包含了程序的流动性、维修的压力、值得报告"事件"的意义，以及它们与漂移陷入失效之间的关系等。在大多数的业务工作中，正式的、外部支配的行动逻辑与实际工作之间的距离，是由以前就在这里的那些人帮助弥补的，这些人已经学会了如何完成这项工作，并且自豪地与年轻的新进人员分享他们的专业经验。新来者的实践做法与工作的正式描述相去甚远。偏离成为惯例。这是维护工作的大量非正式网络特点的一部分，包括师傅和学徒的非正式等级制度、如何实际完成工作的非正式文件、非正式的程序和任务，以及非正式的教学实践。检查人员不检查，不知道存在问题，也不会报告。管理人员满足于生产进度，并乐于发现较少的缺陷。正常人在正常的组织中做正常的工作。或者这就是当时对每个人的意义。再一次，"事件"的概念，值得报告的事情（缺陷），在不遵守规定的常规背景下变得模糊不清。什么是正常的、什么是不正常的，现在已经不那么清楚了。通过做得更经济、表面上更好（涂刷沟槽），以及安全上显然没有成本，更安全、更好和更经济之间的目标冲突得以解决。只要轨道飞行器继续安全地返回地球，承包商一定是在做正确的事情。考虑到历史任务的成功率，要了解其潜在的副作用是非常困难的。没有失败，被视为一种验证，证明当前的预防危害的策略已经足够。有谁能预见到，在一个极其复杂的系统中，像涂刷杯子里的化学物质这样微不足道的局部行为，会与其他因素一起将系统推到悬崖边上？转述韦克（Weick）的话，不能相信的是看不到的。过去的成功被认为是持续安全的保障。

外部压力的内化

有些组织将他们的目标冲突非常公开地传递给从业人员个人。例如，某些航空公司为他们机组人员的航班正点支付奖金。一份航空出版物报道了其中一家运营商（一家名为Excel的新成立的航空公司，经营从英国到度假目的地的航班）：

> 作为推动航班正点的一部分，Excel推出了一项奖金计划，如果员工达成年度目标，则将获得奖金。其目的是让每个人的注意力都集中在飞机按照航班时刻计划正点飞行（Airliner World，November，2001，P.79）。

然而，这种明确承认目标优先顺序的情况并不常见。最重要的目标冲突从未如此明确过，它们来自不同层次和来源的多重不可调和的指令，来自微妙和默契的压力，来自管理层或客户对某一权衡的不同反应。组织往往使用"概念整合，或者明确提出双重话语"（Dörner，1989，P.68）来应对这种情况。例如，另一家航空公司的运行手册开篇申明：

1. 我们的航班应当是安全的。
2. 我们的航班应当是准点的。
3. 我们的客户会发现物超所值。

从概念上讲，这是多纳的双重话语；书面上整合了不兼容。原则上是不可能同时完成这 3 个任务的，就像美国国家航空航天局的更快、更好、更经济一样。尽管不一致的目标出现在组织的层次上，但由于它与环境的互动，在不确定情况下对目标冲突进行实际管理的责任，被推到了具体的运行部门——管制室、驾驶舱等。在这些部门中，冲突将以数以千计的、各种大大小小的日常决策和权衡进行谈判并予以解决。这些决策和权衡不再是由组织做出的，而是由运行人员个人或员工个人做出的。就是这种阴险的授权、交接，使得外部压力内化。一家航空公司的工作人员将他们在资源受限的压力下谈判多重目标的能力称为"蓝色感觉"（参照他们机队的主色）。这种"感觉"代表着愿意投入实际工作、同时实现所有 3 个目标（安全、准点和物有所值）的意愿和能力。这证实了从业人员确实在同时追求更快、更好和更经济这几个并不相容的目标，而且他们也意识到这一点。事实上，从业人员把他们协调不可调和的目标的能力作为极大的职业自豪感的来源。这被看作他们的专业知识和能力的显著标志。

对于这种外部压力的内化，这种由员工个体或操作者个体整合组织目标冲突，目前还没有很好的描述和模型。再一次，这也是我们在第 2 章中看到的关于宏观—微观动态联系的问题。效率和安全之间的整体紧张是如何渗透到个人或工作小组所做的局部决策和权衡中的？这些在整个公司层面上运作的宏观力量，在局部工作小组如何评估机会和风险方面表现得最为突出（参见 Vaughan，1996）。机构压力被再现，或者可能真正体现在个人的行为上，而不是组织的"整体性"上。但是，这种联系是如何运转的呢？外部压力是在哪里转变成内部压力的呢？组织在资源稀缺和竞争压力下的问题和利益，何时成为该组织内部不同层级的个别人的问题和利益？

"操作手册崇拜者"

当一个组织明确宣传，运行人员对某一目标的追求将带来怎样的个人回报（奖金方案，让每个人都关注航班时刻这一优先事项）时，外部压力与其内部化之间的联系就比较容易证实了。但这种情况可能很少见，而且它们是否就代表了目标冲突的实际内化，这一点值得怀疑。当这种联系和冲突深藏在运行人员如何将组织整体目标转移到个人决策之中时，证实就会变得更加困难。例如，"蓝色感觉"象征着机组人员对自己的组织（飞行机队为蓝色飞机），以及它和它的品牌所代表的意义（安全、可靠、物有所值）的强烈认同。然而，这是一种只有个人或机组人员才能拥有的"感觉"；一种"感觉"，因为它被内化了。它是个人属性，而不是组织属性。那些没有蓝色感觉的人会被同事——很少会是主管——所标记，因为他们对目标的多重性不敏感或不感兴趣，也不愿意做必要的实质性认知工作，来调和不相容的各个目标。这些从业者并不能反映公司的职业自豪感，因为他们总是能比其他人争取到更容易的目标（例如，"不要操心客户服务或者生产利用率，那不是我的工作"），在他们的同事眼中，他们总是选择阻力最小的道路、做最少的工作。在同一家航空公司，那些试图遵守各项规章制度的人被称为"操作手册崇拜者"——这是一个明确的信号，表明他们处理目标矛盾的方式，不仅在认知上被认为很便宜（只要找到书本，它就会告诉你该怎么做），而且还会妨碍集体完成工作的能力，淡化蓝色感觉。这样，蓝色感觉不再只是个人属性，而是同事之间有价值的东西，它提供同事集体成员之间的比较、分类和竞争，独立于组织中其他的层级或层次而存在。类似的同事之间的自豪感和认知也存在于其他职业中——飞行签派员、空中交通管制员或飞机维修人员，它是不同目标间进行协商背后的微妙动力（McDonald等，2002）。

后一类群体（飞机维修）纳入了更多内部机制，用以处理目标之间的相互作用。满足技术性要求，通常与时间或其他有限的资源相冲突，这些有限的资源包括时间不够、人手不足、缺少工具、缺少零部件或功能性工作环境（McDonald等，2002）。大量的内部、地下的例行做法，以及非法文件和"捷径"，从外部看被视为对现有程序的大规模违反，但其实它们是调和和妥协的压力下的结果。真实工作中的做法，构成了技术人员的专业自豪感和责任感的基础，这种自豪感和责任感让他们的安全工作超过了技术要求。从内部看，技术人员的作用是运用他或她的知识、经验和技能而非正式程序进行判断。那些最擅长这一点的人，因其工作能力而受到组织更高阶层的高度重视。然而，在正式审查（例如事故问询）中，非正式的网络和做法通常会从视野中退缩，只留下一个工作的基础版本，在这个基础版本中，目标妥协的性质和非正式活动永远不会被解释、承认、理解或重视。类似于索姆河上的英国军队，某些维修单位的管理层偶尔会决定（或假装）没有局部混乱；没有矛盾或超出预料的事情。在他们的官方理解中，设立了规则，遵守规则，结果就会是安全的。如事后偏见不可避免地指出的那样，他们认为那些不遵守规则的人更容易导致事故。相反，对于在工作场所中工作的人，管理层甚至不理解他们工作中波动的压力，就更不用说调节这些压力的策略了（McDonald等，2002）。

　　上述两个案例（蓝色感觉和维修工作）都挑战了人的因素对违规行为的传统解读。人的因素希望工作能够反映规定性的任务分析或规则，而违规行为破坏了通过管理指令或设计指令实施的纵向控制。然而，从人们自己工作的内部看，违规行为成了顺从行为。文化理解（例如，用"蓝色感觉"这样的名词来表达）影响了解释，因此，即使人们的行为在客观上是违规的，他们也会把自己的行为视为遵守（Vaughan，1999）。他们的行为符合新出现的、局部的、内化的方法，容纳了对于组织来说重要的多重目标（安全且最大限度地利用生产能力，满足技术性要求和最后期限的要求）。此外，这种行为也顺应了复杂的同事间的压力和专业期望，在这种情况下，非正式行为会产生更快、更好的工作方法。非正式行为是能力和专业知识的标志，可以无视等级控制，或者比等级控制更加聪明，可以弥补更高层次的组织缺陷或无知。

例行违规

偏离的正常化

程序与实践做法之间的差距并非一成不变。新工作创生之后（例如，通过引进新技术），所采用的实践做法稳定之前，这之间会有一段时间，采用的实践做法很可能与为现有系统编写的规则相差甚远。社会科学将这种从紧密耦合的规则向松散耦合的实践做法的迁移描述为"微调"（Starbuck和Milliken，1998）或"实践偏移"（Snook，2000）。通过这一转变，采用的实践做法成为势在必行，成为系统中的规范。偏离（原来的规则）变得正常化；违规变为常规（Vaughan，1996）。文献已确定了偏离的正常化的重要因素，这有助于组织了解程序与实践做法之间存在的差距的性质：

- 过度设计的规则（为紧密耦合的情况或最坏的情况所编写），在大多数情况下与实际工作不匹配。实际工作中会有间歇：恢复的时间，重新安排工作日程的机会，得以更好或更聪明地完成工作（Starbuck和Milliken，1998）。这种不匹配造成了一种固有的不稳定局面，产生了变革的压力。

- 强调局部效率或成本效益，会促使运行人员达成或优先考虑某个目标或某组有限的目标（如顾客服务、准点、生产能力）。这些目标通常是容易衡量的（如顾客满意度、准点率），而衡量从安全那里借出多少要困难得多。

- 过去的成功被视为未来安全的保证。每一次从正式的原有规则开始，逐步取得操作成功，最终可以建立起一个新的规范。从当前开始，随后的偏离又一次只是一个小小的增量步骤。从外部看，这种微调构成了在不受控制的环境下的增量试验；从内部来说，不遵守规则的增量是对稀缺资源、多重目标和经常性竞争的适应性反应。

- 偏离常规变为常规。从人们自己的工作内部看，违规行为就变成了遵守行为。这些行为符合各种新出现的、局部的方法，来容纳对组织来说很重要的多重目标（安全且最大限度地利用生产能力；不仅满足技术性要求，同时也满足最后期限的要求）。这些行为也顺应了复杂的同事间的压力和专业期望，在这种情况下，非正式行为会产生更快、更好的工作方法。非正式行为是能力和专业知识的标志，可以无视等级控制，或者比等级控制更加聪明，可以弥补更高层次的组织缺陷或无知。

尽管程序和实际做法之间始终存在差距，但是，对于这一差距的意义和如何处理这种差距却有不同的解释。人的因素可能将程序与实践做法之间的差距视作自满的表现——运行人员对他们的实践做法或系统有多安全或者没有被惩罚的自满程度。心理学家可能会认为，例行的违规表达了多重目标（生产和安全）之间的基本紧张关系，这些目标将工人拉向相反的方向；完成工作的同时，还要保持安全。另一些人则强调了一方面的远程监督或工作准备（如正式规则中所规定的）与另一方面的局部的、与情境有关的行为之间存在的脱节。社会学家们可能会在差距中看到一种政治杠杆，它适用于工作底层的管理，凌驾或超越了等级控制，并弥补了更高层次的组织缺陷或无知。对于人种学家来说，例行违规可能是有趣的，不仅是因为它对工作或工作环境的描述，也因为它描述了工作对运行人员的意义。

程序和实际做法之间的差距可以创造出截然不同的工作形象。例行违规是认为自己凌驾于法律之上的一种精英主义者的表达吗？是那些表现出愿意无视规则的人的表达吗？在这种情况下，工作似乎关乎个人选择，即假定在做好工作或做不好工作之间、遵守规则或不遵守规则之间做出明智的选择。或者，常规性不遵从是工作社会组织的系统性副产品吗？它是否源自组织环境（稀缺性和竞争）、内化压力和作业指导书不明确性质之间的相互作用？在这种情况下，工作被认为，从根本上讲是背景化的，受到环境不确定性和组织特征的限制，但仅受到个人选择极小的影响。人们平衡遵守程序带来的各种压力和影响的能力，在很大程度上取决于他们的历史和经验。而且，正如莱特和麦卡锡（Wright和McCarthy，2003）所指出的那样，目前很少有办法在程序设计中给予这种经验合法的发言权。

思考题

1. 什么是差错计数的笛卡尔-牛顿理论，它是如何表达人是我们需要控制的主要问题这个假设的？是否有与假定的被观察和计数的"差错"相关的信息？

2. 本题要参见第 6 章的内容。差错的观察、分类、统计列表和量化如何是一种本体论魔力的终极行为？在这方面，我们该暗中相信谁对谁错（观察者还是被观察的工作人员），以及这对于工作场所的权力来说又是什么？

3. 什么是"工作感知差距"以及在哪些情况下它可能变得尤为显而易见？

4. 在特定情况下调整程序，所遇到的根本性束缚是什么？是否可以为从业人员设计相关培训，支持他们处理双重束缚？这种培训是怎样的？

5. 想想你自己的组织或业务。如果安全不是首要问题，那么什么是首要问题？或者，管理业务工作中的优先次序是稳定的吗？

6. 有来自你自己的组织或业务的例子吗？你能从中看到外部压力的内化和（其他人所称的）偏离的正常化。

4 丧失情景意识的风险

本章要点

- 情景意识依赖于笛卡尔–牛顿世界观，它认为思想是世界的一面镜子。人们总是可以证明头脑中的东西要比世界中存在的少，这就是所谓的"情景意识缺失"。

- 尽管这是个来自民间的概念，情景意识仍被许多人的因素研究赋予了因果关系。并且，情景意识丢失最近被用于调查和在法庭案件中对操作者进行定责（和证明其有罪）。

- 把注意力放在"意识"而不是"情境"上，就将安全思维带回到了史前时代。在那里，安全干预针对的是人类（以及他们认定的注意力不足），而不是系统或人所处的周围环境。

- 实证研究和共同经验表明，感知并不是始于那些随后经过心理思维成为有含义的元素，也就是说意义的产生是毫不费力的或先于理性的，而人类的行为表现是通过对正在发生的事情有貌似合理而连贯的描述而驱动的。

- 一个激进的经验主义者对情景意识的观点是，外部世界与某些内部表征之间的映射不是什么问题，而是有经验的世界是唯一存在的：如果有一个"客观的"现实，我们是不知道的。

因丧失情景意识而被判有罪的案例

不久之前，一起引人深思的刑事案件在法庭落下帷幕。一名专业的操作员因"丧失情景意识"导致他的车辆不幸撞上了建筑物而被定罪。事发当晚，他一如往常地履行着自己的职责，然而，恶劣天气、设备干扰、周围车辆的纷扰、夜幕的降临以及身心的疲惫，这些因素如同滚雪球般积聚，最终酿成了悲剧。正如检方所言，正是他"对情景意识的丧失"，让这起事故不可避免地发生，夺走了两条无辜的生命。官方严正指控该操作员玩忽职守，他的职业生涯因此画上句号，如今更是身陷囹圄，被判刑 4 年。他所面临的罪名，在 20 年前闻所未闻，这无疑是人的因素研究团体所编造的新型罪名。尽管我们中的许多人仍然坚信，丧失情境意识是人类行为中可研究的一个方面，但这起案件却以冷酷的现实提醒我们，任何对安全的疏忽都可能造成无法挽回的后果。

为什么失去情景意识是危险的？

回看源于 20 世纪 90 年代中期的那些观念，航空安全老兵查尔斯·比林斯（Charlies Billings）在一大群研究人的因素的科学家观众面前表示惊诧，是否有必要以"情景意识"来斡旋，以解释是什么让人们去看或错过或想起来去看一些东西。"这是一个概念性的构想，"他在一个关于情景意识的财团会议的主旨演讲中说，"概念是不会导致任何后果的。"（Billings，1996）但是很显然，它们导致了后果。查利·比林斯于 2010 年离世，从那以后，丧失情景意识（丢失这个概念性的构想）已经成为航空、航运、制造业及其他一些领域中与自动化和人因相关事故泛滥的主要借口。许多来自事故调查员（ATSB，1996）的报告都包含"丧失情景意识"的引用。美国国家运输安全委员会的调查人员在其推断偶然力量因素时也曾多次使用"丧失情景意识"。例如，它允许他们"解释"为什么 2006 年一个支线航空公司机组在肯塔基莱克星顿机场一条错误的跑道上起飞，导致包括机长在内的 49 人死亡（NTSB，2007）。很显然，我们的概念构想中包含了足够的因果力量去责怪身亡的机组成员或是活着的人。验尸官曾调查了 2007 年 3 名英国士兵在阿富汗被友军火力误伤的事件，追溯出是由于一个美国战斗机飞行员"丧失情景意识"，投放炸弹时看错了目标村庄（Bruxelles，2010，P.1）。

　　研究者和编辑们愿意将这个概念性的构想科学合理化，因此，我们也不能责怪外行人把它们当作"看得见摸得着的"的方便解释（Flach，1995，P.155）。正如书中之前所解释的，事后再去由内而外地观察整个事件，我们总是可以证明这世界上存在着比某些人头脑中更多的东西，只是因为是事后回看，任何人都可以证明它，然后我们就可以把这个差别称作初学者的"丧失情景意识"。我们甚至可以责怪是他或她的自满或偏见导致了这种失误。最近在我们一个高等级杂志上提出的一个模型将自满与注意偏见和丧失情景意识联系在了一起（Parasuraman 和 Manzey，2010）。如果你很自满，换言之，就是你只是把注意力集中在一些特定的事情上而不是其他事情上，那么就意味着你丧失了情景意识。词，词，词，概念，概念，概念，你的丧失情景意识是你已知的和现在所知的差别，这也是你应知但因为你的自满和疏忽而不知的。还是因为不知道而沾沾自喜或疏忽大意？约翰·费拉赫（John Flach）对这种无法消除的循环提出警告（Flach，1995）：

- 为什么操作者会丧失情景意识？
- 因为他们非常自满。
- 我们是怎么知道他们自满的？
- 因为他们丧失了情景意识。

　　我们怎样帮助被控告（含蓄或明确）丧失情景意识的从业者辩护？如果只是提供我们现有发行的文献，那是很困难的。考虑最近一篇关于介绍麻木的情景意识的特殊模型文章的第一句话（Schulz 等，2013，P.729）：医务人员准确的情景意识对治疗病人过程中的良好表现是不可或缺的。试想一下，下面这段交流也许可以揭示出医疗责任、医疗赔偿甚至是不久前公布的刑事过失案件：

一段可能出现在交叉检查中的对话

问：医生，您不同意准确的情景意识对像您这样的医务人员在治疗病人过程中的良好表现是不可或缺的？这可是你们专业一流刊物中提出来的。看，就在这（律师展示着内容，被告阅读展示的内容）。

答：呃，这我得同意。

问：医生，在这起你护理下的病人死亡的案件中，你能说说你的表现吗？表现良好吗？

答：呃，我们都不希望出现这样的结果。

问：你是否曾意识到18年前，这名患者在其他州居住时就出现过这个特殊药物X与药物Y和Z混用时出问题的情况？

答：没有，那时我没有注意到这个问题。

问：但是准确的情景意识对医者治疗病人期间提供良好表现是不可或缺的一部分，这你是同意的？

答：……（沉默）

没有其他问题了。

后视偏差正在通过很多途径在人的因素理念中变得根深蒂固。其中一种方法就是我们的词汇。我们相信，"丧失情景意识"或"情景意识缺失"已经变成一种对人们不能准确知道他们的处境或者周围情况的合理描述。在很多应用和科学情境下，"丧失情景意识"被用来解释为什么人们在不该死亡的时候结束了生命，或者为什么他们做了在事后看来不该做的事情，这是可以接受的。交通运输中的航行事件和事故是一类案件，这类案件中依靠情景意识来阐明构想是很有诱惑力的。如果人们是意外死亡，或者他们是非主观意愿下的死亡，

就很容易在他们周围找到情景意识缺失的线索和迹象。很容易归咎为"丧失情景意识"。莫里（Moray）和稻熊（Inagaki）曾在 2000 年警示过：

> 这一点引发了对"情景意识"问题的思考。……还不明确。操作者需要去了解什么样的情况？在绝大多数的实验或领域研究中，这是很难被定义或明确的。当然，由于显而易见的原因，调查者似乎是想让操作者了解"环境中一切会意外发生变化的重要情况"。当然，这句话不是用于研究中的措辞。尽管如此，能够明确的是，它存在于调查者的内心深处。飞行员需要敏锐的情景意识，因为如果发生不正常情况，他或她必须能够发现，并且合理应对。尽管如此，逻辑上来讲，还是有无数的事件可能会发生。因此，操作者被期望意识到这些变量的状态，如果它们改变，则代表重要事件。但是，那些变量是什么？如果没有明确操作者必须监控的事件集，他或她如何能够设计出最优或共有的监控策略？仅仅要求"情景意识"在逻辑上来讲也是非常不合理的。因为没有明确操作者需要了解的事件集，那么期望他们监控一个未定义集合的元素是不合理的。而同时，如果定义了集合，通常也可能危险事件不是集合中的元素，这种情况下，操作者也不会去监控它（Moray和Inagaki，2000，P.360）。

情景意识的二元论

关于情景意识的文献在不同部分中常出现的各种符号，提示我们一旦在其新外表下发现"人的差错"就要立即停止调查并进行更深入的研究。以维恩图（图 4.1）为例，帮我们找出实际情景意识与理想情景意识的错位。

一旦我们发现人们现在了解的情况（大圈）和事发时人们显然了解的情况（小圈）不匹配时，这种不搭本身就足以解释了。他们不知道，但他们可以或应该知道。顺便说一下，这不仅仅适用于回顾，甚至审计问题也可以通过这些符号来澄清，而且也可以以此对表现做出评价。当目标是"设计情景意识"时，维恩图可以表示人们在给定设置中应该挑取的东西，而不是实际上他们可能选取的东西。在这两种情况下，意识是人们可以在外部世界客观获取的与人们实际获取和理解的二者之间的关系。诸如"情景意识缺失"或者"丧失情景意识"证实了人的因素对一种意识减法模型的依赖。这里使用方程式（4.1）来表述维恩图的概念。

$$丧失SA = f（大圈 - 小圈）\qquad（4.1）$$

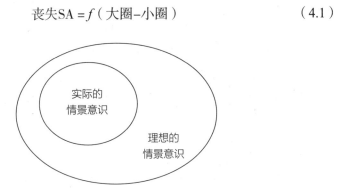

图 4.1 情景意识的共同规范表征。大圈描绘了理想的情景意识（或潜在的情景意识），而小圈代表实际的情景意识。

在这个等式中，"丧失SA"等于"情景意识缺失"，SA代表情景意识。这也揭示了我们对人类行为理解的持续标准化倾向，标准化理论的目的是解释参照理想的或规范的标准来描述最佳策略的心理过程。大的维恩圈是规范、标准、理想化的情况。以这种理想的情况为基础来解释情景意识：实际的情景意识是理想情况的一个子集，一种不足，一种缺失。实际上，是一种"损失"。这就使式（4.1）变为：

$$丧失SA = f（我现在所知道的 - 你当时所知道的）\qquad（4.2）$$

丧失情景意识，换句话说就是我现在了解的情景（尤其是事后诸葛亮所说的）和其他人明显对当时情况的了解之间的差别。而有趣的是，情景意识本身并不是什么。它只能被表达为一个相对的、规范的功能。例如，人们当时所知的与当时他们能够或应该知道的（或者现在我们所知道的）之间的区别。这在某种程度上可以解释为什么很少有研究者除了详细说明维恩图中大圆与小圆之间的差别，以及揭示看不到而又可以或应该看到或理解的元素，敢于超越"丧失情景意识"，只有很少的研究者这样做。围绕情景意识的论述与研究，目前为止针对注意力动态的实际过程阐述，依然是语焉不详。相反，情景意识给我们提供了一个新的规范词典，它为复杂的数据（他们怎么会没有注意到？对，他们丧失了情景意识）提供了大量全面的解释。情景意识在增加知识基础的托词下，将后视偏差的扩散合法化。但这里没有任何东西能帮助我们理解复杂、动态情况下的"意识"。它也肯定不会帮助我们从身在情景中人们的角度去理解情景——毕竟，我们已经对情景中哪些是重要的，哪些是不重要的有了自己的主意。然后我们就会责怪涉事人当时看不到现在在我们看来显而易见的东西。

情景意识的构建既描述了二元本体论也使其具体化。本体论是哲学中的一个分支，研究存在本质与世界本质。二元论，像早前书中解释的，将事件中的现实分为 2 个独立的部分——思想和物质。在二元本体论中，存在一个世界和一种思想，而思想是这个世界的一面镜子（有缺陷的）。这也被称为"对应的知识观"。在头脑中，知识被理解为一种对应关系、一种映射、一种明喻，反映出外面的世界是什么样的。因此，如果可以鼓励人们不那么自满或有偏见，请尝试更努力地这么做，那么他们心中的镜子（镜子中的映射）就会更完美。它可以更贴近世界，成为更好的映射。我们也可以从另一个方向来解释这一点。从事后看来，人们对外部世界的精神映射是不完美的（丧失情景意识），我们知道这一点，因为他们的行为结果是坏的。从事后看来，我们可以很容易地指出他们脑海中所遗漏的几个关键元素。我们或其他人就由于这样的遗漏（不完美）责怪当事人缺乏动机。

这使得情景意识不仅仅作为人类操作者头脑中的一个临时概念构建（Flach，1995）。情景意识，在这样的情况下，就代表了一种谨慎义务，即对患者或乘客负责的从业者的道义承诺，其行为影响他人的生活。当其他人证明失去了这样的情景意识（这是非常容易的），那就代表了不履行义务的违约，代表对患者、乘客、同事、旁系者都违背了委托的责任，代表了一个可能被提起诉讼的犯罪。这使我们的构想进入超越安全的世界，如许多大学生在实验室里的课题中看似客观的操作。在这样的世界中，我们的语言获得了代表性的力量，超越了我们本来想要的无危险的实用主义；在这样的世界中，通过我们所假设的情况，操作者被置于危险之中；在这样的世界中，我们的语言很重要；在这样的世界中，我们的语言会导致结果。我们的语言、构想帮助其他人在头脑中呈现这样的世界——记者、调查员、检察官、法官、政客、陪审团、验尸官。编造故事的人们，打官司会赢；可以满足检察官雄心壮志的人们，可以收获保险金；拥有昂贵设计的人们进行申请，会有制造商来拒绝。

不让情景意识丢失的“无数良机”

　　曾发生过这样一起事故，1995 年夏天，一艘名为“皇家马德里号”的游轮正由百慕大群岛驶向波士顿，船上有超过 1 000 人。这艘游轮在马萨诸塞州海滨附近的沙滩靠岸了，而没有到达波士顿。没有船员注意到，航程里有一天半的时间，这艘船偏离航道航行了 17 海里（见图 4.2）。

　　调查者后来发现，这艘船的自动驾驶系统从起航不久就默认设置为航位推测模式（本应为导航模式），推测模式不会像导航模式那样能抵消风和漂流（海浪、洋流）的影响。东北风使船偏离航道向着一侧平稳地前进。美国国家交通运输安全委员会对此事的调查判定为：“忽略了重复出现的提示，船员们没有意识到其实有很多机会可以发现这艘船偏离了航道。”（美国国家交通运输安全委员会，1995，P.34）但这种发现真实情况本质的“无数的机会”只有在事后才会变得清晰。事后，一旦我们知道了结果，就很容易找到那些当时呈现在当事人面前的线索和提示。只要他们当时关注到这些数据，或对那些提示信息少点信心，或者只是对这种反常信息分配更多一点精力，他们都会发现船正开往错误的方向。从这个意义上来说，情景意识对我们来说是一个高级功能或是一个适应性的术语，来努力应对很多航行事故。情景意识是一种帮助我们组织当时人们可用证据的符号，可以为理解为什么这些证据没有被正常看待，或干脆就没被当事人看到提供一个起点。不幸的是，我们几乎从不强迫自己去理解。"丧失情景意识"被认为是太快、太常见的充分解释，而且在这种案件中，只不过是在华丽的标签下说明"人的错误"的问题。

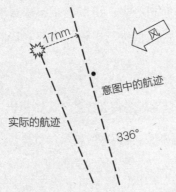

图4.2 船员以为他们在驶向的方向（波士顿）和他们实际搁浅的地方（楠塔基特岛附近的沙滩上）。

意识之河

心理学家威廉·詹姆斯（William James）曾用一个暗喻来说明我们缺乏这样的理解。它适用于情景意识，就像适用于他所处时代的心理学一样：

我们必须正视一个事实：传统心理学所描绘的明确心理形象，实际上仅构成了我们丰富内心世界的冰山一角。传统心理学有时如同一个只识得河流乃由一桶桶、一勺勺、一夸脱（1 夸脱=0.946 升）一夸脱的水构成的观察者，忽略了河流本身那奔腾不息、自由流淌的本质。即便这些水桶和水壶真的齐聚在河流之中，它们之间仍有那无法被量化的"自由之水"在不断涌动。而这正是心理学家们在探讨意识时常常忽视的关键——"自由之水"。

在我们内心的每个清晰形象背后，都蕴藏着一片广阔的"自由之水"。这些形象被这片水域深深浸透，与之紧密相连。这片水域不仅承载着我们对于事物之间错综复杂关系的感知，还回响着过往记忆的余音，以及指向未来的朦胧憧憬。形象的意义和价值，并不仅仅在于其本身，更在于这片环绕着它、与其融为一体的光环。这片光环已然成为形象的精髓所在，与其共为一体，难分彼此。尽管离开了这片光环，形象本身依旧存在，但它已经因为这片"自由之水"的滋养而获得了全新的理解和诠释（James 1890, P. 255）。

威廉·詹姆斯的隐喻所捕捉到的经验、意识的动态，仍是一个重要的认识论问题，詹姆斯的满勺隐喻就是在当今流行的情景意识测量技术中的短时记忆快照。这些可以让研究者们毅然地忽视意识和知觉的背景。詹姆斯试图传达意识和知觉的河流是复杂的、主动的、可适应的、自我有机组织的。观察者和被观察事物之间的距离在他的隐喻中没有什么意义：空间和时间是经验的内在属性。它们不是情景中等待被思想意识到的"一个地方"。头脑根本不是一个观察者，而是一个知觉循环的中心参与者和创造者（Neisser，1976）。对环境的感知不断地来自期望和行动的循环，来自它提出的问题。情景和意识之间动态的交流和对话是唯一的相关事实（Flach等，2008）。

物质与思想

关于情景意识的论述是哲学和心理学的一个古老争论在现代的分期连载，也是物质与思想之间关系的论述。当然最棘手的问题之一是物质与思想的耦合，已经让思想家们思考了几个世纪。我们是如何从外界获取数据的？这种情况发生的过程是什么？这些过程的产物怎么会如此离散（我看到你以外的其他东西或昨天看到的以外的东西）？所有的心理学理论，包括情景意识，隐含或明确地选择了一个和精神—物质问题有关的位置。

事实上，所有情景意识的理论都依赖于对应的概念——外部世界刺激（元素）和内心世界表征（赋予这些刺激意义）之间的匹配或关联。换句话说，物质与思想的关系就是让思想创造一面镜子，一种心理明喻，一种外在物质。这允许进一步阐述维恩图符号：代替理想与实际的情景意识，图中圆形的标识可以读为"物质"（大圈）与"思想"（小圈）。情景意识是物质世界（物质）观察者看到或理解的东西（思想）之间的差异。式（4.1）可以再次被重写为：

$$\text{丧失SA} = f\,(\text{物质}-\text{思想}) \tag{4.3}$$

式（4.3）描述了丧失情景意识或者情景意识缺失是物质世界中可减去的思想里任何东西的函数。而其中没有映射到思想中的部分就是"缺失"。这就是意识的缺失。

实况和透视客观性

这样的想法是非常规范的。规范主义是前提，即可以产生一个实践者经验的"真实"和"客观"特点。例如，帕拉苏拉明（Parasuraman）和同事们对情景意识有这样的看法："有一个真理，其准确性可以被评估（例如，世界的客观状态或预测事件的客观展开）"（Parasuraman等，2008）。这一想法，在很多情景意识工作中都是常见的，说的是操作员对于世界的理解可以与（客观地说，或多或少的缺乏）这个世界的客观可用形态形成对比。基于世界是客观可用的和可理解的这样的信念，那么存在着透视客观性这样的东西。它要求研究者能够从任意地方（Nagel，1992）获得一个无涉价值、无背景、无立场的真实观点（真相）。以此作为出发点，研究者们也许也不太清楚人们为什么那么做，以及人们为什么认为当时那么做是对的，因为当时人们所看到的与决定的或预期的真相相关的信息就是错误的。这个立场位置也可能是有问题的，因为它假定在达成目标任务的过程中提供行动导向的充分计算。这种能力只能由无所不知的、规范的仲裁者提出，他们完全并准确地知道所有与背景相关的价值和相互依赖性（Smith和Hancock，1995）。这种旁观者不仅要有接触到实践者思想活动的特权，而且对一个事件的进展有完全可靠的观点（也被称为"大图"）。这样的旁观者（如情景意识的研究者）含蓄地宣称他们的世界观是"正确的"或是"真理"，而且他们不赋予主体观点。

这种思维也是纯粹笛卡尔式的，它将思想与物质分开，就好像它们是不同的实体一样：一个是精神实体，另一个是物质实体。两者都是存在于宇宙中独立的本质，一个作为另一个的回声或模仿。这种二元论和规范主义的一个问题当然在于他所做出的假设。一个重要的假设是费耶阿本德所称的"自治原则"：事实存在于某个客观世界中，对所有观察者都同样可接触。这个自治原则是研究人员能够在维恩图的大圈中绘制的基础，它包括对物质的可获得性以及独立性，而不受任何观察者影响，观察者对这种物质的认知以内在明喻的形式呈现。这个假设受到激进经验主义者的严重争议。物质是不是"外在的"，独立于观察者（的意识）之外，以一种任何人都可以意识到的形式存在？

若情景意识丧失，用什么来替代？

如果丧失情景意识，用什么来替代？今天没有任何认知理论能够很容易地解释心理空虚，以及头脑空虚。而人们通常对周围的情况有所了解，即使在事后来看，这种理解也可能偏离了一些"真实的事实"。这并不意味着这种偏离与解释当时人们的行为有任何联系。因为人们在一定的背景下工作，这很少造成偏离。行为是由欲望所驱动的，来构建看似合理关联的账户，这是个正在发生的"好故事"。韦克（1995）提醒我们这样的"意会"是不准确的，而是在某种客观、外部世界和那个世界内在表征之间实现精确地映射。对人们来说，重要的不是对外部情况产生精确的内在化的比喻，而是用一种支持行动和实现目标的方式来解释他们的感官体验。这就改变了理解情景意识的挑战。研究一个外部和内部世界的映射精确度，它需要调查人们为什么认为他们在正确的地方，或对周围的情况有着正确的评估，是什么原因造成的。一个局内人表述形势的充分性或准确性是不用被质疑的，这是他或她所关注的，也是在那种情况下使他采取下一步行动的推动因素。内在的、主观的世界是唯一存在的。如果有外在的客观的现实，激进的经验主义者就会说我们是无法知道的。

在机场迷航

现在来看一个简单的案例，来看看这些是怎么发生的。跑道侵入（飞机在未经许可的情况下滑上跑道）是当今交通运输案例中的极端类型。跑道侵入在世界范围内被看作越来越严重的安全问题，尤其是在那些大型的管制机场（由空中交通管制组织和指挥交通活动的机场）。每年会发生数以百计的跑道侵入事件，其中一些导致伤亡事故。除了未经许可上跑道，航空器在机场与其他东西相撞的风险也相当大。机场内相当拥挤，并且汽车、摆渡车、拖板、人、卡车、推车、飞机活动等都是非常动态集中的，而且移动速度从几节到几百节不等（而且大雾可以覆盖机场全部范围）。在地面发生相撞的概率要比在空中大很多，而且也会更为接近。由于滑行道与机坪的布局，在机场范围内引导飞机要比在空中引导飞机难得多。

当跑道侵入发生时，可能会归咎于"丧失情景意识"。这里有一个案例，不是侵入跑道，而是侵入滑行道。这种情况比较典型，不仅因为它相对简单，而且因为它遵循了机场设计和布局的所有规章。机场在安全管理中已经实施过安全案例分析，符合所有相关的规定。即使在每个人都遵守规章的情况下，在这样一个安全的系统里也会发生事故征候。这起事故征候发生在2002年10月的斯德哥尔摩阿兰达机场（国际机场），一架波音737在26号跑道降落（另一跑道方向是08，见图4.3），管制员指挥其沿ZN和Z滑向停机位（在陆空通话中发音Zulu November and Zulu）。沿ZN滑行是由于一辆拖车正拖着飞机从另一个方向驶来。拖车和飞机允许使用ZP（Zulu Papa）然后右转上滑行道X。但737没有按照ZN滑行，让拖车司机感到恐惧的是：737沿ZP滑行，几乎在拖车正前方。尽管如此，飞行员及时发现了拖车，并设法停止滑行。

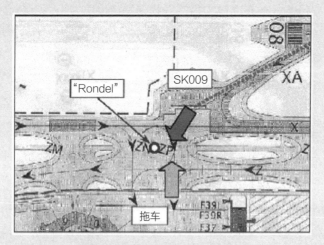

图4.3 拖车与737几乎相撞的地点

　　737着陆后脱离跑道，然后被指挥沿ZN滑行，但实际使用了滑行道ZP，几乎与拖车相撞（拖车正拖着另一架飞机穿越ZP）（飞机LN-RPL和拖车在斯德哥尔摩阿兰达机场2002年10月27日事故征候调查报告，瑞典事故调查委员会，2003）。司机需要把飞机向后推，以解决和飞机对头拥堵的问题。飞行员丧失情景意识了吗？他们的情景意识缺失了吗？机场有滑行道ZN运行的标识，而且在驾驶舱内是可以看到的，那么为什么机组在脱离跑道时没有考虑这些提示？

这样的问题总是把我们拉回到回顾性局外人的位置，从上帝的角度看待事情的发展。由此，我们可以看出，人们实际所处的位置和他们认为自己所处的位置之间的差别。我们由此也可以很容易地画出维恩图的大小圈，指出人们的问题意识的缺点或不足。但这些并没有解释什么。物质与思想问题的神秘性不会因为我们说别人没有看到他们当时应该看到的，也是我们现在所知的东西而消失。面临的挑战是试图理解为什么737机组认为他们是正确的，他们正在执行管制员的指令：沿滑行道ZN滑向Z。一个反二元论立场的任务是通过主角的眼睛来看待世界，因为没有其他有效的视角了。事实上，导航事件带来的挑战不是去指出人们不在他们所以为的地方，而是要解释为什么他们觉得自己当时是正确的。

第一个线索可以在一名737机组人员的回答中找到，当时他们被塔台提醒沿ZN滑行（此时他们停住了，正面向拖车）。"是的，航图上的这个位置是有些奇怪。"一名飞行员说（SHK，2003，P.8，瑞典语翻译）。如果存在偏差，那不是现实世界和飞行员对现实世界认识的模型之间的偏差，相反，是驾驶舱的航图和实际机场布局之间的偏差。如图4.3所示，滑行道Z和X之间设计有一个环道土质区。ZN和ZP只是X和Z之间绕着环道土质区的连接线，然而，如图4.4所示，驾驶舱中的航图上却没有这个"环道土质区"。

就此，也没有违反任何规定。由于新航站楼的修建，机场设计近期发生过变化（包括增加了这个小环道土质区）。各种航图的更新是需要周期的，而这个公司出问题的机组就恰恰还没有拿到新航图。依旧是这个问题，为什么737机组停在了那个区域错误的一端（ZP而不是ZN），他们的航图上是否标出了那个环道土质区？图 4.5 包含了更多的线索。它显示了从一辆汽车的高度（低于 737 驾驶舱，但与 26 号脱离的飞机在同一个方向）看到的环道土质区情况，当事机组本应该从环道土质区朝右边滑行，但是最终靠左边滑行。当时被雪覆盖，这使得与其他分离 Z 和 X 滑行道的环道土质区（真正的）无法区分——那些环道土质区是由草组成的，而这个环道土质区，有大约 20 米的直径，这与滑行道的铺筑面相同。

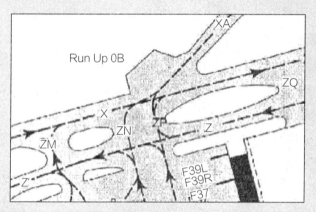

图 4.4 当时波音 737 驾驶舱内可用的航图（飞机 LN-RPL 和拖车在斯德哥尔摩阿兰达机场 2002 年 10 月 27 日事故征候调查报告，瑞典事故调查委员会，2003）

图 4.5 为脱离 26 号跑道时所看到的环道土质区，737 向其左侧绕行，而非向右（飞机 LN-RPL 和拖车在斯德哥尔摩阿兰达机场 2002 年 10 月 27 日事故征候调查报告，瑞典 事故调查委员会，2003）

换言之，根据掌握的标识和提示以及它们叠加起来看上去的指向性，机组知道他们在哪里。

引导标识也无济于事，滑行道标识是航空世界中最难懂的指示之一。它们很难被转换为应该帮助导航的合理滑行道示意图。图 4.6 将波音 737 可见的标识放大。标识中左边是位置部分（表明这是哪条滑行道），右边是方向部分，滑行道 ZN 通往 Z，它恰巧在通过 ZN 的直角上运行。这些标识都被放置在所示滑行道的左侧。换言之，ZN 滑行道在标识的右侧，而不在左侧。但是将这个标识放入图 4.5 中，情况就变得更为模糊了。现在知道黑色的 ZN 部分是在环道土质区的左侧而非右侧。但 ZN 标识是环道土质区右侧道面的一部分（机组是无法看这么清楚的，对于机组来说，他们拿到航图，环道土质区就在 ZN 的右侧）。

为什么不将黑色 ZN 与黄色 Z 部分交换？现行的滑行道标识规则是不允许的（规则确实会扼杀创新和安全投入），而且也不是所有的机场都遵守这一点。如果放在左侧的空间不够或标识被遮挡时，也会有例外。更糟糕的是，规章规定，指向跑道的滑行道标识必须放置在滑行道的两侧。那样的话，黑色部分往往实际上和滑行道很近，但也并没有移除它，如图 4.5 所示。在这种模糊的背景下，很少有飞行员知道或想起滑行道标识应该在所属滑行道的左侧。实际上，在飞行员的训练中，很少有时间让飞行员学习在机场的航行活动。这是一个外围的活动，是小到不起眼的缺乏想象力的工作，仅仅可以描绘出一个实际的工作过程：从 A 飞到 B。脱离跑道，沿 Z 滑行道滑向停机位，机组"知道"他们的位置。他们的指示信息（驾驶舱航图，积雪覆盖的环道土质区，滑行道标识）编织成一个看似合理的故事：指定滑行路线是 ZN，可以滑向环道的左侧，也是即将要使用的路线，直到他们偶然遇到一辆拖车。但这种情况下没有人"丧失情景意识"。飞行员没有"丧失"任何东西。结合当时他们所看到的所有标识与指示，他们有着自己看似正确的道理。即便飞行员对自己当时所处情境的认识与外界观察者事后对这种情境的回顾与复盘之间存在偏差，也不影响我们对飞行员当时是如何掌控他们所处情境的客观理解。

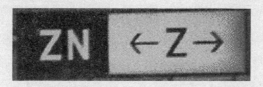

图 4.6 飞机从 26 号跑道脱离时，环道土质区的标识是可以看到的（飞机LN-RPL和拖车在斯德哥尔摩阿兰达机场 2002 年 10 月 27 日事故征候调查报告，瑞典事故调查委员会，2003）

将情景意识视为某种外在世界与内在表征之间对应性的衡量标准，带有很多解决不了的问题，这些问题总是与这样的二元论立场联系在一起。通过区分这两者而将思想—物质问题拿出来看，就意味着理论需要再次把它们联系在一起。情景意识理论通常依赖于心理学思想中两个学派的结合来重构这一纽带，而且形成这一桥梁。一种是经验主义，即一种心理学中的传统学派，它主张知识是以经验为基础的（如果并不是不平常的）。另一种是认知心理学方面的信息处理学派，在人的因素领域仍广受欢迎。然而，这些思想体系中没有一个能特别成功地解决关于情景意识的难题，事实上，在某些方面有可能是有误导的。我们来依次看这两个问题，一旦完成了，本章将简要地深入思想—物质问题的对立立场：一个反二元论者（与情景意识有关）。这一立场将在本章的其余部分进一步展开，以"皇家马德里号"案例为例。

经验主义与元素感知

大多数情景意识理论实际上是物质进入思维，从而进入想象的过程。然而，一个共同的特征，似乎是对环境中"元素"的感知。元素是知觉和意义产生的起点。在这些元素的基础上，我们通过不同阶段的知觉与意识处理类似的元素刺激信息，由此逐步建立对情景的理解（情景意识的不同水平）。情景意识理论借用经验主义（特别是英式经验主义），它假设我们感知世界的有序特质和意义，视同经过一个称之为关联的过程与先前经验共同作用来实现。换句话说，我们经历的世界是不连贯的（由元素组成），除非通过早期的联想与引入的印象联系起来。思想与物质的对应是通过将传入印象与早期联想联系起来而完成的。

经验主义的纯粹形式无非是在说知识的主要来源是经验。也就是说我们是不了解这个世界的，除非我们通过感觉器官去接触它。在公元前 5 世纪的希腊哲学家中，经验主义被公认为认识论的指南，是理解知识起源的一种方式。然而，问题出现了：所有的精神生活是否可以归结为感觉。在把知觉印象转变为有意义的感知时，大脑有没有发挥作用？约翰尼斯·开普勒（Johannes Kepler，1571—1630）尽管把自己发现的含义留给其他理论家，但他对感知的研究表明，头脑有着重要的作用。他研究人的眼球，发现它实际上在后部视网膜上投射了倒像。笛卡尔自己解剖公牛的眼睛，看看它会产生什么样的形象，结果看到了同样的东西。如果眼睛颠倒了世界，我们怎么样才能看到正确的道路？除了诉诸心理加工，别无选择。倒置的不仅仅是平面图像，也是整个二维图像，而且它被投射到两只眼睛的后部，而不是一只眼睛。在一个连贯的、直接的知觉中，所有这些都是如何调和的呢？实验增加了没有创造性的见解，没有意义的刺激钻进我们的感觉器官，去进行一些正式的心理加工。进一步认识到"元素"是来自 19 世纪在人类眼睛中发现的感光体。这种镶嵌的视网膜受体似乎把眼球中的任何视觉知觉都聚焦起来。所产生的碎片式的神经信号必须被发送到大脑中的感知通路，以便进一步处理和恢复场景。

英国经验主义者如约翰·洛克（John Locke，1632—1704）和乔治·巴克莱（George Berkeley，1685—1753）虽然对 19 世纪的发现一无所知，却面临着希腊先驱们所经历的同样的认识论问题。只是如果不是与生俱来或推理的主要结果（当时的理性主义者所声称），经验在创造知识中有什么作用？比如说，伯克利（Berkeley）在深度知觉的问题上挣扎（当涉及情景意识时，这个问题不能忽略）。我们如何知道在一个空间中，我们与周围物体的关系？对巴克莱来说，虽然是通过经验创造的，但本身并不是即时体验。相反，距离和深度是视觉数据的附加方面，我们通过视觉、听觉和触觉体验来学习。我们通过将传入的视觉数据与先前的经验联系起来，理解当前场景中的距离与深度。巴克莱将空间感知问题简化为更原始的心理体验，将距离与大小的感知分解为构成感知的元素和过程（如晶状体调节、聚焦模糊）。将这种复杂交织的心理过程转化为基本刺激的解析是个有用的策略，他鼓励了许多在他之后的人在元素方面分析其他经验，其中包括威廉·冯特（Wilhelm Wundt）[1]和当代情景意识理论家。

有趣的是，无论是所有史前经验主义者还是所有英国经验主义者都可以被称为二元论者，这可以与情景意识理论家是同一种方式。普罗塔哥拉（Protagoras）与柏拉图（Plato）同是公元前 430 年左右的人，他那时已经说过，"人是万物的尺度"。个人的感知对他自己来说是真实的，不能被其他人证明是非真实的（或低劣的或优越的）。今天的情景意识理论，强调物质和心理之间映射的准确性，可以分为"低劣的"和"优越的"（"情景意识缺失"和"良好的情景意识"），并作为客观判断等级的标准。这对英国的一些经验主义者来说也行不通。对巴克莱来说，他不同意早期内在与外在世界的特征，人们除了自己的经验，实际上无法知道什么。世界是一个似是而非但未经证实的假设。事实上，这是一个根本无法检验的假设，因为我们只了解自己的经验。像

---

[1]　德国生理学家、心理学家、哲学家，被公认为实验心理学之父。他于 1879 年在莱比锡大学创立了世界上第一个专门研究心理学的实验室，这被认为是心理学成为一门独立学科的标志。——译者注

普罗塔哥拉一样，巴克莱也不会对"优越"或"理想"的"情景意识"的可能性提出很多意见。这从逻辑上来说是不可能的。从经验到知识，没有什么是最高级的。对巴克莱来说，这意味着即使存在客观世界（维恩图中的大圈），我们也永远都不会知道。这意味着任何一个这样的客观世界的表征，目的都是了解某人的感知、某人的情景意识，这是无稽之谈。

经验、经验主义和情景意识

威廉·冯特因在 19 世纪 70 年代末在莱比锡大学创立了世界上第一个心理实验室而为人称道。他的实验研究的目的是通过将事物拆分成独立的元素来研究心理功能，然后将这些组合起来，以理解感知、想法和其他相关的东西。冯特的论点简单而有说服力，他的观点至今仍在心理学方法辩论中使用。虽然经验法在心理学上一直处于发展阶段，但它仍然存在着意识、灵魂、命运等重大问题，并且试图通过反思和理性主义来处理这些问题。冯特认为这些问题也许应该在逻辑终点时被提出，而不是在最开始的时候。心理学应该在学会走路之前先学会爬行。这就证明了元素主义方法的吸引力：把头脑和它的刺激切分成细微的部分，逐一研究，但是如何研究呢？

几百年前，笛卡尔曾主张精神和物质不是完全分离的，但也应该用不同的方法来研究。物质应该采用自然科学的方法进行研究（例如实验），而精神应该通过冥想或反省的过程来审视。事实上，冯特都做到了。他把自然科学传统和自省传统相结合，将其打造成一个新的心理实验学派，至今支配着很多人的因素研究。依靠一系列复杂的刺激，冯特研究了感觉和透视性、注意力、感觉和联想。通过使用复杂的反应时间来测量，莱比锡实验室希望他们有一天能够实现头脑计时（此后不久被认为是不可行的）。

冯特不是仅期望定量的实验结果，而是让他的受试者去反省，来反省他们在实验过程中的心路历程。冯特的反省比今天心理学家们询问受试者得出的实验报告更具进化性和要求性。自省是一种需要认真准备和专长的技能，因为获得成功的基本思维结构的标准被设定得很高。因此，冯特主要使用他的助手进行实验。由于慢慢意识到"意识"的内容在不断变化，冯特为了反省的正确应用制定了严格的规则：（1）如果可能的话，观察者必须有权决定什么时候开始这个过程；（2）他必须处于"集中注意力"的状态；（3）观察必须能够多次重复进行；（4）通过引入或消除某些刺激，并改变刺激的强度和质量，实验条件可以变化。

冯特因此将实验的严谨性和内省的控制强加于人。类似的内省严密性，虽然在某些细节和规定上有所不同，但在今天的各种情景意识研究方法中得到了有益应用。一些技术涉及"清除"或冻结显示，然后研究人员进入其中以引出参与者对场景的记忆。这就需要积极主动的自省。冯特对此很感兴趣，他可能会对实验方案有几句话要说。例如（冯特的第一条规则），如果受试者不能够决定清除或冻结的时机，这会如何影响他们的内省能力？事实上，消除显示器上的内容和发放情景意识问卷更类似于19世纪末开始与冯特竞争的维尔茨堡实验心理学学院。威兹伯格夫妇通过让受试者完成涉及思考、判断和记忆的复杂任务来进行"系统实验内省"。然后，他们会让受试者对其在最初操作过程中的经历进行回顾性报告。整个经历不得不一个时期一个时期地描述，从而把它们组织起来。与冯特实验不同的是，类似于今天的情景意识研究参与者，维尔茨堡的研究对象事先不知道他们要反思什么。

今天，一些人不同意笛卡尔的最初劝诫，并且仍然害怕自我反省的主观性。他们喜欢使用巧妙的情景，其中的结果或人的行为表现，揭示出他们所了解的情况。这被称为更自然的科学方法，不需要"反思"，而是依赖于客观的绩效指标。这种研究情景意识的方法可以被解释为新行为主义，因为它将行为研究等同于意识研究。心理状态本身不是研究的目的，而行为才是。如果需要的话，这样的表现可以隐约地出现在意识的内容里（情景意识）。但这本身并不是目的；也不能是，因为在这样的追求下，心理学（和人的因素）会沦为主观主义和笑柄，行为主义伟大的倡导者沃森（Watson）本可以自己一直朝这个方向争论。其他喜欢基于行为方法的论点包括断言反省不能测试意识内容，因为它必然被过去的情景或刺激所吸引。要求人们有所反应的情况已经消失了。因此，反省只是简单地考察了人们的记忆。事实上，如果你想研究情景意识，你怎样才能通过"消除"或"冻结"他们的世界来消除"情景"，并且仍然希望他有"相关的意识"？冯特以及当今许多情景意识的研究者，可能部分地一直在研究记忆，而不是意识的内容。

冯特曾经是，也依然是元素主义导向学派的主要代表人物之一，该学派在几世纪前由伯克利开创，并且一直延续到如今的情景意识现代理论。但是如果我们感知到"元素"，以及眼球处理的是二维的、碎片化的、倒转的、无意义的刺激，那么我们的知觉体验上的顺序是如何产生的？什么理论可以解释我们看到连贯场景、物体的能力？经验主义的相关回答是实现这种植入的一种方式，就是创造元素之间内在的联系与意义。规则是一种最终产物，它是心理或认知工作的输出。这也是信息处理过程的本质，认知心理学中的思想流派（school of thought）自第二次世界大战结束后伴随着人的因素理论诞生以来，却没有像人的因素研究那样如火如荼地发展。意义和知觉规则是表象内部交互的最终结果；表象随着心理处理结果的显现而变得越来越充实和有意义。

信息处理

在心理实验过程中，信息处理者不遵循经验主义，也没有初始阶段的激增。冯特的"反省"并没有立即促进理论的发展，以填补基本物质和思想感知之间的差距。相反，它触发了一种反主观主义的反应，这将阻碍未来几十年对思想和心理过程的研究，尤其是在北美洲。约翰·沃德森（John Watson）是一位年轻的心理学家，他在1913年将心理学引入行为主义的思想，目的是把心理学作为纯粹的自然科学客观分支来征服。那么"自省"就不符合要求了，任何涉及意识的参考和调查也都被禁止。自省方法被认为是不可靠且不科学的，心理学家不得不把注意力集中在可以独立观察和客观描述的现象上。这意味着自省必须被严密控制的实验取代，这些实验将奖赏和惩罚细致地组合起来，以便诱导生物（从老鼠到鸽子到人类的任何东西）发生比其他生物更为特殊的行为。这样的实验结果让所有的人都能看到，其实反省的过程是不需要的。

行为主义者成为 20 世纪早期培根哲学关于宇宙控制论的具体体现，反映在工业革命后期，就是对操纵技术和支配权的痴迷追求。这一点也极大地吸引了以乐观、务实、快速发展和以结果为导向等特征著称的北美人。从简单的实验场景中提取规律被认为是为了安排更复杂的场景和获得更多的实验现象，包括图像、思维和情感。因此，行为主义基本上是无意义的：得出适用于任何环境的一般规律。所有人类的表达，包括艺术和地域，被减少到只剩条件反射。行为主义把心理学变成了奇妙的牛顿：刺激和反应的时间表，机械的、可预测的、输入和输出之间的可变耦合。心理学和精神生活的唯一合理特征是符合经典物理学的牛顿理论框架，并遵循其行动和反应定律。

然后，正如第 1 章所述，第二次世界大战爆发，行为主义的泡沫破灭了。无论心理学家如何设置奖惩制度，雷达操作员对穿越海峡入侵英国的德国飞机进行的监视，仍会随着时间的推移而失去警惕。他们仍然难以区分"信号"和"噪声"，这与可能会被惩罚无关。飞行员可能对各类控制装置产生混淆，无线电操作员明显在下次发话前将信息存储在头脑中的能力非常有限。那么行为主义在哪里？它不能回答新的务实诉求。第一次认知革命就这样诞生了。认知革命重新引入了"思想"作为一个合理的研究对象。它不是用明确的回应来操控刺激的影响，而是关注"意义"，把这作为心理学的中心概念。正如布鲁纳（Bruner）（1990）回忆的那样，它的目的是发现和描述人们在遇到世界中的事物时所创造的意义，然后结合发生的过程，提出有何意义的假设。然而，那些重新将思想研究合理化的隐喻也立即开始摧毁它。第一次认知革命失败了，变得过于技术化了。

在第二次世界大战期间，无线电和计算机这两种技术加速发展，很快就俘获了那些再次研究心理过程的人们的想象力。这些都是令人印象深刻的明喻，能够机械地填补刺激和反应之间的黑匣子（行为主义一直处于关闭状态）。收音机的内部显示出过滤器、频道和有限的信息流动能力。没过多久，所有这些词语都出现在了认知心理学中。现在头脑（思想）也有了过滤器、频道和有限的容量。计算机甚至更厉害，包括工作记忆、长期记忆、各种形式的存储、输入和输出以及决策模块。这些术语在心理学词汇中也没有经历太长时间。最重要的是量化和计算心理功能的能力。例如，信息理论可以解释基本刺激（比特）如何通过处理通道流动以产生反应。不管这个刺激物是与《浮士德》有关，还是与统计表中的一个数字有关，如果处理的刺激减少了可选的替代，那么它就被认为是传递信息的。

布鲁纳认为，可计算性是认知理论的必要和充分条件。思想等同于程序。通过这些隐喻，"意义的构建"很快成为信息的"处理"。牛顿和笛卡尔根本不会放过。心理学家们希望，甚至今天有许多心理学家们依然希望，通过一系列无休止的实验室分解实验，来测试各种组件（感觉存储、记忆、决策）是如何工作的，相同组件会不会产生一些不同的东西，从而帮助我们更深刻地洞察整体是如何工作的，以及对整体工作机制的深刻见解将神奇地从对组件的研究中显现出来。

思想的机械化

信息处理是对思想与物质问题的笛卡尔–牛顿式的深刻回答。它是思想的终极机械化。它的基本思想是，人类（思想）是一种信息处理器，它从外界吸收刺激，并通过这些刺激与已存储在大脑中的事物相结合来逐渐理解这些刺激。例如，我看到了一张脸的特征，但是通过把它们联系到我长期的记忆中，我认出那是我小儿子的脸。信息处理忠实于生物心理模型，它将物质与思想的联系看作一种沿着不同的神经通路从周围流向中心的生理上可识别的神经元能量（从眼球到皮层）。典型模型的信息处理路径模仿这种流动，接受刺激然后在不同的处理阶段推动，在整个过程中增加更多的意义。一旦处理系统理解了刺激意味着什么（或刺激是什么意思），就可以产生适当的回应（通过从中心到外围的回流，由大脑到四肢），反过来又会产生更多的（新的）刺激来进行处理。

信息处理模型的牛顿派和二元论所暗示的内容对那些为笛卡尔理论担忧的人们来说是一个令人振奋的景象。多亏了它底层的生物模型，思想—物质问题是一种各层面（从光子能量到神经冲动、从化学物质释放到电刺激、从刺激到全机体层面上的反应）牛顿式的能量传递（转换以及守恒）。笛卡尔和牛顿都可以在心理功能的成分解析中被认识到（例如，记忆通常被刻画在图标记忆、短期记忆和长期记忆中）：心理加工的最终产物可以以各种元素的交互为基础，得到详尽的解释。最终，在信息处理过程中，思想论者是：通过分别研究头脑中发生的事情和外部世界发生的事情，将思维实体与广延实体分离开来。世界仅仅是一种附加物，其实是个广延实体，只用于在头脑中（在真正有趣的处理过程中）释放下一个刺激物。

信息处理模型在那些简单的实验室实验付诸实际生活的过程中发挥了良好作用。实验室对于感知、决策和反应时间的研究将刺激简化为单一的简单说明，激发一站式触发器的人类处理机制。作为一种持续频发的现象，冯特的意识理念被人为地简化、积聚，并被受试者意识到的刺激所冻结。这种非人性化的场景中出现了感知以及感知所产生的模型，这已经引起了相当大的批判。如果人们被看作给没有创意的基本刺激增加了意义，那么是因为他们在实验室任务中给予了无创意、无意义的基本刺激。这些都不涉及自然感知或人们在实际环境中感知或构建意义的过程。信息处理模型可能是真实的（尽管大多数人认为这不大可能），但仅限于在约束和朴素的实验室场景中保持认知是约束的情况下。如果人们在解释元素的过程中挣扎，那么这可能与给予他们的基本刺激有关。

格式塔

甚至是冯特在这方面也不是没有批判者。完形运动的发起在某种程度上是对冯特元素主义的回应和保护。完形学家声称我们确实感知到了有意义的整体：我们立即体验到那些困境。我们起不了什么作用，只能看到这些模式、这些整体。马克斯·韦特海默（Max Wertheimer，1880—1934），格式塔心理学的创始人之一，他说明了这一点：

> 我站在窗前，看到一所房子、树木和天空。现在，为了理论上的目的，我可以试着数一下并说出来：有亮度（和色调）上的 327 个细微差别。我看到 327 了吗？不，我看到了天空、房子、树木。[韦特海默（Wertheimer）（1923/1950），伍兹等译，2010]

韦特海默看到的完形图（房子、树、天空）是整体的主要部分（整体的元素集），它不仅仅是各部分之和。体验世界的过程有一种即时的有序。韦特海默颠覆了经验主义的主张和信息处理假设：它实际上需要花费大量的脑力劳动（计数亮度和色调的 327 个差别）来简化对最初元素的初始感觉，而不是对基本刺激心理操作的结果。我们不感知元素，我们感知意义。意义来得毫不费力，很有先见之明。相反，要看到元素是需要认知工作的。用威廉·詹姆斯的资深哈佛同事昌西·赖特（Chauncey Wright）的话来说：没有先行的混乱是需要一种内心黏合剂来防止知觉崩溃的。

意义构建

经验主义（Empiricism）认为，我们直接获得的经验本身并不直接呈现出有序性，因为经验主义不认为关系（事物之间的联系）是即时经验中的真实方面（Heft，2001）。按照经验主义者的看法，关系是大脑对信息进行处理后产生的结果。对于情景意识理论来说，的确是这样。对于他们来说，元素间的关联是精神的产物。它们被强加于不同的处理阶段。随后"不同层面的情景意识"通过那些元素与当前的"意义"和未来的预测联系起来，从而加入关联中。物质和思想的问题根本不由经验主义者的回答来解决。但也许工程师和设计师以及许多实验心理学家，都乐于听到"元素"（或亮度和色调的 327 个细微差别）。在测试原型和受试者实验测试中也可以如此操纵，冯特本也可以做同样的事情。与 100 年前冯特的观点不同的是，乌利齐·奈瑟尔（Ulrich Neisser）在 1976 年曾给出过警示：心理学对于意识的重大问题还没有准备好。奈瑟尔担心认知模型会把意识视为信息加工过程中一个特定的加工阶段。他的担心在 20 世纪 70 年代中期是合乎情理的，因为许多心理学模型都是这样做的。现在他们再次这样做了。意识或觉察，等同于沿着一个内在途径（不同等级的情景意识）的处理过程。就像奈瑟尔所指出的，这在心理学中是一个古老的想法。今天流行的情景意识的三个等级是由弗洛伊德预测的，他甚至在《梦的解析》一书中提供了流程图和模块，将无意识（一级）到潜意识（二级）的运动映射到意识（三级）。奈瑟尔说，寻找一个家、一个地方、一个意识结构的盛行是不可抗拒的，因为它允许心理学将最难以捉摸的目标（意识）牢牢记录在流程图的一个模块中，尽管这需要付出沉重的代价。随着精神现象的解构和机制化，产生了他们的非人性化。

第二次认知革命

信息处理理论已经在很大程度上失去了吸引力和可信性。安全和人的因素的研究者们认识到，他们可能因为忽视人性和意义构建而破坏了后行为主义认知革命的精神。经验主义（或英国经验主义）作为心理学理论的开端，在另一个学派中悄然进入历史。但在目前对情景意识的理解中，两者明显形成了合理的分支。类似于经验主义和信息处理的概念在新的伪装下被重新发现，他们重新引入了相同的基本问题，同时也留下了一些实在难以解决的问题。刺激的本质问题就是其中的一个，与之相关的是产生意义的问题。思想是如何"刺激"这些刺激的？思想是从外围流向中心的加工路径的最终产物吗？这些都是心理学史上的重大问题，都与思想和物质问题有关，至今仍未得到根本解决。也许它们在本质上就是无法解决的，在二元论传统中，心理学是从笛卡尔和牛顿那里继承下来的。

人的因素中的一些发展越来越远离实验心理学的主宰。分布式认知的概念已经更新了环境的状态，持续参与着认知过程，缩小着思想物和广袤物的距离。事实上，其他人、工件甚至身体的部位都是思想物的一部分。如果儿童还没有学会依靠他的手会发生什么，或者一个足球运动员"用脚来思考"会是什么样的情况？伴随着对认知工作分析和认知系统工程的兴趣，把这样的关联认知系统看作分析的单位，而不是组成人或机器的组件。定性方法，如人种学对于理解分布式认知系统正变得越来越合理和关键。这些运动触发和体现了现在被称为"第二次认知革命"的事物，重新找回和恢复了生命力。人们是如何创造意义的？为了回答这样最初始的问题，越来越多的人认为，把人的因素网编织得比实验心理学更广泛是非常必要和合理的。其他形式的社会调查可以更清楚地揭示我们是如何在实际、动态的环境中作为一个目标驱动的生物，而不是在无菌实验室中被简单印象刺激的被动接受者。

这些思想家所关注的，与功能主义方法重叠，形成了另一种反对冯特元素主义的心理学，也同样对于信息处理学派中的思想机制提出了反对声音。1个世纪以前，功能主义者（威廉·詹姆斯是最主要的倡导者之一）指出了人们是如何整合的，是作为有机体参与目标导向活动，而不是被限制在实验室头枕中的被动信息处理器，被实验装置一次又一次的刺激撞击而推来推去。心理功能是有适应性的，通过递增地调配和调节其组成部分或行为而在所有维度上产生更多益处，帮助生物体生存和调节。这种生态思维现在甚至开始渗透到安全工作的方法中。到目前为止，这也被机械的结构模型所支配。然而，詹姆斯不仅仅是一个功能主义者，还是有史以来最全面的心理学家之一。他对激进经验主义的观点是获得关于情景意识和感觉加工的新颖思维的伟大方式，只有当生态心理学在人的因素中的作用日益引起人们的兴趣时才适用。

激进经验主义

抛弃二元对立

激进经验主义是规避基于二元传统的心理学无法克服的问题的一种方式，

威廉·詹姆斯在 20 世纪初将其引入。激进经验主义驳斥了独立的精神世界和物质世界的概念，它反对二元论。詹姆斯坚持经验主义哲学，认为我们的知识主要来自我们的发现和经验。但是赫夫特（2001）指出，詹姆斯的哲学是激进经验主义。根据詹姆斯所说，经历的不是那些元素，而是那些有意义的关联。经验的关联是由知觉构成的。这样的立场可以解释经验的有序性，因为它不依赖于后续的或事后的心理加工。秩序是生态和世界的一个方面，我们体验它，并在其中行动。世界作为一个有序的、结构化的宇宙，是经验积累而成的，而不是通过脑力劳动构建的。詹姆斯通过认知者和已知的事物在认知的瞬间相互契合来处理物质与精神的问题（但认知本身是一个连续的、不被打扰的过程，而不是一瞬间）。本体论（我们在世界中的存在）以在认知者和已知事物之间不间断的处理为特征。秩序不是强加在经验之上的，而是它本身的经历。

这种办法的各种变化，通常表现出一种意识心理学史上流行的抵制手段，而不是将意识控制在大脑的一个模块中，它被看作活动的一个方面。韦克（1995）使用"行动化（enactment）"这一术语来揭示人们怎样塑造他们所面临的环境，并意识到它。人类的行为本身可以不断地创造环境，同时意识到、注意到周围环境的变化，往往接着就采取行动。很多人都认识到了认知和意义构建的循环性的、连续性的本质（如奈瑟尔，1976），并挑战着基于信息处理心理学的通用解释，即刺激在意义构建和（也只是在那时）行动之前，环境状态的冻结"快照"被认为是人类处理系统的合理输入。相反，刺激只是部分触发了个体的行为，因为刺激本身就来源于个体的行为。

这使韦克（1995）批评道：理解过程根本就没有开始过，人们通常只是在事物的中间部分。虽然我们可以回顾自己的经验，包括离散的"事件"；得到这种印象的唯一方式是跳出经验流，从局外人或立场的角度，或从具有反省意识的局外人的角度来关注这样的经验。唯一的可能是，真正地关注已经存在的（已经过去的）。"无论现在是什么，在当时的时刻，正在进行的一切都将决定任何刚刚发生事情的意义。"（Weick，1995，P.27）情景意识在某种程度上是关于构建一个结果过程的似是而非的故事，而即时历史的重构也可能在这方面起着主导作用。事实上，只有很少的情景意识理论承认这一作用，而不是将它们的分析从元素和意义的未来投射引导到意义的创造。

激进经验主义不把刺激作为其出发点，就如同不把信息处理作为一个起点，也不需要一个事后检验过程（心理的、表征的）在感官印象上施加秩序。我们通过所采取的行为和感知之间不断的以目标为导向的交互，已经体验到秩序和关联。事实上，我们在感知过程中所经历的不是"头脑中"某种认知的最终产物。奈瑟尔也在 1976 年提醒了我们这个长期存在的问题：我们看到的自己的视网膜成像是真的吗？这中间需要连接起来的理论之间距离太大。如果我们看到的是视网膜图像，那又是谁在看？同伦解释是不可避免的（并且通常仍在信息处理中）。对于人造的生命体①（homonculus）同源解释是不可避免的（在信息处理中经常如此），人类没有解决意识的问题，只是重新定位了它。不能把意识解释为我们大脑中的一个小人儿在看着我们所看到的。正解应该是：我们自己所感知到的这个世界和对世界的解构。正如艾德温·霍尔特（Edwin Holt）所说，意识，无论何时在空间中都是局部化的，并不是局限在头脑中，而是在它确切的位置上（Holt，2001，P.59）。詹姆斯和他身后的整个生态学派都预料到了这一点。按照他的观点，被感知到的东西是已经存在的，并不是一个复制品，也不是某个东西的明喻。感知者和知觉者之间没有中介，感知是直接的。这一立场构成了心理学和人的因素生态学方法的基础。

如果物质和思想之间没有距离，那么就没有需要弥合的间隙，在基础刺激的头脑中不需要重建过程。具有"实际的情景意识"和"理想的情景意识"的维恩图也是多余的。激进经验主义允许人的因素更接近人类学家描述和捕捉的内部的理想。如果没有思想与物质的分离，就没有"实际的情景意识"与"理想的情景意识"之间的间隔；那么在使用外判标准的情况下，也不存在陷入其中的风险；标准是从外部设置所引入的（由后视偏差或其他全知全能的方式得

---

① 或者说是"人造人"，欧洲炼金术的一种，经过许多炼金术工作完成的生命，外表和人类儿童基本一样，但是身体比人类要小很多，自降生起就具备了各种各样的知识。——译者注

到信息，获知内部观察者所知与研究者所知之间所存在的变量增量或差距）。对于激进的经验主义者来说，维恩图中没有两个圆，而是不同的理性、对场景不同的理解，没有对错，也不一定是好是坏，但它们都直接与利益、期望、知识以及观察者各自的目标联系在一起。

偏离航道：重新审视"丧失情景意识"的案例

让我们回到"皇家马德里号"吧，在这种情况下，传统的关于物质和思想世界之间缺乏联系的想法得到了提升。整组船员在偏离航道 17 海里的情况下航行了一天半的时间，这怎么可能发生呢？如前所述，事后很容易看出人们在哪里，而不是他们认为他们在哪里。事后看来，很容易指出这些人应该选择的线索与提示，以便更新或纠正甚至形成对周围环境的理解。后视偏差有一种揭示人们错过的那些"元素"的方式和放大或夸大它们重要性的方式。关键问题不是为什么人们看不到我们现在所知的重要性，而是他们如何理解当时的处境。当时的船员应该看到什么？他们如何能根据经验构建一个连贯而可信的故事呢？什么样的过程使他们确信当时的立场是正确的？我们不用怀疑局内视角的准确性。对情景意识的研究已经足够了。相反，让我们试一试，为什么当时的局内视角对当时的人来说是合理的，事实上，这是唯一可能的视角。

从百慕大出发

"皇家马德里号"于 1995 年 6 月 9 日中午 12 点从百慕大启程前往波士顿。能见度好，微风，海面平静。起航前，领航员检查航行和通信设备。他认为当时是"最佳航行条件"。出发大约半小时后，港口领航员下了船，船驶向波士顿。就在大约 13:00 之前，位于飞桥（船桥顶部）的GPS（全球定位系统）天线到接收器的信号被切断，导致接收器无法接收到卫星信号。

事后检查表明，天线电缆与天线连接分离。当它失去卫星接收时，GPS立即默认为推测航迹模式。它发出一个简短的听觉警报，在它的微型显示器上显示了两个代码：DR和SOL（DR表明该位置是估计或推断值，因此是一种盲测。SOL意为无法计算出卫星位置）。这些警报和代码没有被注意到。在其余的航程中，自动驾驶仪都会停留在推测航迹模式。

为什么在GPS中初始位置就有推测航迹模式？为什么默认的模式既不显著也不以更醒目的方式显示在舰桥里？这个特定的GPS接收机被制造出来时（20世纪80年代），GPS卫星系统就不像今天那么可靠。当卫星数据不可靠时，接收机可以临时使用DR模式，在该模式中，它使用初始位置、航向输入的陀螺仪和速度输入的日志来估计位置。GPS因此有两种模式"正常模式"与"推测航迹模式"。它根据卫星信号的可访问性自主地在两个模式之间切换。

到了1995年，GPS卫星覆盖已经相当完整，并且已经良好运转了多年。船员们没有预料到任何异常。GPS天线在2月被移动过，因为结构上部的一部分偶尔会阻塞输入的信号，这导致临时和短时（根据船长的描述，几分钟）地切换到航迹推测模式导航。经过公司电子技术人员验证，这在很大程度上弥补了天线的移动。驾驶桥楼里的人们开始依赖GPS定位数据，并认为其他系统是备用系统。GPS定位无法准确计算的唯一情况是在这些短暂、正常的信号阻塞期间。因此，整个驾驶舱人员"知道"航迹推测模式选项以及它是如何工作的。但他们没有想到或是没有准备好电缆中断造成的卫星数据持续丢失，而且以前没有丢失卫星数据时，它是非常迅速、可靠和持久的。

当GPS在1995年6月的旅程中从正常模式切换至航迹推测模式时，一个声音警报响起，显示器上出现了一个微小的视觉模式通知。声音报警器的声音听上去就像一个电子手表，声音不到一秒钟。而模式改变的时候正是一个繁忙的时间段（起航不久），有多个任务和干扰分散着船员的注意力。出发阶段涉及复杂的操作，驾驶舱里有几名船员，需要大量的交流。当一个领航员下船时，操作就有极高的时限要求和危险性。在这种情况下，声音信号很容易被淹没。没有人预料到会恢复到航迹推测模式，因此也没有人看到视觉信号。从当事者的角度来看，没有告警过，因为没有默认模式。既没有历史，也没有预料到它的发生。

然而，即使最初的警报被错过了，在小型GPS显示器上仍会有持续可视的显示。根据他们的证词，没有一个驾驶舱船员看到。如果他们看到了，他们知道这意味着什么，字面上翻译的推测航迹意味着没有卫星修复。但是，正如我们之前所看到的，在后视偏差的角度所关注的当时可用数据，以及当时可以观察到的数据之间，存在至关重要的区别。在小显示器上的指示（DR和SOL），被放置在两行数字（表示船的纬度和经度）中，显示字符大小只是这些数字的1/6。

切换到航迹推测模式后，位置指示的大小和特征没有差异。显示屏的尺寸大约是7.5cm×9cm，接收器放在驾驶舱后部的航图桌上，在一块幕布后面。位置是合理的，因为它放置着提供原始位置数据的GPS，平时放置在航图桌的航图旁边。

只有与航图结合，GPS数据才有意义，然后数据被进一步传送到集成驾驶舱系统，并且显示在那里（相当突出）。

对于"皇家马德里号"的船员来说，这意味着他们必须离开前显示台，主动地观看显示器，并期望看到表示经纬度的大数字以外的信息。即便如此，如果他们看到这两个字母代码，并将其转化为预期的航行，那就不能确定出这样的结论"这艘船不再朝着波士顿方向前进"，因为过去的临时航迹推测模式的切换从未导致如此戏剧性的偏离计划航道。当高级船员离开控制台在航图上画出一个位置时，他们看了看显示器，看到一个位置，也仅仅就看到一个位置，因为这是他们所期望看到的。这不是他们不注意指示信息的问题。他们注意位置指示，因为绘制位置是一项非常专业的工作，对他们来说，模式改变不存在。

但如果GPS显示器上的模式变化如此难以观测，那为什么它没有在其他地方更清楚地显示出来？一个小小的错误怎么会导致这样的结果？没有备份系统吗？"皇家马德里号"拥有一个现代化的集成驾驶舱系统，其主要组成部分是导航和指挥系统（NACOS）。NACOS由两部分组成：一个是自动驾驶仪部分，确保船行驶在航线上；另一个是地图构建部分，可以创建简单的地图并显示在雷达屏幕上。当"皇家马德里号"正在建造的时候，NACOS和GPS接收器由不同的制造商交付，而它们又使用了不同版本的电子系统标准。

由于这些不同的标准和版本，从GPS发送到NACOS的有效位置数据和无效的推测数据都被"标记"了相同的代码（GP）。驾驶舱设备的安装者没有被告知，也没有预料到，发送到NACOS的位置数据（GP标记）将不是有效的位置数据。NACOS的设计者预期的是如果接收到无效数据，它将具有另一种模式。因此，GPS使用相同的"数据标签"用于有效和无效的数据，所以自动绘图无法区分它们。由于NACOS不能检测到数据无效，该船使用自动驾驶仪航行，而自动驾驶仪直到搁浅前几分钟一直使用推测航迹模式。

集成驾驶系统的主要功能是收集来自不同传感器的深度、速度和位置等数据，然后将这些数据显示在摆放在中央的显示器上，以便值班人员观测大多数航行相关信息。"皇家马德里号"的NACOS放置在驾驶舱的前部，靠近雷达屏幕。当前的技术系统通常具有多级自动化水平，在多个显示器上具有多模式显示的能力。因此，我们的策略有两种方案：一种是将这些信息收集到同一个地方，另一种是将来自多个组件的数据集成到同一个显示屏上。集成问题就成了摆在我们面前的难题，尤其是运输问题，因为其中相当多的组件是由不同的制造商所交付的。

在集成舰桥系统中前控制台的中央，也将没有直接言明的消息发送给值班高级船员（officer of the watch），这些工作以往可能发生在海图桌上，而现在正在控制台上实际操作。当然，海图仍然应该被使用（海图在现代导航中可能不再是主要工具，但它仍然是不可或缺的备份选项）。前控制台被认为是一个船舶安全行驶所需所有信息的交换所。

如上所述，NACOS由两个主要部分组成。GPS将位置数据（通过雷达）发送到NACOS，以确保船行驶在航道上（自动驾驶仪部分）并将地图定位在雷达屏幕上（地图部分）。自动驾驶仪部分将有许多模式可以手动选择：导航和航道模式。导航模式将船只与航道保持一定距离，并对风、海、洋流造成的漂移进行修正。航道模式是相似的，但以另一种方式计算漂移。NACOS也有航迹推测模式，它可以持续地推测位置。该备份计算是为了对NACOS航迹推测模式与从GPS接收的位置进行比对。为了计算NACOS的推测位置，使用了陀螺仪罗盘和多普勒记程仪的数据，但初始位置是由GPS数据定期更新的。当"皇家马德里号"离开百慕大群岛时，导航员选择了导航NAV模式，输入来自GPS的数据，这通常是由在船只服役三年期的船员选择的。

如果船舶偏离航道的预设极限，或者如果GPS位置不同于自动驾驶仪计算的推测位置，则NACOS将发出声音警报，并且清楚地进行视觉警报呈现，显示在前控制台（高级值班经理报警）。由于NACOS和GPS计算的两个推测位置是相同的，所以没有报警。NACOS DR模式，作为大家都知道的备份，认为GPS数据是有效的，并定期刷新DR位置。这是因为GPS正在发送由日志和陀螺仪数据估计的推测数据，但被标记为有效数据。因此，雷达图和自动驾驶仪使用相同的不准确位置信息，并且没有显示或警告使用的是推测位置（来自GPS）的事实。在显示器上的任何地方，值班人员都不能确认GPS是什么模式，以及GPS 的模式对自动化系统的其余部分有什么影响，更不用说整条船了。

除此之外，由于GPS使用日志和陀螺仪计算位置，对船舶没有直接和可感知的影响。所以不能期望船员去怀疑船舶是否保持了它的速度和航向。一个繁忙的起航，前所未有的事件（电缆中断）与一个期望的非业务中断类事件（航道保持），所有这些的组合，以及航迹的变化（包括系统内部通信困难）表明，在当时的那种情况下，船员没有发现模式的改变是可以理解的。

远洋航行

即使船员不知道一起航模式就发生了改变，前方仍有一段漫长的海上航行。为什么没有一个值班人员检查GPS位置与另一个位置源，比如放置在GPS附近的罗兰-C接收机（罗兰-C是依赖陆基发射机的远距离无线电导航系统）？直到搁浅前的几分钟，这艘船并没有表现出任何异常，也没有理由怀疑有什么不对劲。这是一次例行的旅行，天气很好，值守和观测变化都没有异样。

一些值班人员实际上检查了罗兰-C和GPS接收机的显示，但仅使用GPS数据（因为他们的经验更可靠）来绘制纸质图表上的位置。实际上也不可能将罗兰-C和GPS数字显示之间的差异单独拿出来比对。此外，也有其他类型的交叉检查。每隔一小时，就核对雷达图位置与纸质图纸的位置，而且根据周围环境的提示（例如，发现第一浮标）与GPS数据相匹配。对值班人员另一重微妙的保障是，在许多场合，船长会花好几分钟检查船的位置和行进，并且没有做任何修改。

在GPS天线被移动之前，突然信号削减导致变为DR模式，这也导致雷达地图在雷达屏幕上"四处跳动"(船员们称其为斩波),因为位置指示会发生不规则的变化。在这个特定的情况下,没有观察到传输中断的原因是位置没有发生变化,而是在以推测航迹的方式呈现。卫星信号完全有可能在自动驾驶仪打开之前就丢失了,从而导致不会有位置偏移的指示。船员们在过去应对这种情况时就已经制定了应对策略。当位置定位点报警响起时,他们首先在自动驾驶仪上改变模式(从导航NAV模式到航道COURSE模式),然后确认收到警报。它具有稳定雷达屏幕上地图的效果,使得它在GPS信号返回之前可以使用。这也使人们相信,正如前面提到的,GPS数据不可靠的唯一情况就是在传输中断过程中。通过移动天线,信号中断情况或多或少得到了缓解,这意味着通过消除一个问题,产生了一种新的事故途径。使用位置定位点报警作为一种安全保障,不再能够弥补由于GPS不可靠导致出现的全部或大部分问题。

这种局部有效的程序几乎不会在任何手册中找到,但是,长此以往,这种做法借由较大的成功率成为普遍做法就获得了其合法性,进而成了长期的惯例。它可能支持了一种观念就是,一张稳定的地图是可靠的,以至于全体船员将注意力集中在可视的符号上,而没有警惕隐藏在表面之下的错误。传输中断的问题已经解决了4个月,而对自动化的信任与日俱增。

从第一浮标到搁浅

从一个回顾性的局外人来看事件的展开顺序,可以再一次很容易地指出船员们错过的迹象。特别是在旅程结束时,似乎有更多的线索可能揭示了真实的情况。大副不能肯定地识别出标志着波士顿航道入口的第一浮标(这样的航线构成了航图中划定的保持间隔方案,以保证出现相遇和交叉活动时具有安全间隔距离,并使船只远离危险区域)。即使船靠近岸边,都没有人怀疑过位置有偏差。瞭望员报告看到了红灯和后来的蓝色、白色的水域，但二副没有采取任何行动。该地区较小的船只曾在广播中进行警告，但"皇家马德里号"的驾驶舱中没有人理解与他们船舶有关的信息。二副在雷达上没有看到沿航道的第二个浮标，但告诉船长已经看到。事后看来，有很多机会可以避免船舶搁浅，但船员们一直没有意识到（NTSB，1997）。

　　这样的结论是基于情景意识的二元论解释。重要的是：在外部世界和人们对这个世界的内心表征之间具有映射过程的准确性，虽然在外部世界后视偏差可以化零为整（其中包含了那些从来没有被人打开的充满"顿悟"的购物袋，而这又是他们最需要的）。这种内心表现（或情景意识）被证明是明显不足的，因为它远远少于所有可用的线索。但是，在另一个时间和地点，对当时的意识提出要求，我们需要设身处地地站在他们的位置，并把自己限定在当事人所知的情况里。我们必须弄清楚为什么人们认为他们处在正确的位置或对周围的情况有正确的判断。是什么原因造成的？记住，一个当事人对当时所处情况表述的充分性或准确性是不能被质疑的：这对于他们来说才是最重要的，而这正是推动在这种情况下进一步行动的因素。为什么船员们得出结论说他们在正确的地方是合理的？他们的世界看起来是什么样的？（如若不是，那回顾性观察者们怎么看？）

　　第一个浮标（BA）在 6 月 10 日 19：20 在波士顿的航道上通过，或者大副是这样认定的（大副认定为BA的浮标随后被描述成了"AR"，它位于BA的西南西侧约 15 海里的位置）。对于大副来说，雷达上是有浮标的。而且它出现在预期的地方和应该出现的地方，大副把它识别为正确的浮标，因为雷达屏幕上的回声与雷达地图上标记"BA"的符号相吻合。雷达地图与雷达世界是相匹配的。我们现在知道了雷达地图与雷达回波之间的重叠进近是随机拟合。领航图显示了BA浮标，雷达显示收到了浮标的回波。一个奇妙的巧合是太阳在海面上的眩光，使得它无法在视觉上识别"BA"。

但已经有了交叉检查，大副可能用两种独立的方法——雷达图和浮标来验证他的位置。

然而，大副不是唯一一个处理或者是了解这种情况的人。真实工作场所自动导航系统一个有趣的方面是，通常有几个人会使用它，部分重叠或连续，就像船上的值班人员一样。20：00，二副从大副手中接过表。大副必须提供船舶的假定位置，这是很好的交接班行为。二副没有理由怀疑交班的正确性。大副在海上航行了21年，过去36个月里有30个月都在本艘轮船上任职。接管后不久，二副将雷达范围从12海里调整到6海里。当船只靠近岸边或其他限制水域时，这是常规的做法。通过缩小雷达范围，岸上的杂波减少，更容易看到异常和危险。

瞭望员后来报告灯光时，二副没有预料到有什么不对劲。对他来说，船正安全地行驶在航道上。此外，瞭望员有可能不加区分地报告每件事，总是由高级值班经理来决定是否采取行动。高级值班经理和瞭望员之间也存在文化和等级差异，他们有着不同国籍和背景。这时，船长也来到了驾驶舱，就在他离开后，来了一个无线电电话。这件事很有可能分散了二副的注意力，即使他曾想过去看瞭望员的报告。

事故调查结束后，发现两艘葡萄牙渔船试图在广播中呼叫"皇家马德里号"，发出危险警告。电话是在搁浅前不久发出的，当时"皇家马德里号"已经离船员们以为正确的地方16.5海里了。20：42，一艘渔船在16频道中喊道："渔船，渔船呼叫巡航船舶。"（国际紧急遇险频道）紧接着第一次用英语通话后，两艘渔船开始用葡萄牙语进行交谈。一艘渔船试图稍后再打电话，给出他正在呼叫的那艘船舶的位置。在无线电中不主动识别目标接收者，会产生混淆。或者在这种情况下，如果二副听到了最初的英语呼叫和接下来两艘渔船的对话，他也很可能忽略掉，因为那听上去像是两艘渔船之间的对话。这样的理解就合理了：如果一艘渔船的呼叫没有识别目标接收者，而是另一艘船回应，并展开了与最初呼叫者的沟通，那么这个交流就闭环结束了。而且，当高级值班经理使用6海里的雷达范围时，在他的雷达屏幕上是看不到这艘渔船的。如果他听到了第二声呼叫并检查位置，那他也很有可能认为这不是呼叫他的，因为他似乎离检查出的位置很远。不管渔船呼叫的是谁，也不会有人以为是在呼叫这艘"皇家马德里号"，因为与他（以为）的位置不符。

大概就在此时，应该能看到第二个浮标了，而且大概在21：20的时候就应该经过了这个浮标，但是没有。但二副推断雷达图是正确的，因为它显示这艘船正在航道上。对他来说，浮标表示着一个位置，一个航道上航行的距离，而且报告浮标被错过了，可能意味着就相当于报告他们已经通过了那个地方（应该经过的地方）。这一次，二副没有感受到所有这些异常累积起来对他的警告。在他看来，这个错过的或没有被雷达探测到的浮标，只是第一个异常，而且不是很严重。根据"舰桥程序指引"，当遇到下列情况时，应该叫船长来：a.当一些意料以外的事件发生时；b.当没有发生预案内的事情时（如浮标）；c.当其他一些不确定的事件发生时。定义出预料以外的事件绝好，但是当它发生时，人们倾向于快速地找借口。当预期内的事件没有发生时，更是如此，并且肯定是一种局部理性的行为："呃，我猜X没有做Y事情。"另一方面，根据美国国家运输安全委员会的调查报告，列出了至少5项关于高级值班经理当时本可以采取的措施，而他错过了避免搁浅的良机，他一个行动也没有实施，因为他觉得他正在安全地驶向波士顿。

船长在无线电呼叫之前，来到了驾驶舱，并且在一小时之后也给驾驶舱打了电话，然后在大约22：00的时候再一次来到了驾驶舱。他选择来到驾驶舱的时机都是平静无事的时候，而且没有引起二副说出任何担忧，也没有激起船长对船舶安全运行进一步检查的兴趣。就在搁浅的前5分钟，瞭望员报告了蓝色和白色的水域。对于二副来说，这些迹象并不是采取行动的理由。他们不知道有什么不对劲，因为似乎什么也不会出错。船员们知道他们在哪里，在他们的情境中，没有任何迹象表明他们做得不够，或者他们应该质疑对情境认识的"准确性"。

22:00，轮船开始转向，船长来到了驾驶舱。二副仍然确信他们在航道上，只是驾驶方向出了问题。这种解释与他在所有航行经验上所得的暗示与迹象一致。然而船长来到驾驶舱，看到情况不对，但为时已晚。"皇家马德里号"于22:25在楠塔基特东部搁浅了，当时它偏离计划航路17海里。船上1 000余名旅客均无受伤，但该公司的维修与损失费大概有700万美元。

因为17海里的差距，"皇家马德里号"提前结束航程，整个船员队伍有一天半的时间可以发现实际与计划航路越来越大的偏差，这就是看起来出现了"丧失情景意识"或"情景意识缺失"。但是构成船员应该看到或理解的所有线索和指示的"要素"大部分是事后诸葛亮的产物，也是我们能够从局外人角度回顾性地看到事件后续发展的产物。事后来看，我们想知道为何这些重复性的"避免搁浅的机会"，以及这些重复性的可以认清事件本质的指向，没有被那些最需要意识到的人所看到。但线索的启示性和结构或他们在回顾中很显然的连贯性不是情景本身的产物，也不是它的行动者。他们是回顾性的输入。

从回顾性局外人的立场来看，"丧失情景意识"体现得实实在在，如此令人信服。他们没有注意到，甚至不知道，他们应该这样做或那样做。但从情景中的人以及其他潜在观察者的角度来看，这些缺陷并不存在于他们自身之中；它们是后视偏差的产物，是在行动和经验流中追溯出的"元素"。对当事人来说，通常只是个常规的工作。如果我们想要理解为什么人们觉得所做的事情是合理的，我们就必须站在他们的立场上去考虑。他们知道什么？他们对情况的了解是什么？而不是把这个案例解释为"丧失情景意识"（我们在整体复盘后可以无所不知，但是要凭借此来断定其他人没有看到其本应该看到的），如果将船员的行为看作意义构建的正常过程——目标、观察、行动之间的交互，那么这就需要更多的解释性工作来发挥杠杆作用。正如韦克（1995）所指出的：

> ……意义构建是一种保留合理性和连贯性的东西，是合理的和令人难忘的东西，它体现了过去的经验和期望，一些与其他人产生共鸣的东西，可以回顾性地构建，也可以被前瞻性地使用，可以抓住感觉和思考的东西……简而言之，意义构建所需的是一个很好的故事。一个好的故事将所有不相干的元素放在一起，足以激励和引导行动，似乎足以允许人们对发生事情的意义进行回顾，具有足够的参与性，并足以让其他人能够对意义构建贡献自己的信息输入（Weick，1995，P.61）。

即使一个人对"元素"存在之说做出让步，就像之前提到韦克所做的，也仅仅是因为他们在构建一个看似真实的故事中所扮演的角色，而不是为了针对外部世界的"某个地方"建立一个准确的心理明喻。

思考题

1. 解释情景意识为什么是一个二元论观念，且为什么不能有效地保护自己免受"丧失情景意识"的问责。

2. 不仅仅是情景意识二元论，包括在其他所有领域，其实质是笛卡尔-牛顿学说。请解释线性和还原论（以及所有与此一致的知识）是如何帮助形成概念的基础的。

3. 请描述第一次和第二次认知革命，及其对我们思想与物质之间关系的概念所产生的影响。

4. 格式塔是如何回应威廉·冯特的元素主义的？而 20 世纪 70 年代的信息处理学派和今天的情景意识论又是如何将元素主义和唯心主义重新引入人的因素的？

5. 找到一个由操作者"丧失情景意识"导致的事件研究，切换用激进经验主义的方法进行叙事。

6. 如果你丧失了情景意识，用什么来替代它？

5 事故

本章要点

- 大多数人都认同他们的组织是复杂的。但是在这些组织中风险管控的典型模型和方法并不能正确地处理这种复杂性。

- 在解读事故时，我们明显受到牛顿式思维的影响：我们倾向于认为风险主要来源于系统的各个组件以及故障发生的线性过程。这种思维方式导致我们观察到一种故障的发展路径，其中原因和效果之间呈现出一种明确的比例或对称关系。

- 组织失效可以被看作一个以长期、稳定衰退状态逐渐漂移进入更大的风险以及对裕度侵蚀的结果。

- 组织之所以漂移陷入失效，是因为它试图在一个不仅资源有限而且存在多重目标冲突的动态环境中取得成功。这要求组织必须建立与系统思考、复杂性和涌现等一系列因素有关的理念。

- 在一些专门用于保护组织免于失败的结构中，失败会适时地、非随机地滋生。失败，就像成功一样，并不是呈现在组成系统的组件中，可以被视为一种涌现的特性，作为一定的高阶属性具有可见性。

- 必须进行风险管理的组织，应该更多地被视为一个生态系统，而不是那些部件或连接处易碎的机器，也不是那些与世隔绝的机器。

- 失败是可以避免的。但它确实需要一个新的表述词汇：一个用来识别和阻止偏离到正常的路线之外的支点，这些路线既不是成分性的，也不是结构性的。

偶然性的消失

事故，事实上并不经常发生。许多行业报告表明，在过去的几十年里，它们的受伤率和死亡率有所下降。在用致命风险来衡量的发达国家，它们的许多系统甚至表现出更为安全的状态。它们发生致命事故的可能性小于 10^{-7}，也就是说，每一项活动或行为只能造成 1000 万分之一概率的人员死亡、严重财产损失、环境或经济破坏的可能性（Amalberti，2001）。与此同时，这似乎成了一个神奇的边界。所有系统在安全性上都无限接近于这个指标。没有一个系统能找到一种更安全的方法。超越 10^{-7} 的安全进步是难以想象的。正如雷内·阿玛尔贝蒂（Rene Amalberti）所指出的，当前安全工作的线性延伸（事件报告、安全与质量管理、熟练程度检查、标准化和程序化、更多的规则和规定）似乎在打破渐近线（无限接近于 10^{-7}）方面没有什么用处，即使它们想要维持在 10^{-7} 安全水平时，这些也都是必需的。

更有趣的是，这个边界发生的事故似乎是一种很难用通过控制安全试图达到 10^{-7} 的逻辑去预测的类型。正因如此，笛卡尔和牛顿的理论表达局限性才变得最为明显。那些主要依赖于失败、漏洞、违规、不足和缺陷的事故模型，可能会很难通过模型来匹配那些（看起来像每个人都一样）正常的人在正常的组织中正常工作而暴露出来的事故。然而，令人不解的是，在一个概率超越 10^{-7} 的事故发生之前的数小时、数天甚至数年的时间里，可能会有一些值得报告的失效或值得注意的组织缺陷。监管机构和内部人士通常不会看到人们违反规定，也不会发现其他可能导致中断运行的缺陷或认真重新考虑运行。如果真是这样就简单了。10^{-7} 的安全率也很可能实现了。但是，当失败，严重的失败，不再以严重失效为前提，那么预测事故就会变得更加困难。想用机械主义、结构主义的观念对事故进行建模，那几乎就是毫无帮助的。

不可能突破在安全发展上的渐近线现象是一件令人深度烦恼的事情。回想一下第 1 章关于启蒙思想，以及随后的现代主义思想是如何向西方世界做出承诺的，我们就会发现进步总是有可能的。明天总是比昨天好，人类注定向更好的方向发展。降临在我们身上的负面事件（战争、饥荒、其他灾难）始终是可以被控制的。通过理性的思考，通过周密的计划和组织，以及更好的科学和技术，这种可能性十拿九稳，不言而喻的证据比比皆是。当前紧密结合人的因素以及其他科学技术的事故调查概念，提出了一个意义深远的现代主义假设：我们可以阻止这种情况的发生。这是一种关于事故调查的矛盾描述。竟有什么值得深入调查的？调查又能带来怎样的结果呢？偶然性本来就是难以预测的，若连预测都困难重重，那么要防止其发生就更是难上加难了。问题是，我们真的不再相信存在"意外"吗？并非如此。我们只相信风险管理的失败。我们所看到的"事故"是由风险管理的失败导致的，失败在事故链中的某个环节、在组织层级的某个地方隐藏，当事情出错，那么在某个时间和某个地点会若隐若现。如果我们能指出那个失败的地方，高度概括并解释是哪里出现了问题，那我们就可以改变它，让它消失，并取代它，再一次帮助世界变成一个更好的地方，一个不会再发生同样问题的地方。

矛盾的是，这让我们回到了现代化之前的反系统思维中。在风险管理不善的背后，毕竟有一个人，或多个人，需要我们用更多的规则，更多的监督、监控、监管、监察，以及更多的责任来控制他们。事实上，在过去的几十年里，随着英美法系和大陆法系国家的立法，对整个公司或公司董事的问责制变得越来越普遍。以这种方式让人们或实体"负责"，当然就等于把系统的失败归咎于单一因素——这是一种非常符合牛顿学说的观念。为了反驳这一观点，在20世纪下半叶，一种更含糊的事故观点开始随着此类特性而流行起来（尽管不是在"事故"调查领域）。例如，越来越多的行业和保险公司开始用"伤害"代替"事故"，这就留下了开放式的原因问题。毕竟，"意外"指向的是原因（或者说"偶然性"），而"伤害"是指结果、结局。其结果在经验上不那么具有争议性：它比假定的原因更容易确定或争论，同时也为不同类型的干预开辟了可能性，而这些干预会被真正的偶然性所否定或因为这种偶然性而变得毫无意义（Burnham，2009）。

漂移陷入失效

在原本安全的社会技术系统中，一个剩余风险的存在会使其漂移陷入失效（Dekker，2011b）。"漂移陷入失效"是指系统运行缓慢地、递进地移动到安全包线的边缘。以 2010 年Macondo（或叫深水平台）事故为例。

Transocean公司的Macondo灾难

Transocean公司与英国石油公司（以下简称BP）签订了合同，为墨西哥湾的Macondo油井提供深水钻井平台操作技术和工作人员。钻探于 2010 年 2 月 11 日开始，Macondo油井的井喷导致深水平台上发生爆炸以及无法控制的火灾。11 人丧生，17 人重伤，平台上 126 人中的 115 人被疏散。36 小时后，深水钻井平台沉没，Macondo油井在最终被彻底封闭之前，向墨西哥湾排放了近 3 个月的碳氢化合物。Macondo事件是相关油井设计、建造和临时废弃决定等一系列相互关联事件的结果，这一系列事件损害了油井的完整性，并造成了其失败的风险。

BP一直担心，无论是用来维持油井控制的重钻井泥浆的使用，还是通过泵送水泥来封井，都可能使井下压力超过断裂的限度，并导致结构的损害。

2010 年 4 月 20 日，钻井队考虑到这个问题并采取了行动，油井已经得到了妥善的加固，并成功通过了测试。

然而，井下的水泥未能形成隔水，导致碳氢化合物进入了井眼。BP最初的油井计划要求使用长串的生产套管，而在钻探Macondo油井的过程中，BP在经历了一些井漏和井涌事件后，在原先计划的总深度之前停止了工作。在这些微妙的条件下，加固长串套管进一步增加了超过断裂梯度的风险。BP采用了一种技术上复杂的氮泡沫水泥项目，几乎没有留下任何出现误差的余地，然而在加固作业之前或之后都没有进行充分的测试。而且水泥的完整性受到了污染物、地基不稳定以及在井眼中心套管的设备数量不足等各方面因素的影响。

由于位移计算误差、缺乏足够的流体体积监测，以及在测试过程中切换油井监测装置时缺乏对变化的管理，因此鉴定负压的测试结果被错误理解了。现在很明显，这个负压测试结果是不应该被认可的，但是当时没有人承认错误。在最后的位移过程中，油井失去了平衡，碳氢化合物开始通过有缺陷的水泥屏障进入油井。监测油井的人，包括Transocean公司的钻井队，都没有在第一时间发现这个流入的情况。

通过调查小组事后对可用数据的全面分析，可以确定，在最后的位移过程中出现了大量液体涌入的迹象。考虑到钻井队成员的死亡，以及钻井平台及其监测系统的损失，目前还不知道钻探人员正在监控哪些信息，也不知道为什么钻井队在 2010 年 4 月 20 日晚上 9：30 之前没有发现压力异常。晚上 9：30 钻井队对异常情况进行了评估。在通过计量罐探测到有大量碳氢化合物涌入时，钻井队采取了与其日常训练一致的控制措施。在采取措施的同时，碳氢化合物已经进入了立管，导致大量气体和其他液体的释放，使泥浆分离系统不堪重负，并在钻井平台的后甲板上释放了大量的气体。由此产生的气团燃烧就不可避免了。深水钻井平台被极端的流体流动所创造的力量所压倒，这个力量将钻杆向上推，并清洗或侵蚀了钻杆和其他橡胶及金属元件（Transocean，2011）。

在事故发生前的 7 年里，Transocean公司被认为拥有"强大的整体安全记录"，这是典型的漂移陷入失效的案例。矛盾的是，对低事故和低受伤率的自豪和庆祝，可能掩盖了公司在这种被认为是可接受的工程风险中逐渐偏离了安全的事实。它是，或者至少每个人都认为它是一个安全的组织。但对于BP来说，这可能不是真的，因为这家客户以前确实出现过重大问题。BP已经制定了禁止员工在没有盖子的杯子里携带咖啡的规定，但它却没有进行负压测试方面的规定，而这恰是避免油井爆裂的最后的关键一步。以下是 2008 年 12 月的一份战略文件：

> "这已经很明显了，"BP的文件中写道，"工程或线路操作人员不完全理解过程安全的主要危险和风险。安全意识不足会导致对事故发生前和发生后出现的警示信号丧失警觉，这两种情况都增加了与过程安全相关事件发生的可能性和严重性。"该文件呼吁加强"重大危险源意识"（Elkind和Whitford，2011，P.4）。

资源不足和竞争压力通常会导致企业漂移陷入失效。不确定的技术和对安全边界的不完全了解，可能意味着组织、监管机构和其他利益相关者无法阻止这种漂移，甚至看不到这种漂移。这样的事故不会仅仅因为某人突然犯错或某件事突然被破坏而发生。对于单个失效造成的影响，应该有太多的内部保护措施加以防范。但是，如果这些保护结构本身以一种不经意的、无法预见的、难以察觉的方式发生漂移呢？如果围绕技术运行的有组织的社会复杂性，包括工程计算、测试、批准指南、维护委员会、工作群体、监管干预、审批和制造商介入等，都是旨在保护系统免于失效，实际上最终都有助于将其推到安全包线的边缘，那该怎么办？巴瑞·特纳于1978年出版的《人为灾难》表明了复杂的、保护良好的系统中的事故是如何"孵化"出来的。随着时间的推移，发生事故的可能性会越来越大，但这种积累，这种不断陷入灾难的过程，通常会被内部的人，甚至是外部的人所忽视。Macondo事故就像这样：不确定的技术，到慢慢地适应，直到漂移导致失败。机械世界和社会世界的不可分割、相互影响充分显示了我们现有的在研究人的因素和安全方面的模型所存在的不足。

多年来，BP一直在吹嘘自己的安全记录，并指出：员工滑倒、摔跤和交通事故的数量急剧减少，这一数据也受到了行业和监管机构的密切关注。BP制定了一系列令人眼花缭乱的规则，其中包括禁止开车时使用手机，禁止下楼梯不拉扶手，禁止在没有盖子的情况下拿着一杯咖啡，等等，并将公司高管的奖金与这些个人伤害指标密切相连。在Amoco（得州城市炼油厂的前所有者）并购案之后，BP大幅降低了该公司内部的工伤率。但BP在员工个人安全方面所取得的成绩，掩盖了其在保证过程安全方面的失败。在能源行业，工艺安全归根结底就是一个问题：将碳氢化合物控制在钢管或油罐内。灾难不会因为一根管子掉在了某人的脚上或撞到了他的头而发生。灾难来自允许风险累积的有缺陷的经营方式（Elkind和Whitford，2011，P.7）。

事后看来，漂移陷入失效的轨迹可能很容易理解，也很吸引人的眼球。然而，它们所展现的状况，在当时的系统内部，并不同样引人注意。从Turner（1978）开始，最大的难题就是解释为什么在反省中很容易看到和描述是什么使灾难发生的一系列问题，却被用之于自己身上的人忽略了。事后去判断人家缺乏远见是很容易的，你所需要做的就是划分数据，找出陷入灾难的原因。站在瓦砾堆中，人们很容易对那些被误导的人感到惊讶。甚至在Macondo事件发生之前，BP就已经意识到，关键的程序应该被固化，并严格执行，对事故保持多重保护措施至关重要，而且不应该随意改变操作计划。这试图向人们灌输这样一种信念：小事故是一种预警信号，表明发生灾难的条件已经成熟，没有严重事故的时期则鼓励一种"金刚不坏之身"的信念。尽管美国联邦职业安全与健康管理局（Federal Occupational Safety and Health Administration）将重点放在了安全帽或人身安全上，但它还是在2009年就BP未能完成此前在得克萨斯城被起诉的危险案的处理，而对其提出了一项创纪录的罚款，并以数百起新的故意违反安全规定的事件为由提起诉讼（Elkind和Whitford，2011）。

紧迫的问题是，为什么有利于事故发生的条件没有得到那些不想让事故发生的系统内部人员的认知或相应的行动呢？先见之明与马后炮是不同的。有一种关于洞察力的深刻修正，在当下发生了。它能将一个曾经模糊的、不太可能的未来变成一个直接的、确定的过去。戴维·伍兹（David Woods）（Woods等，2010）说，未来在发生事故前无法预测（"不，这不会发生在我们身上"）。但在一场事故之后，过去的一切又似乎难以置信（"我们怎么可能没能发现这一幕会发生在我们身上呢!"）。现在被视为特别的东西，曾经是普通的。那些事后看来如此异常和不道德的决定、权衡、抉择和优先事项等，对于那些使这些问题潜藏下来的人来说，曾经是那么的正常，而且还是些常识性的东西。

平凡、冲突和渐进论

社会学研究以及人的因素工作和安全研究已经开始勾勒出为何漂移陷入失效的答案轮廓（Dekker，2011b；Leverson，2012；Rasmussen和Svedung，2000；Vaughan，1996）。尽管这些研究的背景、渊源和许多实质性细节等方面都各不相同，但它们都集中在"漂移陷入失效"的重要共性上进行了探讨。首先，事故及其发生的趋势与普通人在正常组织中做正常工作有关，而不是与"坏人"参与不道德的行为有关。我们可以把这称为"平凡事故论"。其次，大多数研究的核心都是一种冲突模型：涉及安全关键工作的组织，本质上是在试图调和不可调和的目标（保持安全并继续经营）。最后，漂移陷入失效是递进的。事故不会突然发生，也不会突然出现在严重的错误决策之前，或者奇怪地大幅度地偏离常规。

"平凡事故论"认为，发生事故的可能性越来越大，是在资源短缺和竞争的正常压力下从事正常业务的正常产物。几乎没有一个系统能够免受资源短缺和竞争所带来的压力。唯一一个约等于可以使用无限资源的领域，就是美国航空航天局（NASA）在阿波罗早期建立的运输系统（无论花多少钱都得把一个人送上月球）。那里有很多钱，也有很多干劲十足的人才。但即便是在这种环境中，技术也是不确定的，故障和失败也并不罕见。随后，预算限制也被迅速而日益严格地强加于其中，人力资源和人才开始流失。事实上，即使是这样的非商业企业也知道资源稀缺：NASA或安全监管机构等政府机关可能缺乏足够的资金、人员或能力去做他们需要做的事情。2011 年，调查委员会向美国总统提交的报告中这样提到深海石油钻探："记录了联邦政府管理和监督的弱点和不足，并就修改法律权限、法规、专业知识投资和管理提出了重要建议。"它进一步写道：

> 监管部门对租赁、能源勘探和生产的监管，甚至需要在深水钻井平台灾难发生后已经开始的重大变革之外进行改革。监管机构的结构和内部决策过程都需要进行根本改革，以确保其政治自主性和技术专长，并充分考虑环境保护问题。由于监管监督本身不能确保足够的安全，石油和天然气行业将需要采取自己的行业内部措施，大幅提高整个行业的安全性，包括建立自我监督机制作为政府执法以外的补充（Graham等，2011，P.7）。

这与我们在本书其他地方提到的关于监管机构的作用（包括它的局限性）相类似，在技术不确定性和资源稀缺的压力下开展和调整业务都是正常的。在一项（或任何类型）工作中必然存在资源稀缺问题。任何地方的政府监管机构都不会轻易声称自己有足够的时间和人力资源或专业知识来履行其职责。然而，资源稀缺是正常现象这一事实并不意味着它不会产生任何后果。稀缺性必然会渗透到组织的毛细血管中，在一个黑暗而孤独的夜晚，躲在某个角落里，对系统产生的影响，被认为是正常和可接受的，而这个角落并不包括在项目期限和预算预期内。主管写备忘录，为资源和时间而战，决策权衡。稀缺性表现在同一组织结构的关于资源和首要地位的政治争论中，表现在对某些活动和投资的管理偏好中，表现在对几乎所有的工程和操作的权衡中，而这些权衡涉及实力和成本之间、效率和勤奋之间。事实上，在压力、稀缺和资源限制下成功工作，是职业自豪感的来源之一。例如，谁能建造一些坚固且轻的东西，就标志着他是航空工程师中的专家。让一个既具有低开发成本又具有低运营成本的系统（它们通常是相互对立的）得以存在，是大多数投资者和许多经理人的梦想。如果能够制订一项计划，允许在更少的检查人员的情况下进行更好的检查，可能会赢得政府人员的称赞以及晋升的机会，但对工作地点比较偏远的人来说，该计划则会产生负面影响。

> 然而，漂移陷入失效的主要动力隐藏在这个冲突的某个地方，在安全运行与操作、安全与建筑之间的紧张关系中。这种紧张关系提供了从早期建立的规范或设计约束中缓慢、稳定地脱离实践的能量。这种脱离会最终漂移陷入失效。当一个系统被应用时，它会学习，当它学习时，它会去适应。也就是说经验产生的信息使人们能够调整他们的工作，调整会弥补发现的问题和危险，消除多余的东西，排除不必要的费用，并扩展容量。经验往往使人们能够以比最初设想的低得多的成本运行社会技术系统或获得更大的产出（Starbuck和Milliken，1988，P.333）。

这种滑向操作安全边际的"微调"，是当今结构主义系统安全词汇达到最大限度的一个证明。我们认为安全文化是一种学习文化：以从事故和事件中学习为导向的文化。但是，学习文化既不一定是唯一的（因为动态环境中的每个开放系统都必须学习和适应），也不一定是积极的。思德巴克和米利肯强调了一个组织如何在其他领域里"安全"地得到借鉴以获得安全。但不学习，也不一定会漂移陷入失效。

从一个局外人回顾的角度来说，这种学习的一个关键要素是明显对越来越多的证据不再敏感，其实这些证据就能显示出一些实际上非常糟糕的判断和决定。这就是从一个局外人的角度能够看到的：站在回顾的角度看到了前瞻性出现失效。然而，从内部来看，异常是很正常的，在更大的效率方面进行权衡并不是什么不寻常的事情。但在做出这些权衡取舍时，存在反馈失衡。有关决策是消耗了效益还是牺牲了效率，这样的信息相对容易获得。提前到达的时间是可以计算的，并且立竿见影。然而，为了实现这一目标，其中牺牲或损失了多少安全就很难量化和比较了。如果飞机安全着陆，显然这个着陆的决定就是安全的。每一个连续的成功经验似乎都证实了微调是有效的，而且该系统可以同样安全地运行，且效率更高。Weick（1993）指出：然而在这些情况下的安全可能并不完全是做或不做决定的结果，而是取决于其他因素的一种潜在的随机变化，这样的安全是人在进行微调的过程中不容易控制的。换句话说，经验上的成功并不是安全的证明。过去的成功并不能保证未来的安全。逐渐地、越来越多地损失一些安全可能会在一段时间内行得通，但你永远不知道你什么时候就会犯错。这使得兰格韦斯特（Langewiesche）（1998）说墨菲定律是错误的：一切可能出错的事情通常都是对的，并让我们得出了错误的结论。

这种动态、微调、适应的本质是渐进的。在事故发生后被视为"糟糕决定"的组织决策（尽管在当时它们似乎是完美的好主意）很少是大的、有风险的、大幅度的步骤。相反，一系列长期、稳定、由小渐大的决定，才会使组织不知不觉、一步步地走向灾难。偏离了最初规范的每一步，能够满足经验主义的成功（并没有明显牺牲安全性），会作为下一次更多偏离标准的基础。正是这种渐进理论使得区分异常和正常变得非常困难。如果"应该做什么"（或"昨天成功做了什么"）和"今天成功做了什么"之间的差异变得微不足道，那么，这种与早期确立的标准轻微背离的情况就不值得去关注或上报。渐进论是关于持续的常态化，它允许常态化并使之进一步合理化。

漂移陷入失效和事件报告

事件报告不能揭示出一个漂移陷入失效的趋势吗？这似乎是事件报告的自然角色，但这并不那么简单。伴随着漂移陷入失效的常态化给内部人士如何去定义事件提出了严峻的挑战。一个事件是什么？在事实背后，许多事情会被构建成"事件"，日常的工作环境、工作中遇到的困难和完成工作过程中的即兴发挥，都成为值得上报的常规内容。但是它们不值得上报。它们没有资格被称为事件。即使该组织有一种报告文化，即使它有一种学习文化，即使它有一种公正的文化，使人们在发送他们的报告时不会害怕受到惩罚，这样的"事件"也不应该出现在组织的系统中。这是一种事件概念滥用的论点。这些都不是事件。在 10^{-7} 概率中，事件并不先于事故发生。正常的工作先于事故发生。在这些系统中：

> 事故与那些发生在安全系统中的事件有着本质的不同。在这个案例中，事故通常发生在没有任何严重故障或任何严重错误的情况下。它们是由多种因素造成的，这些因素都不能单独导致事故，甚至不能导致严重的事故征候。因此，这些因素的组合很难被发现，也很难使用传统的安全分析逻辑来进行弥补。出于同样的原因，事件上报在预测重大灾害方面变得不那么重要了（Amalbertei，2011，P.112）。

即使我们将更强的分析力量应用在我们的事件报告数据上，仍然不能对概率在 10^{-7} 以上的事故产生任何预测价值，就是因为相关数据并不包含其中。数据中不包括任何可见的发生概率在 10^{-7} 以上的事故成分。从事件中吸取教训以预防概率在 10^{-7} 以上的事故几乎是不可能的。事件是独立的失败和错误，只有业内人士会注意到并认为值得去关注。但是这些独立的错误和失败不再出现在概率 10^{-7} 以上的事故中。没有充分地看出需要提供帮助的部分（非冗余的、单点的、安全关键部分），未能充分和可靠地执行最终的检查，这些在事件报告中都没有出现。但在事故报告中，它却被认为是"具有因果关系的"或"有帮助的"。因此，在 10^{-7} 概率系统中，事故的病源与事件有着根本的不同，反而会隐藏在资源缺乏和竞争的正常压力下开展正常工作的剩余风险中。这意味着所谓的共因假设（认为除了仅有的一步之差，事故和事件有共同的发生原因，并且事故与事件的性质完全相同）在概率 10^{-7} 及以上的情况下可能是错误的。

……来自印度博帕尔、英国弗利克斯伯勒、比利时泽布勒赫和苏联切尔诺贝利等事故的报告表明，这些事故并非由独立故障和人为差错的巧合造成。这些都是在一个野心勃勃、激烈竞争的环境中，受到效益最大化的压力影响，组织行为发生了系统性转移所导致的事故（Rasmussen和Svedung，2000，P.14）。

尽管如此，独立的差错和失败仍然是当今任何事故调查的主要反馈。BP关于Macondo井喷事件的报告遵循了笛卡尔-牛顿的逻辑，指出了维修项目的缺陷、监管缺失、未履行的责任、缺陷、失败和故障等。本着遵循瑞士奶酪模型的正统观念，BP将这场灾难建模为一系列线性的防御层突破，发现了以下几点（BP，2010）：

（1）水泥屏障没有隔离碳氢化合物。
（2）引鞋屏障没有隔离碳氢化合物。
（3）虽然良好的完整性还没有建立，但负压测试结果是被接受的。
（4）在碳氢化合物进入立管之前，人们没有意识到它在流动。
（5）油井控制反应动作无法重新控制油井。
（6）转移到泥浆气分离器，导致气体排放到钻井平台上。
（7）火和气系统并没有阻止碳氢化合物的点燃。
（8）防喷器的应急模式并没能密封油井。

如果这读起来像是多米诺骨牌的倒下，那是因为这就是分析师如何构思出事故的。当然，事后看来，一个看似合理的事件序列（线性的、连续的失败）很可能是这样的。它很简洁，而且是牛顿式的。发现错误和失败是可以的，因为它给了人们一些需要解决的问题。然而，由BP起草的这一套东西只涵盖了事故发生前的最后时刻，只追踪了从海底到钻井平台直至周围空气中的多米诺骨牌效应。然而，它对组织环节完全没有提及。为什么当时没有人看到这些明显的错误和失败（事后看来）呢？这就是传统人的因素和安全的结构主义词汇的局限性。一旦瓦砾堆散落在你的脚前，防御层（水泥、工程师、监管机构、制造商、操作人员、应急系统）中的漏洞就很容易被发现。事实上，对结构主义模型的一个常见的评价是，它们善于发现缺陷，或者潜在的失败，以及进行事后分析。

然而，在事故发生之前，内部人士（甚至是那些相关的外部人士，如监管机构）并不认为这些缺陷和失败就是如此，也不容易发现或采取行动。的确，结构主义模型能够很好地捕捉到偏移所带来的缺陷：它们能够准确地识别组织中的潜在故障或驻留的病原体，并能够定位防御层中的漏洞。但是潜在失败的积累（如果你想这样称呼它们的话），是没有模型的。结构主义的方法不能很好地描述侵蚀过程、安全规范的消耗过程、向安全边缘的偏移过程，因为这些方法本质上是对结果形式的隐喻，而不是面向形成过程的模型。结构主义模型是静态的，几乎无法以富有洞见的方式解释众多影响因素和相互关系，其能力近乎为零。"深水平台事件"调查委员会在向美国总统的报告中引用了"哥伦比亚号"航天飞机事故调查，警告说"复杂的系统几乎总是以复杂的方式失效"（Graham等，2011，P.8）。为如此复杂的事件写一个简单的线性故事是偏颇的。就连BP自己也在2010年的报告中承认，事故的原因是：

> ……一系列复杂的、相互关联的机械故障、人工判断、工程设计、操作实现和团队界面集合在一起，使得事故的开始和升级成为可能。随着时间的推移，牵扯到了多个公司、工作团队和环境（BP，2010，P.11）。

回想一下第1章和第2章，尽管20世纪90年代的结构主义模型通常被称为"系统模型"或"系统类模型"，但它们与我们所认为的系统思维相去甚远。到目前为止，结构主义模型的系统部分在很大程度上仅限于为在一线端产生差错之后的后端识别提供说辞。这些模型的系统部分暗示了我们其中的来龙去脉，如果不深入他们所宣称的组织背景中，我们就无法理解这些错误。当然，所有这些都是必要的，因为差错仍然经常被视为调查的合理结论（只要看看以"机组资源管理失效"作为原因的扰流板案例）。但是，提醒人们其中的来龙去脉并不能代替开始解释其中的动态过程，即导致最终观察到的标准化行为那种微妙的、渐进的变化过程。这需要从不同的角度来看待组织内部的混乱本质，用不同的语言来表达观察。这需要人的因素和系统安全去寻找通向真实系统思维的方式，在那里，事故被视为有机的、生态的、交互过程的新兴特征，而不仅仅是通过层层防御的漏洞轨迹的终点。结构主义的方法，以及修正它们给我们指出的问题，可能对在安全方面取得进一步进展没有太大帮助：

> ……我们应该非常敏感地认识到已知补救措施的局限性。虽然良好的管理和组织设计可以减少某些系统中的事故，但它们永远无法预防……这种情况下的因果机制表明，技术系统故障可能比我们当中最悲观的人所认为的更难以避免。那些未知的和无形的社会力量对信息、解释、知识和最终行为的影响是很难识别和控制的（Baughan，1996，P.416）。

然而，结构主义模型的追溯解释力使它们成为负责管理安全的人们的首选工具。事实上，在学术圈之外，人们并不总是很容易找到"平凡事故"概念。首先，这很可怕。它使失败的可能性变得司空见惯，或者不可避免（Vaughan，1996）。这将使事故模型实际上毫无用处，并在管理上降低士气。如果失败的可能性在我们所做的每一件事上无处不在，那么为什么要避免失败呢？如果一场事故在传统意义上没有任何原因，那为什么还要试图去修复它呢？这些问题确实是虚无主义者、宿命论者的论调。因此，对隐藏在它们答案背后的可能领域的抵触有多种形式也就不足为奇了。实用主义的关注指向控制，指向搜寻破碎的部分，指向坏人、违法者、不称职的机械师。为什么这个技术人员不像他应该做的那样给失事飞机上的螺栓做最后的润滑呢？务实的关注点在于发现缺陷、识别弱点和问题点，并在它们引发真正的问题之前修复它们。但这些务实的担忧发现，在凿井机中既找不到同情的倾听者，也找不到建设性的词汇来描述它们是如何漂移陷入失效的，从内部当然很难识别。

系统思维

如果我们想要理解概率 10^{-7} 以上的失败，我们就必须先停止寻找失败。造成这些失败的不再是失败本身，而是正常的工作。因此，事故的平凡使得对它们的研究从哲学角度来看变得平庸。它将查问的对象从人性的阴暗面和缺乏职业道德的公司管理转移到正常的人、正常的日常决定、每一个人在正常条件下受到的影响，以及每天的压力。对事故的研究，之所以引人注目或引人入胜，仅仅是因为其令人意想不到的结果，而不是因为孕育事故的过程（当然，其内在会很吸引人）。

在对"挑战者号"航天飞机灾难进行了广泛的研究后，戴安娜·沃恩（Diane Vaughan）（1996）被迫得出这样的结论：这种类型的事故不是由组件故障引起的，即使其结果是组件故障。相反，她与其他社会学家一起指出了一个差错的内因，并指出系统的差错和崩溃是一个组织工作过程中正常的副产品：

> 错误、灾祸和灾难是由社会结构有组织地产生的。个体的不正常行为只能解释发生了什么。没有故意的管理不当行为，没有违反规则的行为，没有阴谋。这些都是在平常的组织生活中常犯的错误，资源稀缺和竞争的环境、不确定的技术、渐进理论、信息模式、常规化和组织化的结构都不断促成了错误的产生（Vaughan，1996，P.14）。

理解并且变得能够预防概率超过 10^{-7} 的失败，这才是我们想要的，也是我们需要关注的切入点。忘记不当行为，忘记违反规则的行为，忘记差错。安全，以及安全的缺失，都有其涌现属性。我们需要研究的是信息的模式，操作复杂技术的不确定性，围绕这种不确定性的不断发展却又存在缺陷的社会技术系统如何实现运作，资源稀缺和竞争对这些系统的影响，以及它们又是如何启动了一个渐进过程的（它本身就在压力环境下，组织的学习或适应的表达方式）。为了理解安全，一个组织需要捕捉其平凡的组织生活的动态发展，并开始了解涌现的集合体是如何朝着安全性能的边缘移动的。

系统是一种动态的关系

捕获和描述组织漂移陷入失效的过程需要系统思考。系统思考是关于关系与集合。它认为社会技术系统不是由不同的部门、后端（上级）和一线端、不足和缺陷组成的结构，而是一个动态的、不断发展着关系和交易的复杂网络。系统不是结构板块，它趋于强调组织原则。理解整体与理解不同组件的组合是完全不同的。系统不是组件之间的机械连接（用一个原因、一个影响），它应该能够看到同步处理和相互依赖的交叉作用。当系统被分割并研究一堆单个组件（一个经理、部门、监管者、制造商、操作员）时，这些涌现属性就会被破坏。涌现属性不存在于较低的层次，它们甚至不能用适合于较低层次的语言进行有意义的描述。想想当BP公司决定参与深海钻探后，在其工作的动态环境中，投入和期望的不协调组合：

> BP需要"大象"——一些至少能产生很大不同的巨型油田。为了找到它们，研究人员认为应该开辟新的地方进行钻探。在那里，BP的外交技巧、独创性和胆识让它有了优势。这是第一次允许使用在深度超过1英里的水下进行钻探的工艺，这是一个充满敌意的环境——完全黑暗，水压足以破碎任何东西，以及严酷的温度。海底作业是用远程操作的车辆进行的，也就是所谓的ROVs（Remote Operated Vehicles）：配备粗短机械手臂的无人潜艇，可以连接钻杆的各个部分，也可以使用工具对钢进行切割。地震成像技术的进步使人们能够

找到隐藏的石油矿床。在深水钻井是有风险的，费用也相当昂贵，一个单一的油井就可能要花费超过1亿美元。但回报是巨大的。海湾地区尤其具有吸引力：美国提供了低税收和最低限度的监管，以及附近的炼油厂和永不满足的市场。BP进入了这个市场，获得了对近海的租赁，成了那里最大的公司。随着时间的推移，深海海湾成为美国新的石油生产引擎。所有这一切都受到了美国政治家的鼓励，他们为近海石油开采减税，并开辟了新的海洋勘探区域。与此同时，政府的矿产管理服务机构——钻探者的首要监管部门——像一个行业的推广部门一样运作。似乎每个人都喜欢上了近海钻探（Elkind和Whitford，2011，P.6）。

用正确的技术和专业知识应对这样的环境，并且知道它们能够起到应有的作用，这几乎是不可能的。在Macondo油井发生事故后，一位大型承包商高管评论说，设备和钻机的设计本身就是为了应对这种设计所需要应对的挑战的。如果这些设备能够被证明是符合指导方针的，政府就会批准，但是他们并不真正知道这些指导方针是什么，或者它们是否适用于深水环境。最重要的是，获得认证和批准的各个组合部件不一定必须集成在一起（整合在一起后的效果如何无从考证）。那么，认证每一件新组件而使之不会漂移陷入失效的规则是什么呢？标准又应该是什么？在一个充满了其他技术的实践领域引入一项新技术，需要通过实验，通过探讨，通过从中获得惊喜和发现，通过创造新的人际关系和合理性才能实现。"技术系统变成了它们自己的模型，"魏因加特（Weingart）（1991）说，"对它们的功能，特别是对它们故障的观察，是在其实际规模上开展进一步技术发展的基础。"（P.8）规则、指导方针和标准并不是斩钉截铁、一成不变的，只是对于随之而来的运行数据贴上最原先的标记（如果这样做了，很快就被证明这是无用的或者过时的）。相反，规则和标准是在说服和调解、给予和索取、新数据的发现和合理化过程中不断更新的产物。正如韦恩（Wynne）（1988）说的：

在公众眼中，人们往往认为遵守规则的行为是理所当然的，并且认为事故是由于偏离这些明确的规则而发生的。然而，在实际操作中，专家们面临着更大的不确定性。他们需要在不那么清晰的结构化情境中，做出专业的判断。关键是，他们的判断通常不是我们平时所说的该如何根据"规则"来设计、操作和维护系统。实践不遵循规则，相反，规则应遵循不断发展的实践（Wynne，1988，P.153）。

在这样的系统中建立不同的团队、工程组和委员会，是一种弥合构建和维护系统之间的鸿沟、弥合生产和操作系统之间鸿沟的途径。弥合鸿沟的方法就是去不断适应一项不确定技术所带来的新兴数据（例如，令人惊讶的损耗率）。但适应可能意味着偏移，而偏移可能意味着失败和崩溃。

为鲜活的社会技术系统建立模型

什么样的安全模型能够捕捉到这种适应并预测它的最终崩溃呢？结构主义模型是有限的。防御层有"洞"吗？绝对有！如果这是你想要用的分析方式。但是这样的比喻并不能帮助你寻找"洞"发生的地方，或者为什么，更不用说它们会提醒你这个洞其实是你自己构建的。在Macondo的案例中，客户、承包商和供应商之间形成了一个庞大而复杂的网络，这个网络具有一种生态性的特质，彼此之间相互交织、相互影响，构成了一个有机整体。当我们把它们看作一种缺陷或潜在的失败时，我们在把每一个都建模成一个有洞的防御层过程中就会失去一些东西。如果我们把系统看成内部可塑的、灵活的、有机的，那么它们的功能就是由动态关系和生态适应所控制的，而不是由刚性的机械结构所控制的。而且它们还展现出自我组织的状态。确实，钻井平台在组织结构上展现出明显的自我组织能力。这种自我组织的特点体现在，随着年份的更迭，甚至是在不同项目之间，钻井平台的组织结构都会根据市场、人员以及环境的变化而有所不同。组织的复杂性也表现出自我超越，能够超越目前已知的界限，学习、发展，甚至改进。我们所需要的不是另一个由组织缺陷导致的最终结果的结构性说明。相反，我们需要的是一个对真实过程更加功能性的说明，这个过程能与一系列环境条件共同进化，并能保持与这些条件的互动关系。这样的说明需要捕捉组织内部发生的事情，一旦技术被投入使用，就会在工作组中开展知识的收集以及合理性的创造。一个功能说明可以覆盖维修指导小组和委员会这些有机组织的组成、焦点、问题定义，并能对新出现的异常和不确定技术方面知识的增长有所了解并共同进步。

一个模型，如果它不仅关注缺陷的最终存在，还能敏锐地捕捉到缺陷的产生过程，这样的模型能使社会技术系统更加生动和真实。它必须是一个过程模型，而不仅仅是一个结构模型。就扩展控制论和系统工程研究而言，莱文森（2012）认为控制模型可以完成其中部分任务。控制模型使用层次结构和约束的思想来表示复杂系统的意外交互。在他们的概念中，社会技术系统由不同的层级组成，每个上一层级对下一层级施加约束（或控制正在发生的事情）。控制模型是一种描述在一个系统中不同级别之间动态关系的方法——这是一个向真正系统思考方向发展（以动态关系和事务为主导，而不是结构和组件）的关键因素。涌现行为与特定级别自由度的限制或约束有关。

划分等级层次是一种分析的产物，用以了解系统行为如何从这些相互作用和关系中产生。控制模型中的结果级别当然就是分析人员将模型映射到社会技术系统上的产物。这些模型不是对外界现实的反映，而是人类大脑结构寻找的特定问题的答案。事实上，一维层级的表示（只有沿上或下的一个方向）可能会过度简化围绕着（并确定相关功能）多方的、逐渐发展的集合（如钻探设备）的动态关系网络。确实，所有的模型都是对现实世界的简化，而层次类比对于心中有特定问题的分析师来说是非常有用的。例如，当分析师想要了解"为什么这些人在这一层次或这一群体中做出了这样的决策，以及为什么他们认为这是唯一合理的选择"时，层次类比就能提供有价值的视角。

在社会技术系统中，对各个层级的控制从来都不是完全有效的。为了有效地实施控制，任何管理者都需要一个对其应管控对象有良好描述的模型，并且它还需要关于其管控效果的反馈信息。但这些管理者的内部模型很容易与要控制的系统不一致，也不再匹配（Leveson，2012）。一些古怪的控制模型尤其适用于不确定的新兴技术（如深水钻井）以及围绕它们的工程和监管要求。关于控制有效性的反馈是不完整的，也可能是不可靠的。因为没有发生事件，可能会呈现出风险控制是有效的假象，而如果风险只有少数，实际上这取决于与组织安全管理系统中完全不同的因素。从这个意义上说，对自由度的约束是在不同的层级之间相互作用的，而不仅仅是自上而下的。如果下级对它们的运作产生了不完美的反馈，那么上级就没有足够的资源（自由度）来扮演必要的角色。因此，下级就通过不告诉（或不能告诉）实际发生的事情来对上级施加约束。在各种各样漂移陷入失效的案例中都有这样的动态，包括"挑战者号"航天飞机的灾难（参见Feynman，1988）。

随着约束的侵蚀和最终的失控而导致漂移陷入失效

嵌套式控制循环可以使社会技术系统的模型更容易地存在于一系列防御层面中。为了模拟安全偏离，它必须看上去像真实的环境。控制理论认为漂移陷入失效是一种质量的逐渐侵蚀或对下属行为的安全约束的逐渐失效。那么安全偏离则是由其他级别发生的事情的限制缺失或不充分造成的。相比之下，通过一系列事件对事故建模，实际上只是对这种侵蚀和失控的最终产品进行建模。如果将安全视为一种控制问题，那么事件（就像防御层中的漏洞一样）就是控制问题的结果，而不是导致系统陷入灾难的原因。换句话说，一系列事件充其量只是事故建模的起点，而不是分析的结论。分析产生这些弱点的过程需要另一个模型。

原有的工程约束随着操作经验的积累而松动，因此一种控制方面的侵蚀出现了。换句话说，思德巴克和米利肯（1988）的各种各样"微调"，并不意味着系统控制中的那种生态适应是完全理性的；也不意味着从全局视角来看，它对系统的整体发展和最终生存产生了什么意义。不，它没有。在有限的时间范围内，适应发生了，调整实施了，约束也放松了。它们都是基于不确定、不完整的知识。内部人员通常不明白的是：由于他们最初的决定，约束已经变得不那么严格了。如果内部人员能够明白这一点，那就很关键了。不过即使能够明白，后果也可能很难预见，而且约束的放松会被认为是相对于当前收益而言的一个小的潜在损失。正如莱文森（2012）所指出的，专家们会竭尽所能以适应当前的局部条件，但在日常繁忙的工作流和复杂活动的交织中，他们可能无法意识到这些决策可能带来的潜在危险或副作用。只有得益于后知后觉或无所不知的监督（这是乌托邦），这些副作用才能与实际风险联系起来。詹森（Jensen）（1996）将其描述为：

> 我们不应指望专家进行干预，也不应相信他们总是知道自己在做什么。他们常常不知道，也不清楚他们正在涉及什么样的情况。如今，在系统中工作的工程师和科学家如此专业化，以至于他们长期以来试图放弃理解整个系统，包括系统的技术、政治、金融和社会等各个方面（Jensen，1996，P.368）。

因此，作为一个系统成员，可以让系统进行思考几乎不可能。佩罗（1984）很有说服力地提出了这个观点，而且不仅仅是针对系统内部人士。系统复杂性的增加降低了系统的透明度，系统内部不同的元素以更多难以预见、检测甚至理解的方式交互。来自技术知识库之外的影响（Jensen，1996年的那些"政治、财务和社会等方面"，P.368）对人们所做的决定和决策施加了微妙而强大的压力，并限制了当时被视为合理的决定或行动方针（Vaughan，1996）。因此，即使专家受过良好的教育和激励，"因为专家们无法相信，也就无法看到一个不可理解和不可想象的事件告警"（Perrow，1984，P.23）。组织系统内部的专家和其他决策者该如何感知到系统安全性能的可用指标呢？想让专家和其他决策者能从组织内部感知是一种徒劳的追求。在复杂的组织环境中，消息畅通的真正含义是永远不清晰的，而要获得构成足够信息的清晰标准也是不可能的。确实，信念和前提条件对决策的制定以及理性的构建有着不可忽视的影响。韦克（1995，P.87）指出"看见一个人相信什么，以及没有看到哪一个人没有信仰，这是感知的核心。令人难以置信的警告被忽视了"。不能相信的东西就是看不见的东西。这证实了早先对概率超过 10^{-7} 的事件的报告价值的悲观看法。即使相关事件和警告在报告系统中终结了（这是值得怀疑的，因为它们甚至不会被那些上报的人视为警告），但如果专家对此类事件数据库的进一步分析可以成功地将警告纳入考虑范围，那也是善莫大焉。因此，专家洞察力在事中和事后之间的差异是巨大的。事后看来，该系统的内部运作可能变得清晰明了，交互作用和副作用变得明显了，人们也能知道该找什么、该到哪里去挖掘腐朽的东西以及消失的联系。

如前所述，事后发现漏洞和缺陷并不能解释为什么这些缺陷会产生或继续存在。它不能帮助预测或防止失败。相反，这类决策产生的过程，以及决策者创造自身理性的过程，是理解安全如何在复杂的社会技术体系内部遭到侵蚀的关键。为什么这些事情对当时的组织决策者有意义呢？为什么这一切都是正常的而没有报告价值呢？甚至对负责监督这些过程的监管机构来说也不值得报告呢？这些问题悬而未决。例如，BP对这种组织间的过程，以及它们是如何产生特定的风险概念的，几乎无法提供什么有价值的证据。该报告和其他报告一样，是对迄今为止事故调查中结构主义、机械主义传统的证明，甚至适用于对社会组织领域的调查。

局部理性的创建

问题是，内部人士是如何让这些越来越多的或小或大的权衡，共同导致了安全的侵蚀和偏离呢？这些看似无害的决定如何能逐步将一个系统推向灾难的边缘？如前所述，这一危险的动态趋势是在社会技术系统内部担任决策角色的人忽略或低估了他们内部理性决策的全局副作用。鉴于时间、预算压力和影响行为的短期激励因素，如果使用内部判断标准，那么这些决策就是合理的。再

考虑到决策者的知识、目标和注意力，以及当时可供他们使用的数据的性质等
因素，这些决策就是有意义的。正是在这些正常的、日常的过程中，我们才能
找到组织失败和成功的种子。针对这些过程，我们必须求助于找到在安全方面
取得进一步进展的杠杆。正如拉斯姆森和斯威顿（Svedung）（2000）所言：

> 为了制定一个积极的风险管理策略，我们必须了解产生各级决策
> 者实际行为的机制……一个积极的风险管理方法包括以下分析内容：
> - 本研究深入探讨了在日常工作中负责预防事故发生的各类人员
>   （我们称之为"行动者"）的常规活动，并分析了这些工作特性
>   如何塑造他们的决策行为。
> - 从控制理论的角度分析这些行动者目前的信息环境和信息流结
>   构（Rasmussen和Svedung，2000，P.14）。

重构或研究形成实际决策、构建局部理性的"信息环境"，可以帮助我们
深入探寻组织感知的过程。这些过程是组织学习和适应的根源，因此也是漂移
陷入失效的来源。如果"哥伦比亚号"事故调查委员会（以下简称CAIB），以
及后来的"挑战者号"灾难分析（例如，Vaughan，1996）能够在研究相关事
故中提出与结构理论截然不同且具有重要意义（迄今为止，也是相当独特的）
的情况，那么两起航天飞机事故（1986年的"挑战者号"和2003年的"哥伦
比亚号"）在这里就有很高的参考价值。这些分析认真地应用了组织流程偏离
理论，帮助我们捕捉到组织决策者不断创造局部理性的本质和根源所在，甚至
开辟了一套话语体系。

　　NASA工程师在信息环境中对安全和风险做出决定的一个关键特征是"子
弹状的项目符号"。理查德·费曼（Richard Feynman）曾参与罗杰斯总统委
员会对"挑战者号"事故的调查，他已经对这些NASA工程师以及他们在工程
判断上的失败进行了猛烈的抨击："然后我们学习了什么是所谓的'子弹状
的项目符号'——我们在短语前面加上黑色的圆圈，用来总结事情。然后在

我们的简报和幻灯片上，一颗又一颗该死的'子弹状的项目符号'出现了。"
（Feynman，1988，P.127）

诶异的是，"子弹"再次出现在2003年"哥伦比亚号"事故调查中。自从
"挑战者号"事故之后，在商业软件中使用"黑圈标注"的情况也开始增加了，
"子弹状的项目符号"也随之激增。这也可能是内部的合理（虽然大部分是草
率的）权衡以提高效率的结果，"黑圈标注"简化了数据和结论的形式，能够
比技术文件更快地进行处理。"子弹"虽然填满了NASA工程师和管理人员的信
息环境，但也造成了其他数据和描述的损失。在某种程度上，它们控制了技术
论述，主导了决策制定，决定了手头有哪些应对问题的充足信息应该被认真考
虑。"黑圈标注"无论在创造内部合理性，还是在推动合理性远离正在酿酿中
的实际风险等方面都起着核心作用。

爱德华·塔夫特（Edward Tufte）在2003年2月一个承包商给NASA的报
告（CAIB，2003）中特别分析了"哥伦比亚号"事故的一个方面。这张幻灯
片的目的是帮助NASA考虑从主燃料箱掉落的冰屑对隔热片造成的潜在损害
（损坏的隔热片在"哥伦比亚号"返回地球大气层时引起了飞船的解体，见图
5.1）。碎片评估小组在向任务评估室做报告时使用了这张幻灯片，题目是"隔
热片防穿透测试数据的回顾"，换句话说，这说明碎片对机翼的损伤不是那么
严重（CAIB，2003，P.191）。但实际上，标题根本没有提到对隔热片损坏的

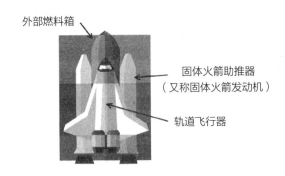

图5.1　航天飞机及其外部燃料箱和固体火箭助推器的设计

预测，反而指向了用于预测损害的测试模型的选择。根据塔夫特的说法，更合适的标题应该是"对测试数据的回顾表明两个模型是不相关的"。原因是撞击"哥伦比亚号"的那块冰碎片估计是工程师们根据其损伤评估建立的校准模型所使用的数据的 640 倍（后来的分析显示，冰碎片实际上是后者的 400 倍）。因此，校准模型没有多大用处，它们严重低估了冰碎片的实际影响力。

　　幻灯片接着阐述：如果主油箱上脱落的碎片想要穿透航天飞机的（据说更加坚固的）机翼隔热层，那么需要"显著的能量"，测试结果表明，在足够的质量和速度基础上，这是有可能的。一旦隔热片被穿透，就能造成重大损害。正如塔夫特所观察到的，在一张幻灯片上，模糊的定量词"重大"或"显著"被用了 5 次，但其含义范围很广，从使用这些无关紧要的校准测试所能看到的能力，到 640 倍的差异，再到如此巨大的损害以至于船上所有人都会死亡。同样的单词，同样的标记，在幻灯片上重复了 5 次，包含了 5 次深刻的（是的，还是显著的）不同含义，然而这都没有因为幻灯片简明扼要的形式而变得明确。同样，用于防护的隔热层的损坏被隐藏在一个不起眼的单词——"这"的背后，原句是"试验结果表明，在足够的质量和速度下这是可能的"（CAIB，2003，P.191）。这张幻灯片削弱了资料的重要性，里面关于威胁生命的数据本质被"子弹状的项目符号"和简短的陈述所掩盖。

　　15 年前，费曼（1988）发现了一张同样模棱两可的关于"挑战者号"的幻灯片。在他的案例中，"子弹状的项目符号"宣称暴露在外的接头的密封腐蚀对飞行安全是"最关键的"，然而"对现有数据的分析表明，继续按目前的设计状态是安全的"（P.137）。但事故的发生证明不是这样的。帮助航天飞机脱离地球大气层的固体火箭助推器（或SRBs或SRMs）是分段的，这使得地面运输更容易，而且还有其他一些优势。然而，在航天飞机早期的操作中发现的一个问题是，固体火箭的段与段之间并不总能正确地密封，热气体可能从密封的橡胶O形环漏出，这被称为"窜气"。这最终导致了 1986 年"挑战者号"的爆炸。费曼挑出了事故前的一张幻灯片宣称，尽管当一个（固体火箭助推器的）连接部的二级密封处出现漏气时是最危险的，但仍然被认为是可以"安全地继续飞行"。与此同时，需要尽快努力消除固体火箭助推器的密封侵蚀（Feynman，1988，P.137）。在"哥伦比亚号"和"挑战者号"航天飞机运作期间，幻灯片不仅用于支持导致事故的技术和操作决策，即使在事故发生后的调查过程中，"黑圈标注"的幻灯片仍然作为技术分析和数据的替代品，这成为"哥伦比亚号"事故调查组（2003）开展调查的原因，就像几年前费曼所抱怨的一样："委员会认为使用PowerPoint幻灯片而不是技术文件作为技术交流中不确定方法的说明，在NASA内部非常普遍。"（CAIB，2003，P.191）

　　"子弹"和幻灯片的过度使用揭示了信息环境问题，以及研究这些问题如何帮助我们理解组织决策中本地合理性的创造。NASA的纪要中展示了组织决策者是如何在"认知领域"（Hoven，2001）中进行配置的。决策者所能知道的信息是由其他人生成的，并且在通过简化、缩略的媒介传输过程中会发生扭曲。决策者一旦发现自己所处的领域处于狭窄和不完整的状态，就可能无意中让组织内外的人都感到不安。在"哥伦比亚号"事故之后，任务管理团队"承认用来继续飞行的分析，用一个词来形容，就是'糟糕'。这也就承认了飞行的基本原理也就是个橡皮图章而已——至少可以说是混乱"（CAIB，2003，P.190）。事后看来，这可能确实是"混乱"的。但从内部来看，组织中的人们不会在整个职业生涯中都做出"混乱"的决定。相反，他们做的大多是正常的工作。再说一遍，一个管理者怎么能把一个"糟糕"的评估飞行安全的过程看成正常的呢？这个过程怎么可能是正常的呢？CAIB（2003）从资源稀缺和竞争的压力中找到了答案：

　　　　飞行准备过程应该不受外界干扰，并被视为严格的和系统的。然而，航天飞机项目不可避免地受到外部因素的影响，包括在SYS-107案例中的日程要求也是如此。总的来说，这些因素决定了项目如何制定任务时间表和预算优先级，这就会影响到安全监督、员工水平、设施维护和承包商的工作量。最终，外部期望和压力甚至会影响到数据收集、趋势分析、信息开发以及对异常的报告和处理。这些现实状况与NASA乐观的信念（如飞行前检查提供了防止不可接受危险的真正保障）之间产生了矛盾（CAIB，2003，P.191）。

也许根本就没有"严格而系统"的基于技术专长的单纯决策。期望和压力、预算优先级和任务时间表、承包商工作量和员工水平都影响着技术决策。所有这些因素决定并约束着当时被认为是可能的和合理的行动方针。这在一定程度上给决策者所处的知识领域增添了许多色彩和模式，使其不再仅仅是枯燥的技术数据。假设有些决策者能够看透他们知识领域内部的这些表象，并提醒其他人注意。这样的举报者（吹哨人）的故事是存在的。即使认知领域（信息环境）的缺陷在当时会被内部发现和承认，这也并不意味着它就一定会被改变或改进。这种领域以及人们在其中的配置方式，回应了组织中活跃的其他关注和压力——例如，简报和决策过程的效率和速度。这种不完美的信息所带来的影响，即使是被意识到了，也会因为其存在副作用或者与真正的风险相联系而被忽略，并会很快地被组织决策者和机构排除在外。

研究信息环境，它们如何被创建、持续和合理化，以及它们如何帮助支持和合理化复杂且危险的决策，是理解组织意识的一条途径。在这本书的其他地方，我们将会更多地提及关于这些认知的过程。这是一种让社会学家所称的宏观—微观相互产生联系的方式。在生产和资源稀缺方面的全局性压力是如何进入内部决策领域的，它们又是如何在内部无形却有力地影响人们的想法和喜好的？人们在当时当地又能看到什么是理性的，抑或是不寻常的呢？虽然NASA的飞行安全评估试图不受这些外部压力影响，但这些压力还是渗透到了数据收集、趋势分析和异常报告等各个方面中。因此，为决策者创造的信息环境不断地、潜在地受到生产压力和资源稀缺（这在哪个组织中不是呢？）的侵蚀，并在事前就开始影响人们看待世界的方式。所以即便是这个"糟糕"的过程也被认为是"正常的"——正常也好，不可避免也罢，在任何情况下，都不需要耗费精力和政治资本去试图改变它。所以最终的结果就只能是漂移陷入失效。

思考题

1. 为什么基于牛顿线性、因果效应和封闭系统的结构主义模型不适合理解复杂组织中的事故？

2. 为了理解漂移，为什么把系统想象成比结构层或组件更有效的动态关系？

3. 如何理解内部合理性与研究组织决策者的信息环境之间的关联？这与前面章节中提到的对情景意识的激进经验主义观点有什么关系？

4. 将组织视为一个复杂的关系系统，而不是组件和层面的集合，这对你回答问题 3 有何帮助？

5. 解释为什么在已经安全的组织中，单凭事件报告还不能防止漂移陷入失效，甚至可能提供风险受控的错误想法。

6. 如果在漂移陷入失效之前，安全约束受到侵蚀，最终失去对系统的控制，你能从你自己的行业或组织中想出一个符合该描述的示例吗？

7. 组织可以采取哪些步骤来防止漂移陷入失效？

6 方法与模型

本章要点

- 人的因素与安全研究具有浓厚的笛卡尔-牛顿主义色彩，尤其因为它处于心理学、工程学以及实用主义的交汇处。

- 当人因与安全研究作为方法和证据时，这种影响显而易见；认识精神和社会世界是如何运作（作为牛顿系统）时，也能感受到这种影响。

- 我们假定社会或心理结构之间具有因果关系（如自满），但这些属于传统模型——是替代性描述而不是解释，不受伪证法影响，也很容易过度泛化。

- 人类的人因与安全研究包括双重解释含义：（1）研究对象的自我解释；（2）研究员在特殊情境中的解释，这种情景包括特定的构造、方法和技术。

- 人们对安全进行干预、改变设计，就是为了预测它们将如何影响人员将来的表现。鉴于此，研究方法必须解决演变、变化以及出现新能力和复杂性的情况。

牛顿社会物理学在人因与安全研究中的应用

新时代面临的挑战就是看待世界时，跳出笛卡尔-牛顿主义的桎梏。然而，这是一个不那么稳定、难以预测而且更加复杂的世界——活跃、自发、适应性强、恢复力强。所有的现象相互关联；众多组成部分和过程之间相互作用，而不是由单一成分或过程构成。人类的任何行为都会影响其他事物的发展，但却不能对任何事物产生控制。在过去的几十年里，科学总体上已经逐渐摆脱高度现代理想主义。研究所强调的是非线性而不是线性，复杂而不是简化，整体主义而不是归纳主义，释义性而不是准确度。严格决定论的舍弃，给人因与安全方面的工作带来了新的挑战和机遇。其中挑战之一便是：功利主义古已有之，而务实的工具主义是人的因素研究的特征，也是我们在该领域得出实实在在的结论的契机。从一开始，这个领域就充满疑问（我们需要解决什么问题，或抨击何种问题？）而不是解决方案（如果你自称为人因研究者或安全科学家，你就需要通过这些方法来解决问题）。为了更好地理解挑战和机遇，首先简要回顾一下笛卡尔-牛顿准则，人因领域正是围绕这些准则建立起来的。我们将深入剖析这些准则，进而更好地了解适合该领域的模型和方法。

因果关系与线性思维

正如整本书所讲，笛卡尔-牛顿准则，尤其是因果关系的观念，长期以来一直主导着人的因素与安全研究领域的思维模式，现如今的许多方面仍然如此。它引导我们从因果的线性序列角度来解释和思考人类行为。这给研究和调查中的分析和解释带来重大影响，看起来似乎与这个世界的运作方式相匹配。但它有可能成为一种相对简单的社会物理形式，就像《工业安全第一公理》（源自 20 世纪 30 年代）所描述的那样：

> 事故的发生是由一系列完整的因素造成的——最后一个因素就是事故本身。反过来说，事故总是由人的不安全行为和/或机械或物的不安全状态引起的（Heinrich等，1980，P.47）。

在这个公理中，笛卡尔-牛顿的物理学观点显而易见，因为它认为世界上的行为可以被描述为一系列的因果规律，具有时间可逆性、因果之间的对称性，而且系统中总能量保持不变。如果对一个系统的初始条件和参数有足够的了解，推导出该系统的牛顿定律时，就有可能预测它的所有未来状态。无论是人为系统还是自然系统，唯一的限制因素是系统的复杂性。不过，复杂性的增长仅仅意味着发现该规律的时间和脑力劳动成本的增加。正如在本书前面章节中关于行为主义和经验主义的讨论那样，正是这些使得模型和方法合理、合法：它们再现了牛顿物理学并用具体例证做了说明。

事故模型（比如瑞士奶酪模型）和基于经典物理学的理论都从那时流行开来。这些模型颇具吸引力（也很诱人），部分原因是它们让我们能够从因果序列而不是复杂关系的角度来考虑安全性和行为。这一点之所以特别有吸引力，是因为它把风险降低并转化为能量。能量是牛顿物理学的一个关键属性，在这个模型中，我们关注的是能量的积累，通常是危险的累积，以及无意识、不受控制的传递或释放。风险可以通过各种形式的管控得到控制。例如，在经典的安全模型中，可以通过将对象与危险源分离来保护对象。通常通过屏障系统达到该目的：多保护层，其功能是分散危险和传播意外能量。更好的直属研究机构，更好的管理秩序，对此也有帮助：他们可以通过安全管理系统、损失预防系统、审计、事故统计、违规及其他先兆问题等方面关注屏障状况，并从官方进行干预。需要注意道德侧重（不安全的行为、违规、自负、缺点），注意这些倾向是如何不知不觉地成为模式中的一部分。这点很有趣，因为牛顿物理学从不关心道德价值。但要应对风险，必须控制能量及其释放。我们希望相关负责人能降低运载工具速度，或者降低整个系统中对某一方面的侧重。风险必须作为一项道德、社会义务来管理。正如第 8 章中所探讨的，在整个西方工业中，这种义务并没有实现。

今天，"最优实践"社会分析对回顾分析的实用性和有效性提出了挑战，例如在事故调查中使用的回顾分析。这是因为未来不完全取决于过去——线性平衡科学并不适用，过去和未来之间的牛顿对称也不适用。这也影响了我们看待失败责任的态度。在无物件损毁的事故中，自然会加深对人的差错的怀疑。如果工程系统中没有任何组件出现故障或损坏，故障必定由操作系统的人员（人的因素）导致。风险管理不当可归因为缺乏监督、领导效率低下或缺乏适当的规则和程序（指的是体制中某一部分的缺失）。这也批判了简化思维，这种思维仍然假设我们可以对损坏的物件进行行之有效的干预（例如，消除设计、操作或对关键安全过程的控制中的"失误"）。

简化论与可靠性

在牛顿模型中，系统的宏观性质（如安全性）被视为低阶组件或子系统的直接函数。也就是说，众多人因与安全研究项目及模型都有共同的假设：在系统与单一系统部件中尽量隔离不可靠的人的因素，进而实现安全性的提高。这不仅成为学术安全模型的一部分，也影响了传统或业界外的安全模型。问询护士长如何改善医院内病人安全状况时，她说："只要把犯过错误的护士全开除，病人就会更加安全。"（Dekker，2011c，P.1）西方主流认可的关于安全的错误观念导致了以上言论。第 1 章就已有表述：20 世纪上半叶，学界受这种观点主导，认为人们需要保护具有内在稳定性的系统本身，杜绝偶然事件（如失误）的发生。牛顿关于能量的观点，以及他强调的高度现代化的控制理念，至今仍然很流行，受到大家的重视和接受。

> ……在对可靠性要求甚高的高风险行业中，消除人的差错尤为重要。例如，商业航空、军事和医疗方面的失误可能会造成极大的人员伤亡（Krokos和Baker，2007，P.175）。

人们认为个人弱点是固有的风险来源：这些弱点会对已经安全的系统的工程和管理特征造成破坏。人的差错被看作管理问题，是组织或管理指令的一部分。从这一点来看，安全管理的监督者作用已经产生，是如今关于安全与人的因素研究领域的重要表述的中心要素。社会物理学认为人类行为者和行为与自然界中的物体和事件是等同的，在过去的几十年里，社会科学一直在批评并试图与其划清界限。然而，安全与人的因素的相关学科和领域在这方面却落于人后——相反，引入了诸如"情景意识丧失"之类的概念，再次使用"过度"（例如"过度自动化"）等概念，运用牛顿因果结论进行干预。这是一种人的能动结构，由该领域固有的仪表合理性和工程方向所决定。的确，牛顿模型没有区分"自然"和"人的"因素。因而该模型不太适合解释导致系统崩溃的组织和社会技术因素。正如第 5 章所讲，该模型也没有提供能有效处理适应、风险管理和决策过程的分析方法和交流方式。实际上，使用该模型时，许多典型、日常、混乱的组织细节会被忽略，特别是最终可能产生巨大后果的细节（如，回想一下事故论题的那些陈词滥调）。

实验研究与莱比锡的宝贵遗产

对人的因素领域而言，想要通过技术和人来发现世界，传统的方法就是在实验室里进行实验。例如，研究人员想测试操作员是否能安全使用语音输入系统，或者他们对某些对象的解释是否能在三维显示器上显示得更好。传统的方法是构建一个未来系统的微缩版，并将有限的参与者放在各种条件下，这个微缩系统的某些或全部可能会表现出目标系统的部分结果。通过控制设置，实验研究就可以把某些可验证的过程变成现实。将来系统的微缩版是在实验室中预制，因此保证了与要设计的世界中的经验之间有交流。这也会导致一些问题。未来的实验步骤必然是有限的，这影响了研究结果的概括性。实验和目标情况之间的映射可能会遗漏几个重要的因素。

在一定程度上，由于环境融合有限，实验研究会产生不同结果，并影响结果的确定性。例如，关于决策制定的实验研究发现，决策者在处理提供给他们的信息时，存在几种偏见。新技术能否规避这种偏见带来的不良方面？一些人认为，这种偏见会导致人的差错和安全问题。还有一种偏见认为，人类通常是保守的，不能从信息源中提取尽可能多的信息。从同一项实验研究中得出的另一个偏见则称，人们倾向于获得大量信息，甚至是远超他们能充分理解的信息量。两种偏见显然水火不容。这也就意味着，在这样的研究基础上，很难对未来系统中人类的表现做出可靠的预测。事实上，实验室的发现经常伴随着限制其适用性的使用范围问题。例如，桑德斯（Sanders）和麦考·密克（McCormick）（1993，P.572）认为：

> 在解释……这些发现和结论时，需要铭记于心的是：大部分的文献都来源于实验研究，这些研究都是让年轻、健康的男性来完成相对没有积极性的任务。我们能否把这些研究结果运用到全体工作人员中去，目前仍有疑问。

尽管如此，在实验室进行的人的因素研究实验仍然具有特殊的吸引力，因为在实验中可以将思维量化测量，甚至还能使用数学方法得出结论。量化方法自有其内在优势：有助于将心理学与自然科学等同起来，使得心理学不再使用自省等不可靠的方法，不受心理生活的影响。在 19 世纪的欧洲，大学实验室成为许多人的因素研究部门的中流砥柱，这一风尚由化学家尤斯图斯·李比希（Justus Liebig）等科学家首创。凭借莱比锡实验室，冯特开启了心理学研究的趋势。莱比锡实验室对于推动心理学的发展功不可没：心理物理学及其探究方法把心理学作为一门严肃的科学和一门现实主义的科学，引入了数字、计算和方程式。不过，莱比锡心理学研究中系统化、机械化和量化的方法被看作对早期反思和理性主义的一种反抗行为。

回想一下沃森在推出行为主义时的主要顾虑，是为了使心理学不再使用模糊的主观主义自省方法进行研究（他指的是冯特的系统实验研究），并将其牢牢地植入自然科学传统。自从牛顿等人确立了科学研究的概念以来，心理学和人的因素一直在努力寻求认可，并想要加入这一科学概念的阵营。

哪一种方法能帮助我们展望未来？

未来是既定的吗？

2000 年，诺贝尔奖获得者伊利亚·普里高律（Ilya Prigogine）做了一个演讲，主题是为何要改变我们对自然的认识方式（Prigogine，2003）。他在雅典国立技术大学演讲时询问听众：未来是既定的吗？他指出了我们目前对自然的认识所处的困境。他认为，首先，自然极其复杂。其次，古典观点不符合历史时间导向的演化。牛顿的经典理论毋庸置疑。以此为基础，时间是可逆的。因此，没有新的事物可以出现。一切都已经存在，并且将永远存在。甚至拉普拉斯和爱因斯坦也相信我们是宇宙机器中的机器。斯宾诺莎也认为，即使我们意识不到，我们也都是机器。而普里高律似乎不这样认为：生命、进化和变化无处不在。宇宙始终在进化，我们看到的只不过是某个阶段。总的来说，世界似乎正朝着无序的方向发展，缺乏秩序和可预测性。因此，未来是待定的，并不具有确定性。它充满了涌现、事件、分歧、多样性和分化。

普里高律所谈及的是他的研究领域：物理学。但他提出，社会技术系统亦是如此。让我们来看看他的观点如何在具体案例中发挥作用——试验一下牛顿的自然科学方法能在多大程度上帮助人们预见未来。毕竟这一点常常也是安全工作中的重要关注点：干预对系统的安全性和恢复力是有帮助的，还是有损害的？曾经有这样一个问题：空中交通管制员是否可以在没有纸质飞行进程单的情况下"工作"？纸质飞行进程单包含了每架飞机的航线、速度、高度、飞行时间和其他飞行数据。空中交通管制员将其结合空中交通雷达显示一起使用。虽然世界上许多新的控制中心不再使用这些纸质飞行进程单，但人体工程学文献对以下问题还没有达成共识：空中交通管制是否真的可以不使用它们？如果可以不使用，如何保证空中交通管制的安全？没有飞行进程单的空中交通管制系统正处于开发阶段，但大量的未知工作引起了监管机构的担忧。一些文献表明，飞行进程单可以舍弃，不会对安全造成影响（如Albright等，1996）；而另一些文献则认为，如果没有飞行进程单，空中交通管制基本上不可能实现（如Hughes等，1993）。以上述研究为基础得出的设计指南（最基本的形式：取消进程单，或保留进程单）在两种情况下都行得通。

实验设置

想要知道空中交通管制员是否可以在不借助飞行进程单的情况下控制空中交通，可以在实验环境中进行实验。找一定数目的空中交通管制员，让他们执行一系列短期任务，了解他们的工作方式。奥尔布莱特（Albright）等人（1996）的实验使用了大量实验数据，以确定管制员在无进程单时的表现是否和有进程单时一样好。他们所做的工作隶属于美国联邦航空局。美国联邦航空局实质是监管机构（本质上是美国未来空中交通控制系统的认证机构）。在他们的研究中，现有的空中交通控制系统被保留了下来，但是为了比较有进程单和无进程单的控制情况，研究人员在其中一种情况中没有使用飞行进程单：

第一组测量包括以下内容：观看PVD（计划显示视图或雷达屏幕）的总时间、FPR（飞行计划请求）的数目、路径显示数、使用距离环（J-rings）的数目、冲突报警次数、响应飞行员请求的平均时间、无效请求数目、忽视请求数目、管制员对飞行员的请求数目、管制员对中心的请求数目和最后场景未完成动作总数目（Albright等，1996，P.6）。

有一个假设，对大多数的实验研究起了推动作用，即现实（在本案例中，是关于飞行进程单的使用及是否有用）是客观的，研究人员如果能正确使用测量仪器即可发现现实。这与人的因素研究中的结构主义和现实主义观点是一致的。测量值越多，数据越庞大，人们所得到的信息越充足。即使缺乏基础模型，也会被认定有效。基础模型可以将各种测量结果结合到一起，从而形成清晰的专业能力描述。在实验中，测量结果的数量和多样性可以成为测量结果准确性和认知可信度的代替指标（问：你们获取信息的方法是什么？答：我们测量了这个、这个、这个，还有……）。假定有足够的量化数据，就可以得出结论，从而对特定系统做出精准确定的描述。更多相同数据最终会导致不同结果。工程学对人因研究影响巨大，量化研究也如同探囊取物。在工程领域，试验和经验结果的积累越多，技术上的分歧也就越少；工艺的本质是将不确定性转化为确定性。通过收集数据，自由度会降低、不明确性得以解决、不确定性也会减少。

无论从地点还是时间上来看，经验的得出都必定是有限制条件的，与测量值的数量无关。在奥尔布莱特等人（1996）的案例中，20 名空中交通管制员参与了两次模拟空域条件实验（一次有进程单，另一次没有进程单），每次 25 分钟。其中一个结果是，当管制员没法使用飞行进程单时，响应飞行员请求的时间会更长，大概是因为他们需要收集相关信息才能做出决定。与其他研究结果相比，该项研究结果并不寻常。其他研究结果显示，无论有进程单还是没有进程单，管制员管控交通状况的能力与工作量之间没有显著差异，因此，有无飞行进程单对工作表现和预期工作量都没有影响。很明显，即使没有进程单，管制员通过其他方式弥补依然足以维持有效的控制，控制人员认为工作量是等同的（Albright 等，1996，P.11）。奥尔布莱特等人对这种异常现象的解释如下："由于实验场景只有 25 分钟，控制人员可能没来得及制定策略，使其能在没有飞行进程单的条件下完成工作，才导致了延误。"（Albright 等，1996，P.11）

在另一个层面上，从对异常数据的解释中可以看出，实验设置与实际系统设置之间的对应关系并不紧密。由于没有办法真正了解如何制定没有飞行进程单的交通控制策略，我们有必要继续探讨这个问题，即管制员实际上如何保持对交通状况的控制，如何降低工作量。在不影响预期工作量和控制能力的情况下，缺乏完善策略对请求响应数量的影响目前尚不清楚。认证人员也许应该关注的是，长达 25 分钟的无记录操作揭示出了怎样的未来系统，这一系统将取代数十年的实践累积。新技术的引进必然会带来新型的工作方式和新的应对策略，也意味着任务、角色和责任的转变。在实验研究范围内，即使管制员情景研究实验超过 25 分钟，这些变化也并不容易被注意到。奥尔布莱特等人（1996）在之前的文献中提出了解决这个问题的方法，其中还有之前关于控制能力和工作量的调查结果："飞行进程单一旦取消，管控员的控制能力和预期工作量（在此项研究中对其进行了记录）都会受到影响。"（Albright 等，1996，P.8）这些限定条件使得结果的权威性仅局限在实验（在研究中我们如何进行测量）有限的时间和地点中，因此其重要性大打折扣。由此得出的结论表明，能力和工作量等同这一结论，只能被看作研究方式的人为产物，是在某时某地某系研究人员使用某些工具测量的产物。不过，这种限定条件仅能在论文或某段里那些数据引用中找到。论文结尾不会提到任何限定条件，而是将这些有限定条件的结果作为普遍适用的结论。

换句话说，表达方式是用来处理认识论实质问题的有效途径。从有限制条件的结果（在这项研究中，研究人员对 20 名管制员进行研究，没有发现工作量与能力之间的差别）到普遍适用的原则（我们可以取消飞行进程单），这种转变本质上代表了观念的飞跃。因此，中心观点没有被提及，或者说读者很难对其寻找、跟进或证实。奥尔布莱特等人（1996）通过不同寻常的质疑方式来反证结论的可靠性。权威（真实准确的知识）来自可重复、可量化的实验方法。肖（Xiao）和维森特（Vicente）（2000）认为，人的因素的定量研究通常不会花太多精力在认识论基础上。通常情况下，它会无意识地从特定的情境（如实验）转换到概念（没有飞行进程单也可保证安全），从数据到结论，或者从模拟到模型。

经验（每个经验的得出都局限于特定的时间或地点）会有一些基本的限制条件，为解决这些限制，就需要做更多的研究。对大多数人的因素的定量或所有实验工作来说，这一观点十分合理。例如，在奥尔布莱特等人的研究中，有个限制条件是在该场景里时间限制为 25 分钟。没有飞行进程单是否真的改变了管制员的策略（如果改变的是在本次研究中没有被发现的策略）？这似乎是一个关键问题。这个顾虑也暂居幕后。该研究是否解决了这个问题，最终并没有对研究得出的主要结论产生影响："仍需进行更多研究，以确定没有飞行进程单是否对管制员有更实质性的长期影响。"（Albright 等，1996，P.12）

此外，奥尔布莱特等人（1996）研究得出的经验有限，因为他们只对一组管制员（高空空域）进行了研究。他们认为需要进行更多的研究，这一观点也正体现了研究结果的合理性（不是质疑）："接下来应该对负责其他扇区（如低高度进场或无雷达）的现场管制员进行研究，以确定管制员是否能像当前研究一样成功弥补没有飞行进程单的影响。"（Albright 等，1996，P.12）他们认为，相同的实验会得出人的因素不同的结论，而且大量类似研究随着时间的推移会不断增加认知，这些认知对文献有帮助，对研究的使用者也有帮助（在这里指的是认证人员）。在人因研究领域，这一观点从很大程度上讲已被认可。研究结果也必然越来越好，这种连续、渐进的改变是一条合理途径，会使人的因素研究变得更有逻辑：发现关于某个特定人机系统的客观事实，并由此揭示其是否能够安全使用。

实验工作通常依赖于量化数据。奥尔布莱特等人（1996）将问卷（称其为"PEQ"或"实验后问卷"）上的勾号转换为一系列有序数字，从而实现了量化（统计数据，如 F 值和标准差）：

> 表格中列出了所有因素，每个因素旁都有一条 9.6 厘米的水平线。这条线在左端标低，在右端标高。此外，在线的中心有一个垂直标记表示中间。要求管制员在与每个因素相邻的直线上画 X 来代表他的反应。PEQ 量表是通过测量从右端到管制员画在水平线上的标记的距离（以厘米为单位）来评分的，然后单独重复测量 ANOVAs（Albright 等，1996，P.5-8）。

　　但是ANOVAs不能用作PEQ量表中的数据。PEQ是由所谓的有序量级构成的。在有序量级中，数据类别相互排斥（勾号不能同时出现在两处），它们之间存在逻辑顺序，并且根据它们所拥有的特定特征数量（在这里指的是距离左端的长度，以厘米为单位）来打分。间隔和比率量级所表示的差异——对应，而有序量级所表示的差异并不相同（2厘米的距离并不代表比1厘米的距离多1倍）。此外，把复杂的类别如"实用性"或"受欢迎度"等用几行线的长度来表示，可能会遗漏掉那些勾号下所隐藏的有趣的真实情况。从实验的角度来看，将实用性用代表距离勾号长度的线来表示，这种操作从本质上讲并不是很有效。研究人员如何确定实用性对所有受试管制员来说意义相同呢？如果不同的受试者在特定实验场景中对实用性的含义有不同的理解，如果不同的受访者对勾号所代表的实用性程度理解不同，例如，在线的中间打勾，那么整个研究就会变得非常混乱。研究人员不知道他们问的是什么，也不知道他们得到的回答是什么。更深入的数据分析与之完全是两码事。这也是传统模型在人的因素研究中最大的弊端之一。它假设每个人都理解实用性的含义，每个人都有相同的定义。但这些都是大量使用且未经验证的假设。只有通过定性调查，研究人员才能保证在理解上达成共识，即对有飞行进程单和没有飞行进程单的控制任务的实用性的理解达成共识。或者他们会发现无法达成共识，并对其进行控制。这也是处理这种混乱情况的一种方法。

　　或许无关紧要，也可能没有人注意到，但数字其实很有用。在结果部分采用循序渐进、可预测式的研究写作模式和缩略统计结果代表的是特定的表达方式，这种方式给实验方法以权威性——这种权威指的是获得某一特定方面经验的特权，实验室之外的人员无法获得。其他专门为这项研究而发明的术语［如，在奥尔布莱特等人（1996）的研究中，研究人员在实验后向参与者提出问题的PEQ量表］证明了研究人员对这一领域具有独特认知。这赋予研究者特殊能力，告诉读者关于研究的前因后果。这样也降低了人们的事后疑虑。实证结果之所以准确，是因为它是有限定条件的结论、一种标准的报告格式——它显示了客观事实和陈述（介绍、方法、结果、讨论和总结）的逻辑关系——以及一种权威的表述方式，只有经过认证的内部人员才能理解。

缩小实验室与未来世界的差距

由于实验与系统设计之间存在某些有限的对应关系，定量研究与未来的差距似乎自动缩小了。研究中的进程单缺省状态［即使设计仅从现在的版本中遗漏一个部件（飞行进程单）］是未来的模型。可以肯定，这是一个贫乏模式，而且只展现了未来实践和表现的某个部分（前面讨论过的关于未来真实性在认识论上的保留意见暂且不提）。奥尔布莱特等人（1996）的研究中与未来接轨之处在于空管人员可以弥补飞行进程单的不足。即使没有飞行进程单，空管人员也会通过其他方式（雷达屏幕，飞行计划显示，向飞行员发出询问）寻找信息来弥补不足。有人可能会指出奥尔布莱特等人在引言的前几句话中预先判断了飞行进程单的用途和实用性，而没有将数据视为寻求其他解释的机会：

> 目前，机场之间高空飞行的航路控制取决于两个主要工具：平面视图显示器（PVD）上可获取的计算机增强雷达信息以及飞行进程单上可用的航班信息（Albright等，1996，P.1）。

这并非真正地利用知识，更多的似乎是强加于它。在这里，飞行进程单并非空管人员工作的问题性核心范畴，其用途和实用性本该容许开放性谈判、分歧或多种解释。相反，飞行进程单的用途在于将其用作信息检索设备。在如此框架之下，数据和参数实际上只能采用一种方式进行处理，即通过删除某个信息源，空管人员可将其信息检索策略转向其他设备和来源。这种改变可能发生，或许会是理想状态，甚至可能很安全："如果完全去除进程单信息及其伴随的进程单标记责任，空管人员则会通过从计算机中检索信息来获得补偿。"（Albright等，1996，P.11）对于验证者而言，这将填补未来的一项空白：删除某个信息源将导致人们在其他地方获取信息（并未伴随性能的下降或工作量的增加）。通向自动化的道路是开放的，人们会成功（或不得不）适应，因为这已得到科学证明。因此，废止飞行进程单（可能）是安全的，且确实如此。

如果去除了飞行进程单，还有什么其他的信息来源？奥尔布莱特等人（1996）就此做了研究，调查空管人员最不愿保留何种信息，结果飞行航路高票当选，高度信息和飞机呼号紧随其后。这些范畴的选择，使开发人员有机会构想飞行进程单的自动化版本，该版本以数字格式呈现相同的数据，可以用计算机存储的电子数据替代纸张存储的文本数据，且不会对空管人员的工作产生任何影响。然而，这种替代可能会忽略某些有关飞行进程单的关键因素，尤其是那些有助于安全实践的飞行进程单和不会加入计算机版本中的飞行进程单（Mackay，2000）。

除了在实验研究报告中简短提及，关于飞行进程单可能给工作人员带来什么其他潜在或模糊的影响或矛盾迹象，研究人员并未进一步考虑，这并非因为人们主动而有意识地扼杀这些迹象，而是因为在奥尔布莱特等人（1996）进行实验并记录这一与经验现实的相遇经历过程中，它们不可避免地被删除了。

奥尔布莱特等人询问了空管人员是否认为缺少飞行进程单影响了他们的表现，由此从参与者那里明确地获得了定性的、更丰富的数据。空管人员的回答表明飞行进程单是如何帮助他们预先计划的，若没有飞行进程单，他们则无法进行预先计划。然而，研究人员从未提出过预先计划的概念，也没有研究飞行进程单在其中的作用。同样，这些概念（例如，预先计划）是不言而喻的。它们不需要解构，也不需要进一步的解读。更多地关注这些定性反应反而可能会产生混淆实验准确性的无关因素。关于没有进程单则无法进行预先计划的评论暗示着飞行进程单是一个空管人员工作中更深层次的问题性范畴。但是如果进程单对不同的空管人员意义完全不同，或者更糟糕，如果伴随进程单的预先计划对不同的空管人员意义完全不同，那么就会失去在可比条件下比较可比对象的实验基石。这挑战了个体差异下的相似平均。个体差异是实验研究的克星时，解释歧义可能会质疑客观科学事业的合法性。

关于人们如何看待自身工作的调研

定性研究不是从外部看待人们的工作（定量实验是这样进行的），而是试图从内到外地理解人们的工作。从工作者的角度来看，他们眼中的世界是怎样的？在任务执行中工具对人们起了什么作用；工具又是如何影响他们表达专业知识的？解释性观点基于这样的假设：人们赋予其工作以意义，并可以通过语言和行动表达这些意义。定性研究解释人们理解工作经历的方式，是通过剖析人们根据自身情况使用和构建的意义来实现的（Golden-Biddle和Locke，1993）。

良好定性研究的标准和终点与定量研究的不同。作为研究目标，准确性在实践上和理论上都是不可获得的。定性研究是基于客观经验，但很少在其研究成果中取得最终结果。定量研究从来没有达到最终目的（请记住，几乎每份实验报告都以需要更多研究的告诫结束）。但定性研究人员承认，从来没有一个准确的系统描述或分析，没有明确的阐释，只有各个版本。飞行进程单到底对空管人员有什么作用永远取决于解释；这个问题永远得不到客观或终结性的回答，因此进一步调查永远不会终止。不过要判定某个版本是优质的、可信的或值得验证者注意，就在于它的真实性。研究人员不仅必须使验证者相信在撰写的研究描述中包含真实的现场经验，而且还要讲清楚发生的事情。外部的验证产生于文献（其他人对类似情境有什么看法）和解释（理论和证据如何解释这一特定背景）。尽管对特定社会文化群体开展现场研究（field research）被视为确保真实性和权威性的重要手段，但它并不是产生定性数据的唯一合法方式。对用户群体的调查（surveys of user populations）同样可以成为支持定性研究的有力工具。

探求用户的想法

定性研究可能对验证者有吸引力的原因在于，它可以让信息提供者、让用户说话——不是通过实验的方式，而是根据用户条款和主动性来实现。不过，这也是一个核心问题所在。简单地让用户说话几乎没什么用处。定性研究不是（或不应该是）简单的会话映射（从现场设置到研究描述的直接转换）。如果人的因素会（或继续）以这些术语实践并思考特定社会文化群体，那么对方法和数据产生的疑问将不断浮出水面。验证者们作为人的因素研究的用户，关注的不是用户原始的、未包装形式的言论，而是其言论对于工作，特别是对于未来的工作意味着什么。正如休斯（Hughes）等（1993）所说："这并不是说用户不能谈论他们知道什么或事情是如何完成的，而是需要他们针对设计本身提出问题。"（P.138）在人的因素共同体中，定性研究很少采取这一额外步骤。人的因素所针对的是特定社会文化群体，这实际上使分析的难点从用户陈述转向面向未来的设计语言。

　　与飞行进程单相关的定性任务是兰卡斯特大学项目（Hughes等，1993）。该项目花费了许多人月（研究的真实性指数）观察和记录带有飞行进程单的空中交通管制。在此期间，研究人员将飞行进程单理解为人工制品，其功能源于控制工作本身。进程单上的信息和注释以及空管人员之间的进程单的主动组织是必不可少的："进程单是（控制）团队成员的公共文档；是飞机控制历史的工作展示，也是控制工作的场地所在。移动进程单就是根据工作活动组织信息，通过这种方式可以完成组织交通的工作。"（Hughes等，1993，P.132-133）诸如工作展示和组织交通等术语属于概念或范畴，这些概念或范畴被抽象出来，与研究月份收集的大量深层特定背景的实地笔记和观察相脱离。很少有空管人员会使用工作展示这个术语来解释飞行进程单的意义。这是件好事。概念抽象允许研究者实现更大的概括性和更高的普遍性（Woods，1993；Xiao和Vicente，2000）。实际上，工作展示可以影响未来的范畴，其中设计者会寻求将飞行信息的工作展示计算机化，而验证者将评估这样的计算机化工具是否可以安全使用。但这种高阶解释工作在人因研究中鲜有发现。它将不同用户及其论据从单纯的根据真实性提出的研究中分离出来。甚至在休斯等人（1993）的研究中，当他们讲述在飞行进程单上所做的各种注释时，也仅仅依靠真实性，不过是鹦鹉学舌：

修正工作可以由管制人员完成，也可以由管制带班主任完成，或者偶尔由特定的一个部门或团队来完成。"提醒性"重要信息也可以写在纸质或电子进程单上，如指示不寻常路线的箭头，指定"穿越、加入和离开"的符号（飞机穿越、离开或进入繁忙扇区），围绕不寻常目的地的一些圆圈（特别提醒飞行员注意某些非典型的或重要的飞行目的地）等等（Hughes等，1993，P.132）。

虽然内部语言是社会化、熟悉度和亲密度的证据，但使用内部语言是不够的。验证者在评估没有纸质飞行进程单的空中交通管制版本时，它起不到帮助作用。诉诸真实性（"看，我在场，我明白用户说的是什么"）并呼吁未来的相关性（"看，这是你在未来系统中所需留意之处"），可以由此拉向相反的方向：前者是针对更具特定背景的、难以推广的范畴，而后者是抽象的工作范畴，可以映射到尚未被应用的未来系统和工作概念。解决紧张局势的重担不应该在验证者或系统设计者身上，而在研究人员身上。休斯等（1993）同意这个桥梁建设者的角色应该属于研究人员：

> 社会学可以作为用户和设计师之间的另一座桥梁。在我们的案例中，空管人员作为了解但远离这项工作的人，已经就显示工具的设计对社会学学者提出了建议。并且这一方面能够解释空管人员的评论对于其设计含义的重要性；另一方面，可以熟悉设计问题，将它们与空管人员的经验和评论联系起来（Hughes等，1993，P.138）。

受制于现在，缄默于未来

休斯等人（1993）的研究描述实际上遗漏了"空管人员言论对其设计含义的重要性"（P.138），并未提及安全隐患。相反，研究人员使用内部语言来转达内部人士的意见，导致用户声明欠缺剖析，并且在很大程度上欠缺分析。基本上，社会学会混淆信息提供者的言论，研究的参与者则只能在声明中进行挑选。这是一种稍显幼稚的社会学形式，其中信息提供者可以告诉研究人员的内容等同于或混淆了强大的分析性社会学（和社会学论点）可能揭示的内容。在某种程度上，休斯等人的研究依赖于信息提供者的陈述，这是因为他们有一个共同的信念，即信息提供者所做的工作及其陈述的基本范畴，在很大程度上是不言而喻的，也就是接近于我们所认为的常识。因此，他们只需要进行很少的分析或几乎不需要分析就能发现这一点。这一社会学，简化为一种被调解用户对验证者的展示和讲述，而不是对基础工作范畴的彻底分析。例如，休斯等人得出的结论是"（飞行进程单）'拍照'、'组织交通'的基本特征，是实现交通秩序的手段"（Hughes等，1993，P.133）。

因此，空管人员可以通过飞行进程单获得图片。这种陈述对空管人员来说是显而易见的，只不过是重复了已知的事。如果社会学分析不能超越常识，那么它只维持了对现状的一种特权。因此，它并未向验证者提供出路：没有飞行进程单的系统不安全，所以忘记它吧。验证者无法避开休斯等人（1993）的逻辑结论。"很难过多地估计进程单对控制过程的重要性。"（P.133）这样安全吗？回想一下休斯等人的话："对我们来说，这些问题很难通过参考工作来回答，因为这些工作同我们的社会学分析一样微妙而复杂。"（P.135）这看起来可能有点像是对某一特定现象的复杂纷繁投降了，道金斯（Dawkins）（1986，P.38）称之为"来自个人怀疑的论证"。当面对高度复杂的机械或现象时，我们很容易掩饰自己极端的惊奇感，并抵制做出解释的努力。休斯等人的案例，回顾了早先的一项保留意见："丰富的、高度详细的、高度纹理化的，但与社会学相关的部分和选择性的描述，似乎对解决设计师的问题贡献不大，因为设计师的目标是确定应该设计什么以及如何设计。"（P.127）这种理由使得企业脱离了验证者或设计者认为这不是特别有用的观点。合成设置的复杂性和微妙性不应该是验证者的负担。相反，这是研究人员的责任，是强烈的社会学的本质。这种现象非常显著却并不意味着它是莫名其妙的；因此，如果无法对其进行解释，"我们就不应该毫不犹豫地从自己无能为力的事实中得出任何宏大的结论"（Dawkins，1986，P.39）。

诸如"飞行进程单帮助我获得记忆图像"之类的知情言论应该作为定性研究的起点，而非其结论。但研究人员如何从原生范畴转向分析意识呢？定性工作本质上应该是解释性的和循环的：不是为了对目标系统进行明确的描述，而是对从现场获取的连续数据层进行连续的重新解释和重新分类。数据需要分析。分析反过来可以指导搜索更多数据，而这些数据反过来又需要进一步分析：不断修改范畴以获取研究人员（与之伴随的还有实践人员）不断发展的工作理解。数据、概念和理论之间存在着持续的相互作用。

分类和修改范畴是强烈的社会学标志，罗斯（Ross，1995）对澳大利亚飞行进程单的研究就是一个有趣的例子。在本质上，罗斯的研究依赖于对当前工作中使用飞行进程单的空管人员的调查。这一调查经常遭到定性研究人员的嘲笑，因为他们把研究者对工作的理解强加在数据上，而不是根据数据理解工作（Hughes等，1993）。大量的实验探索或数月的密切观察证明，不仅经验性的认识或修辞上的真实性诉求是要紧的，罗斯的调查结果同样重要，它们经过了分析、编码、分类、再编码、再分类，最终大量早期特定背景的空管人员的评论开始形成一个合理的、可推广的整体，可以为验证者提供有意义的信息。

根据先前对飞行进程单工作的分类，罗斯（1995）从空管人员工作的这些概念性描述向下推演，再从特定背景的细节向上推演，留下几层中间步骤。与通过抽象层次结构进行认识论分析的特征一致（参见Xiao和Vicente，2000），自下而上的每一步都比前一步更抽象；每一步都比前一步更少地使用领域限定术语，而更多地用与概念相关的术语。这就是归纳：从特定到一般的推理。罗斯（1995，P.27）的一个例子就涉及特定领域的空管人员活动，例如"输入飞行员报告；编写飞行计划修正"。当然，这些较低级别的、特定情境的数据本身并没有语义负载：总是有可能提出进一步的问题，并深入这些简单的、常规的活动相对于执行者的意义世界。的确，我们必须问，是否只能从特定背景层级（在人的因素中体现为最核心、最基本的低级数据集）拾级而上呢？在罗斯的数据中，研究人员仍然应该质疑原本理所应当的飞行员报告输入背后的常识：飞行员报告在特定情境（例如，与天气相关）下对空管人员意味着什么，输入该报告对于空管人员在不久后的将来处理其他交通问题的能力意味着什么（例如，防止飞机进入严重的气流）？

虽然后来暗示了更翔实的细节和问题，但这类活动也指向更高层次分析中的意向策略："进入系统的信息的转换或转移"，这在更高级别的分析中，可以连同其他这样的策略进行标签编码分组（Ross，1995，P.27）。这种编码的某些部分是象征性的，因为它在飞行进程单上使用标识度高的标记（下画线，黑色圆圈，删除线）来表示空管人员正在进行的事情。甚至复杂的飞行高度性质（实际飞越的地点与它计划飞越扇区边界的地点的对比，飞行高度，是否已经联系另一个频率，等等）都可以通过简单的符号表示法来折叠或展开，即进程单上代码周围的一条线或圆圈，代表其他空管人员可以轻松识别的复杂的多维问题。由于无法将保持飞行稳定运行的所有细节记录在头脑中，空管人员会将复杂的事情进行压缩，或者像埃德·哈钦斯（Ed Hutchins）可能说的那样将其分批存储，即通过用一个符号代表复杂的概念和相互关系（有些甚至是暂时的），来均衡复杂的细节。

类似的，"识别切换的符号"（在飞行进程单上），虽然允许进一步拆解（例如，"识别"是什么意思？），但它是"转换或转移收到的信息"的策略实例，反过来也代表着空管人员更强的"解码"能力，而这又是使用符号来折叠或均衡复杂性的策略的一部分（Ross，1995，P.27）。从识别切换的符号到复杂性的瓦解，有4个步骤，每个步骤都比前一步骤更抽象、更简短。这些步骤不仅允许其他人评估分析工作的价值，而且其目的实际上是对可用于指导未来的系统评估工作的描述。受罗斯的分析启发，我们可以总结出空管人员对飞行进程单的依赖体现在以下几点：

- 均衡或折叠复杂性（符号表示法传达的内容）；
- 支持协调（决定获得下一个飞行进程单的人）；
- 预测动态（来自何处，何时，以何种顺序）。

现在可以执行这些最高抽象级别的步骤，以确定飞行进程单在理解工作场所和任务复杂性方面的作用。虽然不再是信仰的飞跃（因为它们之间存在着各种各样的抽象层次），但最后一步——最高级别的概念描述，看起来仍然具有一定的创造性魔力。实际上，罗斯（1995）仅揭示了分析推动机制的冰山一角，因为没有广泛的记录可以用来跟踪调查数据转化为对工作的概念性理解这一过程。或许这些转变也被视为理所当然：这个谜团被解开了，因为人们认为它并不神秘。研究人员设法从日常活动的用户语言描述迁移到目前不那么固定的概念语言，这一过程在很大程度上仍然隐藏在视野之外。目前尚无社会学文献能具体地指导达到最高级别概念理解水平的推理。在这一点上，研究人员有（并依赖于）较大的回旋余地，他或她（敏锐地）深入了解了该领域的活动对于从事这些活动的人来说真正意味着什么。最后一步的问题在定性研究领域众所周知，是公认的问题。沃恩（1996）和其他社会学家将其称为宏观—微观联系，即在局部环境中（在飞行进程单上围绕一组数字放置一个圆圈）定位一般意义系统（例如，符号表示法，卸载）。格尔茨（Geertz）（1973）指出，试图使宏观—微观联系的推论常常类似于"完美的印象主义"，其中"很多被触及但很少被掌握"（P.312）。这种推论往往会引人深思，它更多地基于建议和暗示，而非分析（Vaughan，1996）。

在定性研究中，较低的分析水平或理解水平总是会限制推理，而这些推理在通往更高水平的道路上往往可以进一步得出。每一个步骤中，替代的解释都有可能出现，那么定性的工作就不能达到对所研究系统或现象的有限描述（定量研究也不能，确实如此）。但定性的工作甚至不以此为目标或假装这样做（Batteau，2001）。结果永远可以进一步解释，永远受到问题化的影响。因此，我们应该对其进行推理的主要标准不是准确性（Golden-Biddle和Locke，1993），而是合理性：概念性描述对于实际从事工作的人和告密者来说有意义吗？这也激发了定性分析的连续性、循环性：重新解释已经解释过的结果，逐渐发展出一个理论，解释为什么飞行进程单能帮助空管人员知道在研究者的不断进步中正在发生什么，了解信息提供者的工作和他们的世界。

这三类高层次的空管（飞行进程单）工作告诉验证者，空中交通管制员已经制定了策略，以处理与其他空管人员的复杂通信、预测工作量和规划未来的工作。飞行进程单起着中心作用，但不一定是排他性的作用。研究报告的撰写方式使得现状无法获得特权：除飞行进程单之外，其他工具也有可能帮助空管人员处理复杂性、动态性和协调性问题。复杂性、动态性以及协调性对于空中交通管制至关重要。无论设计者、开发者或监管者希望打造什么以供安全使用，他们最好考虑到，空管人员使用其工件来协助处理复杂性，帮助其预测未来动态，并支持其与其他空管人员的协调。这类似于某种人的因素的要求，可以为验证者提供有意义的输入。

帮助设计者展望未来

人的因素的一个作用是帮助开发人员和验证者判断一项技术是否安全，以备将来使用。但是，定量和定性的人的因素都冒着风险，认为其发现的权威是理所当然的，并且认为未来安全与否在本质上是不成问题的。至少在这一基本问题上一方文献（或两方文献）都鲜有提及。然而，无论是研究的合法性或发现，还是将研究成果转化为对未来的预测，都不是轻易就能实现的，也不应该被视作理所当然，仍需要做更多的工作，为验证系统安全性的工作者提供有意义的发现。实验人的因素研究的合法性，可以通过赋予实验室研究人员以权威以及对获取数据的方法进行控制来实现。这样的研究对未来使用是有意义的，因为它相当于测试未来系统的迷你版。然而，研究人员应该明确指出其测试的未来版本的弊端所在，情境对实验设置的细微影响可能引发与未来用户之结果有所不同的发现。

对于下一个系统的验证者，人的因素的定性研究可以宣称其具有合法性和相关性，因为其与人们实际开展工作的领域有真实的接触。而验证是来自文献（其他人关于相同和相似背景的说法）和解释（理论和证据如何理解这个背景）的。这样的研究可以有意义地讨论认证问题，因为它允许用户表达他们的偏好、选择和忧虑。然而，定性的人的因素研究绝不能停止记录和重演信息提供者的陈述，而必须通过概念、理论、分析和文献来消解对知情者的混淆性理解。人的因素研究，无论是哪种类型，都有助于缩小研究结果与未来系统之间的差距。研究描述既需要像科学一样具有说服力，也需要使用未来语言以供工程师、开发人员、设计人员进行展望：展望未来工作，以及在一个尚未存在的系统中实现人与技术的共同进步。

论定性与定量

定量或定性研究能否对未来做出更有效的论断（从而有助于证明系统使用的安全性），是存在争议的。乍一看，定性研究或实地研究都是关于现时的（否则，就没有研究领域）。定量研究可能会测试未来的实际系统，但这种设置通常是人为的和有限的，因此它与真实未来的关系微乎其微。许多学者指出，定量和定性研究之间的差异实际上不大（例如，Woods，1993；Xiao和Vicente，2000）。任何一方的认识论特权论断都适得其反，难以被证实。只有当一种研究方法能更好地帮助研究人员回答他们所探究的问题时，它才会变得更加有效。当然，在这个意义上，定性和定量研究之间的差异是实际存在的。但是，若将定性工作视为主观的，就会忽视定量研究的意义。从与现实相关的实验中得出数据，然后缩小与概念（见前文）相关结论的差距，这需要大量的解释作支撑。在后面的讨论中可以看到，我们在赋予数据意义时很容易受主观影响。此外，将定性探究视为实际定量研究的纯粹科学前提，则会曲解它们的关系并高估定量研究。一个普遍观点是定性研究应先于定量研究，先提出假设，然后在更严格的环境中进行测试。这可能是一种关系。但通常定量研究只能揭示某一特定现象的方式或内容（或程度），数据本身可能很难阐释这种现象的原因。在这种情况下，定量研究是实际定性研究的前提：实验数据运算引导并触发了研究意义。

最后，一个共同的论断是定性研究的外部效度高、内部效度低。相反，定量研究则是外部效度低、内部效度高。该论断常用来解释定性研究与定量研究两种方法，但它也是科学方法中最易为人曲解的论断之一。定量研究的内部效度高是因为实验室研究允许研究者近乎完全控制数据收集的条件。如果实验者没有得到某实验结果，要么是它没有发生，要么是实验者知道它，把它当作一个误区来处理。但我们往往高估了研究人员对实验条件的控制程度。实验室设置只不过是另一种情境设置，在该情境设置中，各种细微的因素（社会期望、人们的生活历史）会介入并影响行为，就跟在任何其他情境中一样。相反，定性研究中研究人员对实验条件的控制程度则会被低估。许多定性研究也确实强化了这一印象。但在定性研究中，严格控制实验条件是绝对可能实现的：通过很多方法，研究者可以对不同因素之间的系统关系加以控制。一方面，在定性研究中，解释中的主观主义并不比在定量研究中更有必要。另一方面，定性研究并不会自动在外部生效，因为它需要放置在（应用）设置中。每一次与经验现实的接触，无论是定性的还是定量的，都会产生特定于情境的数据——来自那个时间、地点，从那些人那里，用那个语言生成特定于上下文的数据，这些数据根据定义是不可移植到其他环境中的。研究人员为了将数据提升到一个与概念相关的水平，进而将术语和结论带到其他设置中，必须先对这些数据进行分析。

本体论相互关系

处于心理学和工程学之间的交互地带，人的因素很难同时对两者保持忠实或可信。但它努力尝试过。上文关于飞行进程单的例子表明，并非所有操作员或从业者对他们经历（或在他们"头脑中"上演的事情）的陈述都可以在典型的人的因素研究的范围内以实用或分析的方式加以处理。事实上，这种研究方法的反思，被认为是不可信的，在很久以前就被行为主义所取代。但是，如果我们要求人们使用标准化调查的方式进行反思，并将他们的答案转化为数据，会有人信任我们吗？有一种任务负荷指数NASA TLX[①]几乎可以实现这一点，很受欢迎。几十年来，这一指数的使用几乎没有受到质疑和审查。一个原因可能是它契合实验主义方法，为许多人的因素研究项目增强了可信度；另一个原因是它也契合经验主义和定量偏差。同时，这也是威廉·冯特在莱比锡实验室中首次获得的心理学支持。很快冯特不得不承认，心理计量学的研究目标过于大胆，但人的因素研究仍然昭示了他的野心。对任务负荷的测量实际上是一种对心理计量学的追求。典型的负荷量测量表会在时间体验及心理需求后进行探究，它们通过提供受访者顺序量表来标记每个人的体验程度。

这是一种本体论的炼金术：它将一种精神上的虚构（一种发明、一种创造、一种捏造，实际上是一种类似于任务量的建构）转化为一组可测量的数据。本体论炼金术是将关于心理体验的内省判断转化为数据——将其转化为实用的东西。一旦任务量成为数据，我们的分析机制就会停止。我们不关心调查者、主体和参与者可能想告诉我们的其他本体论主张，因为那是内省，我们不能相信。实际上，定性调查常因其主观性和不科学性而遭受质疑。无论进行了什么"现实测试"，都经过了测量、工具、指数和数字的处理，从而证明了这一点。这种工作能够得出可量化的结论，这种操作看似得出了客观的陈述，而人的因素则从陈述中获得了额外的认识论置信度。至少与人类行为的民族学研究（例如，Hutchins，1995）相比，人的因素研究者不会如他们那般自如地把语言作为一种手段，将观察结果联系起来。对人的因素和安全研究结果的量化，增强了对独立于观察者的现实存在的信念；量化的结果是进入现实的客观窗口：

> 数据和图表的使用不仅体现了数据，而且给读者提供了"看到现象"的感觉。通过使用数据和图表，科学家隐晦地表示，"你不必接受我的话，自己去寻找答案吧"（Gergen，1999，P.56）。

[①] 任务负荷指数量表，一种心理负荷评估工具。

但这些数据代表什么呢？它们又是如何得出的（想想奥尔布莱特等人的标尺在飞行进程单中被用作顺序量表）？最重要的是，它们可能隐含了什么？有效性及确定性，以及认知上的置信度，均被简化为一种排名强度或数值强度，即一种数据民主（Dekker等，2010）。实际上，研究设计的运作等同于统计、盘点或分类。反过来，这些运作等同于构建关于世界的强有力的认识论陈述，等同于产生事实和科学。

这不是实验或实验室研究所特有的。有关社会学方法的文献在对世界进行经验性描述时，也往往追求真实性和某种形式的客观性。社会学文本要求读者接受，研究人员确实参与到研究中，而且他们领会了内部人员是如何理解他们的世界的（Golden-Biddle和Locke，1993）。实现这种真实性的方法包括列举那个世界中的日常情况（掌握只有通过实地考察才能获取的经验细节）、描述研究人员和被调查者之间的关系（一方观点结束和另一方观点开始）、鉴定研究人员可能带来的任何个人偏见。这些策略需要一定的客观性，使观察者和观察对象分离开来，从而激发除研究者之外的世界理念（即使他人——内部人员对那个世界的看法都是研究人员所能接触到的）。

决策研究是该研究领域的另一明显例证，特别是通过研究一种最终判断或决策的命中率来评估绩效（Dekker等，2010）。命中率在人的因素中的一个例子是失误列表。这里可以回忆前文是如何描述研究人员不断完善新方法来监控飞行员的表现的（Croft，2001）。更多的社会学研究也包括观察到的行为命中率，例如从业人员在驾驶舱和手术室中对新技术的适应，这提高了研究结果与人的因素认识论关注点的契合度（Björklund等，2006）。关于判断和决策的研究文献都是基于此。但是，我们必须问，如果我们对决策的所有研究都是最终判断的命中率，那还忽略了什么呢？在很大程度上，这是对知识和推理丰富性的视而不见，并将人的能动性降低到认知过程的结果——忽视了研究对象的情感或具体化的概念。

传统模型

因此，我们构建了可以测量、量化和"证明"的对象。我们的许多对象可以互换使用，以指代相同的基本现象。例如，小组情景意识、共享问题模型、团队情景意识、交互知识、共享心理模型、联合情景意识和共享理解。与此同时，关于是什么构成了这一现象的结果尚不全面，对于如何衡量这种现象的想法也存在分歧。获得经验的方法包括修改从业者技能的度量方法，在突然定格的模拟场景中插入问卷调查，在自然任务行为演变模拟中嵌入隐含调查。这导致我们无法对现象的实证分析加以证实、得出结论，特别是以我们自己的认识论为标准的分析。毕竟，如果没有定义某种事物，研究人员又怎么能声称他/她发现了这个事物呢？也许没有必要定义现象，因为每个人都知道该现象意味着什么。事实上，情景意识一类是一种传统模型，来自从业群体（在这里指飞行员）。传统模型是有用的，因为该模型可以将复杂的多维问题分解为每个人都可以联系到的简单标签。但这也是风险所在，特别是当研究人员选取了一种传统模型并试图对其进行科学调查和建模时。

在这方面，情景意识并不特殊。当今，人的因素有更多的概念，旨在洞察潜藏在复杂行为序列背后的人类行为。人们通常误认为标签本身是更深入的洞察力——这种情况变得越来越普遍，比如在事故分析的时候。因此，现在在事故报告的原因和结论中可以找到情景意识丧失、过度自动化和失去有效的机员资源管理（CRM）的字眼。这种情况发生时没有进一步说明观察到的行为的心理机制——更不用说这种机制或行为会如何迫使一系列事件走向最终的结果。标签（先前飞行员操作错误的现代替代品）用于指代直觉上有意义的概念。虽然假定每个人都理解或默许这些，但通常没有人会做出任何努力来阐明或达成对潜在机制或精确定义的一致意见。人们可能不再询问这些标签是什么意思，以免在业务方面受他人怀疑。

事实上，我们认为，那些与日常生活中所了解的心理现象大致相对应的大标签是足够的——他们不需要进一步解释。这是人们通常接受的心理现象实践。这是因为，作为人类，我们都有关于心灵运作的特殊知识（因为我们都有）。然而，在特定于情境的（和可测量的）行为细节与概念依存模型之间，没有实现可验证和详细的映射——从特定情境（某个人飞到山腰）跳跃到概念依存（操作者肯定失去了情景意识）是不受批评或验证的。

　　传统模型未必是不正确的，但与明确的模型相比，它们关注描述而不是解释，而且很难被证明是错误的。传统模型在科学史上无处不在。一个众所周知的现代传统模型是弗洛伊德的心理动力学模型，它将可观察的行为和情感与不可观察的结构（本我，自我，超我）及其相互作用联系起来。传统模型的一个特征是，不可观察的结构被赋予了必要的因果力，却没有对造成这种因果关系的机制进行详细说明。例如，根据科恩（Kern）（1998）的观点，自满会导致情景意识丧失。换句话说，一个传统问题会导致另一个传统问题。这样的断言并不明智。因为这两个传统问题都是由外部观察者（而且大多是事后临时的）假设的，所以在经验世界中，它们在逻辑上不可能引发任何事情。然而，这恰恰是人们认为它们能够做到的。回想一下，在结束一场关于情景意识的会议时，查尔斯·比林斯在1996年是怎样警示这种危险的：

　　　　然而，我们迄今为止所考虑的情景意识建构的最严重缺点是，它太条理、太全面、太诱人。我们在此了解到许多与人的差错有关的航空事故，往往是由于情景意识不足。因此我们必须避免这种陷阱：情景意识不足不会"导致"任何事情发生。空间感知错误，注意力转移，无法在可用的时间内获取数据，缺乏决策力，这些或许都是事故发生的原因，但绝不是因为缺乏什么抽象物（Billings，1996，P.3）！

　　情景意识过于"条理"和"全面"，从某种意义上说，它缺少细节层次，因此无法解释将事件序列的特征与结果联系起来的心理机制。然而，传统模型得以产生，正是因为从业者（飞行员）想要一些"条理""全面"的东西，而这些东西可以捕捉他们在复杂、动态情境中表现的关键但不明确的方面。我们要明白，从业者使用传统模型是合情合理的。该模型可以实现与用户群体关注点和目标相关的有用功能。

传统模型似乎是基础世界和应用世界之间、科学界和从业群体之间的便捷桥梁，情景意识这样的术语是可以在两个阵营使用的共同语言。但这种概念共享可能导致表层效度。从长远来看，它可能对人的因素没有多少好处，也不可能真正造福研究成果的从业者或用户。

另一个传统概念是自满。为什么人们的警惕性会随着时间的推移而下降呢（特别是在面对重复刺激时）？自人的因素在第二次世界大战期间和之后出现以来，警戒递减已成为一个有趣的研究问题。自满一直与警惕性问题相关。尽管自满意味着某种动机（人们必须确保他们仔细地审视了该过程），但与人的因素相关的文献实际上并没有给出什么解释或定义。什么是自满？它为什么会发生？如果你想要找到这些问题的答案，不要查阅与人的因素相关的文献，因为你不会从中找到答案。自满是这些建构之一，其含义假定为所有人所知。这证明在科学话语中它可以作为自变量或因变量来进行操纵或研究，而不必费心去定义它的概念或是弄清它的工作原理。换句话说，自满为研究传统模型提供了一个"条理"而"全面"的案例。

用替代来下定义

传统模型最明显的特征是它们通过替代而非分解来定义它们的核心建构。一个传统概念仅仅是通过引用另一种现象或建构来解释，而另一种现象或建构本身同样需要解释。替代与分解不同：替代是将一个高级标签替换为另一个高级标签，而分解则将分析带入后续更详细的层次，将高层概念转化为更易测量的情境细节。标签自满是用替代来下定义的一个范例，它与自动驾驶舱上观察到的问题有关。大多数关于航空人的因素的教科书都谈论自满，甚至赋予其因果力，但没有一本书真正给它下定义（分解它）：

- 维纳（Wiener）（1988，P.452）称，在自动驾驶舱的非核心问题上经常提到"无聊和自满"。但是，自满是否会导致非核心问题，或者说它是否恰好相反，至今无人解答。

- 奥黑尔（O'Hare）和罗斯克（Roscoe）（1990，P.117）指出，"因为自动驾驶仪已经非常可靠，飞行员往往会变得自满而不进行监控"。换句话说，自满是用来解释监控失败的。

- 科恩（1998，P.240）坚持认为"当飞行员执行系统监控任务时，他们将陷入自满状态，失去对情境的感知能力，并且在系统出现故障时不能及时做出反应"。因此，自满可以导致情景意识丧失。至于这是如何发生的我们只能留给想象。

- 在书的同一页，坎贝尔（Campbell）和巴格肖（Bagshaw）（1991，P.126）说，自满既是"可能导致危险意识降低的特质"，又是"信心加上满足的状态"（强调补充）。换句话说，自满是一种长久的、持续的人格特征（一种特质）和一种行为上短暂的、转瞬即逝的阶段（一种状态）。

- 为了对事故报告进行分类，帕拉苏拉明（Parasuraman）等人（1993，P.3）将自满定义为："自我满足可能让人放松警惕，而这种不警惕是基于满意系统状态的不合理假设。"这既是部分定义，也是部分替代：自我满足替代了自满，认为是在为自己说话。而自我满足出现的心理机制，或它是如何产生不警惕的，则没有必要明确指出。

事实上，在与人的因素相关的文献中，很难找到关于自满的实质内容。人们经常描述，或提及该现象与背离或偏离官方指导有关（人们应该协作、复核、查看——但他们没有），这既是规范主义的，也是评判性的。在帕拉苏拉明等人（1993）的定义中，"满意系统状态的不合理假设"是人的因素通过参考外部规范来理解工作的象征。如果我们想要理解自满，那么重点就是分析为什么提出者证明满意系统状态的假设是合理的（而非不合理的）。如果它不合理，且提出者知道这一点，那他们就不会做出这样的假设，因此不会自满。若满意系统状态的假设不合理（但人们仍继续进行——那他们一定动机不足），那并不能解释些什么。

上述例子都没有真正给自满下定义。相反，人们视自满为不证自明的（每个人都知道这意味着什么，不是吗?）。所以，自满可以通过用一个标签代替另一个标签来进行定义。人的因素方面的文献将自满与许多不同的标签等同起来，包括无聊、过度自信、满足、无根据的信仰、过度依赖、自我满足，甚至低怀疑指数。因此，如果我们问，"你所说的'自满'是什么意思?"，答案是"嗯，就是自我满足"，我们可以说，"哦，当然，现在我明白你的意思了"。但我们真的明白了吗? 这是用替代来解释，实际上提出了比答案更多的问题。由于未能提出对观察到的行为负责的明确的心理机制，我们只能对此感到好奇。自满是如何导致警惕性下降的，或者自满是如何导致情景意识丧失的? 这可能是神经连接的衰退、学习和动机的波动，或者在不断变化的环境中，竞争目标之间有意识的权衡。这种开始操控自满的大概念的定义，表明对研究人员可以用来监测某些目标效应的可能探测。但是，由于目前可用的自满描述都没有提供任何这样的洞察途径，所以，声称自满是一系列事件的核心，这一论断是不受批评和伪证法检验的。

对伪证法的"免疫"

大多数科学哲学依赖经验世界作为假定理论的试金石或最终仲裁者（现实检验）。在波普尔（Popper）拒绝经验科学中的归纳法之后，理论和假设只能通过可伪证性来进行演绎验证。这通常涉及某种形式的实证检验，寻找该假设的反例，没有出现相互矛盾的证据成为该理论的佐证。伪证法可以解决归纳验证的核心弱点，正如戴维·休谟（David Hume）所指出的那样，归纳法需要无数次的实证证明。相反，伪证法却只需在一个经验实例上发挥作用，就可以证明该理论是错误的。如第 3 章所讲，这只是一个高度理想化的，几乎是科学事业的临床概念化。然而，无论如何，无法用伪证法证明的理论是非常可疑的。

传统模型对伪证法的免疫可称为免疫反应。传统模型对于经验现实的论断没有具体说明，也没有留下任何痕迹供他人效仿或评判。例如，一位资深的机长教员曾断言，若以下任何一种态度普遍存在，驾驶舱纪律就会受到损害：傲慢，自满，过度自信。没有人能对此提出异议，因为该论断不明确，也就免受了伪证法检验。同样，心理分析师将强迫症归咎于童年时期过于严格的如厕训练，这种解释也依赖于一系列难以验证的假设和理论，从而具有免疫化特征。同样的，如果一个飞行员问另一个飞行员"我们要飞去哪里？"此类的问题，就会被解读为情景意识丧失，这种说法也可以免于伪证法的检验。从特定情境行为（人们提出问题）到假定心理机制（情景意识丧失）的过程是一次大的飞跃，没有留下任何实质性研究痕迹供他人效仿或评判。

目前，情景意识理论还未得到充分的阐述，无法解释为什么询问方向的问题会意味着情景意识丧失。有些理论从表面上来看，似乎具有良好的科学模型的特点，但在表面之下却缺乏一种适用于伪证法的明确机制。虽然伪证法起初似乎只是科学进步中一个自取灭亡的标准，但事实恰恰相反：最可伪证的模型通常也是信息最丰富的模型，因为它们对现实做出了更有力和更可论证的论断。换句话说，可证伪性和信息量大是同一枚硬币的正反面。

传统模型与前景广阔的新兴模型

弃用传统模型所带来的后果就像给婴儿洗澡，结果把婴儿和洗澡水一起倒掉了。换言之，也就是可能丢弃了一些假以时日可以带来有效经验的模型。确实，更为人所知的人因模型（如决策、诊断）往往会从初期模型（情景意识、自满）中区别开来，这在一定程度上源于它们在本学科的长久性以及成熟程度。所有方法论批评的前范式答案便如是。从这种意义上讲，人因仍然是一门年轻的科学。而从理论上来说，它在未来也定能演化成为一门普通科学。毕竟，没有证据能证明人因不能像其他自然科学一样严谨、客观。不过它确实需要更多的时间和力证。从前范式的角度来看，自然（或硬）科学才是所有科学领域的核心。硬科学是其他领域的认识论加以排名的指标。但是，根据所谓的解释学的普遍性，硬科学当然被相对化了（如Feyerabend，1993）。解释学，又称诠释学，不再仅仅与人类研究有关，而是与所有科学有关。即使是自然科学，如今也根据历史条件和人类建构而发生变化（Wallerstein，1996）。它们也必须不断重新评估相关事实、方法和理论的内容，以及什么叫作"自然"。人因的诠释便包括通过培训获得的隐性实践技能和惯例，并通过该领域的专业分类、结构和出版渠道而得到加强。

我们在认定新兴理论无效，并将其弃用之前，应该予之以怎样的机会呢？无独有偶，这个问题的答案也取决于可证伪性。典型的科学进步是理论的继承，每一种新理论都比之前的理论更具可证伪性（因此信息量更大）。然而，当我们用情景意识丧失或自满来代替之前对这些现象的解释时，不难看出，可证伪性实际上在减少而不是增加。以1973年的自动化事件为例，当时情景意识或自动化引发的自满还未产生。目标飞机在极其恶劣的天气变化条件下进近。飞机配备的是有些故障的飞行指引仪（中央仪表板上的一个装置，根据肉眼不可见的传感器输入，给飞行员指挥路径），机长亦不予以信任。在距离跑道约1 km处，这架飞往波士顿洛根机场的飞机偏离轨道，撞上了海堤，机上89人全部遇难。在失事声明中，国家运输安全委员会解释称：如果没有正向的飞行管理，细小差别的累积会造成情况的恶化，导致高风险事件的发生。当时飞行的副驾驶将精力集中到飞行指挥系统提供的信息，忽略了对高度、航向和空速控制的关注（Billings，1997）。

如今，副驾驶对自动化的自满情绪以及整个机组人员的情景意识丧失都被列为当时飞机失事的原因（实际上，同类经验现象也可以归类到自满或情景意识丧失的标签之下，这也进一步证明了这些概念界限不明、分类宽泛）。1974年的失事事件显然不需要这些假设（自满、情景意识丧失）的解释。通过可量化或可证实的各类人员表现（飞机指挥的注意力转移与其他来源数据的对比），此类分析没有得出与情景特征（例如，细小差别的积累）更紧密相连、更细微、更能证实，以及更能追踪到的结论。在解释飞机失事时，以自满情绪和情景意识丧失为代表的可证伪性的降低代表的是科学进步的对立面，因此它本身就自证了对新概念的弃用。

规范主义

当然，这种自满情绪当真存在吗？其中所需的工作量和数据收集暂且不谈，我们真能给它一个令人满意的定义吗？与研究情景意识的境况相同，问题的本质是任何定义从本质上（即使不明显）都是规范性的。回顾之前的章节，我们认为：情景意识与观察者应该或可能了解的目标世界相关。这可能就是实验者对情况的理解，对操作员可用的过程数据的整理（但其观察可能并不完整）或其他的一些"基本事实"。自满情绪的调查亦如此。莫里（Moray）和稻熊（2000）对自满情绪进行了微妙、细致以及深入的思考。他们称，当我们谈到自满情绪时，我们关注的是监测、视觉显示的采样或过程行为，尤其是自动化系统的表现和象征。"自满的观念源于这样的猜想：在自动化的监测高度可靠的情况下，操作员非常信任自动化系统，甚至降低了对变量采样（或监测）的频率"（P.355）。自满情绪是指导致次优监测的错误策略。由于操作员的自满情绪，可能会错过重要信号，因为他们对自己系统的正常运行太过自信。在日益可靠的系统运作中，这种信任趋于增长（Billings，1997）。

莫里和稻熊解释称，鉴于来源的动态性，操作员对过程指示器进行抽样的频率低于最佳情况，便是自满。但是，为了使监测到达"最佳"，应该何时以及间隔多久对显示进行视觉采样？谁又最有发言权呢？关于所谓自满情绪的研究是有缺陷的，是因为没有人能给监测过程中的"最佳"行为予以定义。除非以具体的最佳行为作为基准，否则无法证明自满情绪的存在。如果一些征兆未被注意，那么我们不能说这些征兆意味着或者来源于自满情绪。更进一步说，对实际监测行为进行抽样的假设"基准"通常在已知结果之后，再被推导出来。当然，事后情况很容易证明最佳采样率，因为导致糟糕情况的次优已然显现。假如那些人早就知晓了这些数据，那之后惨剧也就不会发生。这当然没有任何意义：它仅仅是使用传统模型的反向推导，而不是对事物的解释。正如莫里和稻熊所言：

> 这不仅仅是一个语义问题。如果一定要说操作员因为自满错失了征兆，就等于诉诸所有人都避之不及的经典策略，即将责任归咎于操作员，并认为"人的差错"是导致问题的原因。在日常用语中，"自满情绪"这样的术语暗示了操作者本身具有并且可以改变的一种特征。倘若认为某人的"自满"是导致错误的原因，那也不等于说，该错误是有限的工作记忆造成的，或错误是源于不受控制的神经系统（Moray和Inagaki，2000，P.362）。

即使最佳监测策略得以成型，难道就能保证不会漏掉任何信号吗？莫里和稻熊论证称：最佳监测也（十有八九）会导致关键信号的丢失。在真实的系统中，一些信息源与高风险现象（如空气速度）密切相关，而通常情况下，最佳监测策略也会随之发展。但它们并不是唯一需要监测的来源。在对不同的信息源进行采样时需要权衡。正如信号检测理论所论证的那样，这些也是由权衡和概率所决定的。信号检测理论还论证道（见第7章）：最佳采样率根本不存在，信号丢失的情况也不可避免。如果最佳采样根据相关通道、过程或信号而发展，那也会根据其他条件而让步。正如莫里和稻熊所言："保证能够检测到所有信号的唯一方法是全神贯注地观察关键信号出现的整个过程。"（Moray和Inagaki，2000，P.360）这正是帕拉苏拉明等人（1993）的方法。他们让操作员在实验中如法炮制，自满情绪真的消失得无影无踪了。然而，正如莫里和稻熊所指出的那样：在真实的系统中，这是不可行的。

过度泛化

传统模型缺乏特异性和可证伪性，这也导致了该理论过度泛化的性质。心理学的过度泛化有一个典型的例子：反向U形曲线，又称耶克斯–多德森定律（Yerkes–Dodson Law）。反向U形曲线在人因教科书中无处不在，它伴随着一系列的反应和表现（具体的反应和表现不详）。也就是说，据称，一个人在反应（或压力）过多或过少时，会有最佳表现。然而，最初的实验跟反应或表现并不相关（Yerkes和Dodson，1908）。实验的对象甚至都不是人类。在研究"刺激强度与习惯之间的关系"后，研究人员对实验室老鼠进行电击，观察它们并对比不同特定途径的速度。结论是：在最大或最小电击后，老鼠的学习速度最快（养成习惯的速度更快）。该结果近似于反向U形曲线，但有着更贴合的曲线重合；在心理学中，x轴未定义，而从冲击强度来看，x轴有定义但很混乱：耶克斯（Yerkes）和多德森（Dodson）使用了不同程度的冲击，但校准太差，所以差别也不得而知。耶克斯和多德森的结论过度泛化（当然，这并不是结论本身的过失），使得压力和反应相混淆。1个世纪之后，仍然没有证据表明反向U形关系适用于压力（或反应）以及人类表现。过度泛化是由有限的实验结果所得出，并将其不加批判地应用于其他广泛的情况，这些行为细节与在受控环境下调查的现象具有一些初级相似性。

过度概括和过度应用的其他例子包括"感知隧道"（某飞机在自动驾驶仪偶然关闭后，安全降落到大沼泽地，该机组人员倡导这一理论）以及以CRM故障为事故原因的事件（如，民用航空，1996），CRM最广为人知的事件是在1982年冬天。一架从华盛顿国家机场出发的飞机在起飞后不久结冰，坠落到第14街大桥和波托马克河附近。据副驾驶模棱两可的说辞判断，事故的根本原因是发动机仪表读数不规范（而事实上，副驾驶以其言辞斩钉截铁著称）。这种所谓的解释使得其他许多潜在的因素退居幕后，比如，空中交通管制压力、不适宜接近决策速度的起飞环境、该型号飞机对结冰的敏感性以及飞机冰板条（机翼前缘的装置，帮助飞机低速飞行）、冰雪（即使少量）对飞行上升趋势的影响，以及飞机手册中描述发动机防冰使用条件的模糊工程语言。

传统模型意义何在?

实际上，这一切都无关紧要。毕竟，人因领域因实用主义目的而产生，并非以科学或哲学为前提。只要人因能够产生切乎实际的结果、更好的表现、更好的工作环境，那么不论用何种标准来评判，它本身的"科学"程度对我们而言并不重要。这种观点在情景意识中已被提出，现在已经有"大量的研究证明其效用"（Parasuraman等，2008，P.144）。但是，实用性并不代表科学。库恩（1962）认为，我们不能假定该解释代表最准确或最有实用性的情形。事实上，在为现有解释积累经验证据的实践以及优先考虑研究结果量化的实践之外，也存在着一些反例或排他性的案例，但这些都证实了观察者独立存在的事实。这一情况过甚的话，会导致我们无法反思我们自己的做法和信仰的本质。批判性审查和自我反思很有必要，因为它们是科学知识与传统模型区分开来的根本原因（Dekker等，2010）。对人因认识论假设的调查也引发了一系列问题，尤其是跻身该领域的研究人员所受教育方式的问题。近几十年来，广义上的人因教育和心理学教育丢弃了心理学历史以及科学哲学领域的学习。在与同事和学生对话之后，我们发现学位课程提供的历史、哲学或相关主题的课程越来越少。正如情景意识研究缺乏学术传承一样，我们很可能再次重蹈覆辙。

安全和人因研究方法——前路在何方

长期以来，计数、测量、分类和统计分析一直是实验的主要工具。实验通过实体（情景意识、自满情绪、人的差错）构造得以实现，计数和分类方法可用。人因以现实主义为导向，它假设经验事实是稳定的、客观的现实，该现实独立于观察者或其理论之外而存在。人类错误存在于一些研究人员所谓的事实之中，他们认为在某些客观现实中这些事实是很可能出现的。但如果没有研究人员的方法或理论，这些事实并不存在。这种实验装置的使用有助于将其合法性转化为实践，产生知识并保持知识的流通。福柯称之为认识论：一套作为证据的规则和概念工具。这种做法必然具有排他性。它们在一定程度上就是为了区分真实（或事实）的陈述与虚假（或推测性、传统）的陈述。比如，"情景意识丧失"是众所周知的科学语言，表达一种精神状态，而"效力减退"则是实践人员的专用表述。我们切切实实地认为，我们可以操作（从而测量）事物的一面，而非两面。掌握了一个方面之后，我们就获得了一定程度的认识论信心，因为我们研究的不再是主观经验。操作化以及测量准确性和有效性的实现证明了我们的科学结构更能证实真实的世界，这不是实践者能做到的。真实的陈述通过文献传播，并在出版物中再现，是我们获得本领域有效知识的基础。

　　当然，对于观察、出版或者阅读事实的人而言，实验方法的运用并不会降低该事实的真实性。但我们应该看到事物的本相，如托马斯·库恩（1962）所言：这是志同道合的研究人员默认的妥协，并非所有人都可参与。没有人有最后的发言权。成分分析、实验主义方法也有可能得到方法论的认可。例如，颅相学为心理学做出过贡献，而神经科学也有极大可能为人因带来积极影响：这将为经验主义者带来福音。假以时日并加以验证，我们可以通过更多生物或物理证据来证明它们与心理状态的关系。届时，就像真正的科学一样，我们得以测量"真实"物体："客观实际"的真实物体和视线可见的事物。人因对物理的"嫉妒"和对经验主义者的条件反射显而易见：那些无法看到的或不能变成数字的，就不是"真实的"（Wilkin，2009）。因此，视线不及之物必须转化为视线可及之物（信息处理和心理工作量表便一直在努力）。之后就一跃成为事实了。然而，由于所谓的"诠释学的普遍性"，即使是可测量的硬科学对象也是相对的（Feyerabend，1993）。颅骨上可测量的肿块曾常与犯罪倾向或数学能力"相关"，而神经影像的颅血流与客观事实和心理状态也不可分，因为它们因历史条件和人类构造而变化（Wallerstein，1996）。一切科学都不能高估其自身结构的本体论地位，也必须不断重新评估构成其本身的可衡量事实。

　　这也意味着，与主流人因领域的实验方法不同，此类实验并非一定要有足够的研究予以支撑。获取经验现实的途径纷繁复杂，而这些途径能否被接受取决于研究者的世界观。彻头彻尾的定量主义至上者（北美的人因研究领域尤甚）的思维中便深植着这种权威共识（既然大家都追求，那就一定是好的）。这种方法论的滞后很大程度上源于研究者害怕被贴上"不科学"的标签（冯特和沃森便深受其害），而不是研究所催生的重要知识增量。

本质主义的衰落

研究方法、规则以及研究对象本身都有助于研究现实的实现。上文提及的比林斯所讨论的 1974 年事件并不是情景意识丧失的佐证，因为其结构根本就不存在。那么以"记忆"为例。科技，从蜡片和书籍到摄影、电话交换机、计算机，甚至是全息图，衍生出的隐喻描述了关于记忆的结构及其历史发展。随着隐喻的改变，对记忆的看法也在改变。同样，20 世纪 70 年代在人因领域占主导地位的信息处理隐喻将人们的注意力吸引到存储和检索现象。技术发展（蜡片、晶体管、计算机）对我们的模型和语言带来影响，因而我们改变了思维方式，以及研究记忆或注意力的方式。这意味着我们谈论和研究的构造并不重要：它们缺乏在所有空间和时间都不可变或不变的属性。构造以及这个词的表达方式便是我们看待世界的角度——共识。构造的术语表述创造了一个特定的经验世界，若术语改变，这个经验世界也会变化，并且与其他词语的存在方式不同。共识将词语和世界联系在一起（Gergen，1999）。这就剥夺了词语（构造）对客观事物的真实描述。只要其含义不变，词语的本体论地位就趋于稳定。

这种批判性的探究，即对所谓的自然的批判，是 20 世纪后期科学的核心关注点。知识并非对世界基础结构日益调整的结果；相反，知识是从不同角度塑造和建构而成的。这因社会秩序而产生，也反映了当时社会的资源和机制。当我们寻找降低风险、减少错误或控制人们违规行为的途径时，这种结构就会起作用。这种解释机制所强调的是："世界"上根本不存在这些东西供我们去发现、运用。相反，它侧重于向人们展示，我们是如何（或者说，为了什么）去发现和创造这些知识、理论和结论的，我们是如何以及为什么通过研究行为、通过探索世界的方式来产生这些知识、理论和结论的（Bader和Nyce，1995；Lützhoftet等，2010）。这就需要进行安全研究来设定这前所未有的反思：安全科学领域由概念和实证侧重所主导，它与研究团队和实践人员密不可分，而非由我们试图描述的世界所决定。也就是说，我们必须调查执行手段，调查风险评估的合法性、分析方法、错误计数以及其他审计和干预。安全团队的工作往往依赖并反过来强化人类绩效在评估组织安全性方面的"科学"测量作用。科学至上，因为科学具有获取经验现实的优先权（不掺杂个人情感、客观、非价值优先），并且其结果会转换为数字形式，适用于当代商业模型的运行方式。

安全研究的经典"科学"方法曾认为其兴趣类别（起初的"风险"，也包括事件、危险、错误、违规）必然可以转化为经验分析和制表单位，这就等于假设它们独立于观察者及其背景、语言和兴趣。但现如今，我们实际上应该审视真正的传统概念：风险并非存在于客观空间中。它也无法代表物理世界中的不可变特征。简而言之，任何对风险的定义，无论采用何种严谨的方法，实质上都是观察者将自身特定语言、兴趣、想象力和背景加诸外在的客观世界。安全和人因研究并非中立，更不是为了增加知识。与所有知识实践一样，它创建的是具有特定后果和结论的描述过程。因而，该研究摒弃其他理论，为自身的实践和解释提供实证。

复杂性与方法论的开放性

吉登斯（Giddens）（1984）认为，与安全和人因研究类似，人类活动的研究必然基于人们的情景自我解释以及构建我们眼前世界所用的词语。人因是指人类研究人类的活动。人类善于自我反省，绝不是自然界中"任人宰割"的物体。吉登斯认为，这涉及双重解释学。首先，人因研究中的研究对象有自我解释的能力。郝那根和阿玛尔贝蒂（2001）关于人的差错的研究证明：该研究的研究对象不赞同某些研究人员对他们行为的解释。第二重解释学适用于研究人员，他们本身也是人类。他们由特定结构、方法、技术组成的特定背景所建构。在许多人因研究（错误计数和制表研究，或对情景意识或工作量的研究）中，解释不仅制约着参与者对自身表现的反思，还会影响研究人员对这些反思的后续解释。吉登斯（1984）说，社会体系的形成或再造是建立在结构与能动性相互影响的基础之上的，如同同一个过程中两个不可分割的因素，有着双重性特征。这种方法不具备跨历史的真理价值，不会形成事实或"科学"的积累。这本身并非坏事。这类研究可以产生客观、跨历史的后果这一结论其实并不可信。

进步主义认为，安全和人因研究定会采用更有新意、更为准确的解释方法来看待我们试图了解和掌握的客观世界；这一视角吸引了很多研究者的目光。但是，如今所有类型的科学都没有创造出在 19 世纪便认为可行的科学事实。以安全科学为例：该领域研究的是定性值，而非准确数字（例如，弹性指标而非测量指标）（Hollnagel 等，2006）。或许，与冯特实验室的情况不同，如今的社会或社会技术方法并不具备确定性。在复杂、分散和混乱的世界中，只有掌握让事物变得明晰的方法才能创造秩序和线性结论（Law，2004）。

这并不是说，人因和安全研究不能使用传统的研究方法。相反，在许多情况下，这些方法反而可以提供一些答案或产生有价值的问题，正如克洛德列维（Levi-Strauss）所言，"值得思考"的问题。但如果我们认定如今所研究的现实世界现象不具有确定性、可重复性和稳定性，那么我们"发现"的"事实"便不可延续、积累，这也是我们在研究方法时需要重视的问题。我们的研究方法需要异质性和变异性，开放性和多样性，深度和广度。只有如此，我们的方法才可以得出独特、非凡、有启发性的结论，而不是重复的范式。这也是我们匹配世界多样性和丰富性的唯一途径。没错，如果我们想要研究、理解和影响的系统很复杂，那我们就要接受这样的现实。让我们将复杂世界，而不仅仅是复杂的牛顿主义，作为研究背景来看待新技术和自动化的问题。不难看出，传统的模拟世界实验和新的开放思想对于我们理解技术、人类和安全之间的关系大有裨益。

思考题

1. 从哪些方面可以看出人因与安全研究方法仍然受笛卡尔-牛顿世界观的支配？换言之，文中何处体现了牛顿假设（例如，因果的线性和相称性、对应知识以及简化论）？

2. 在复杂的运营过程中，笛卡尔-牛顿世界观如何促进和阻碍我们对安全或人因干预影响的预测？

3. 为什么说研究方法中的定性与定量对立是错误的呢？

4. 传统模型的特征是什么？它与前景广阔的新兴模型有何区别？

5. 为何规范主义容易陷入传统模型的误区，以及它如何对其从业者构成威胁？

6. 什么是本质主义？它为何常常被假设为我们研究主题的结构（例如，"自满情绪"）？

7. 在人因研究中，双重解释学的意义是什么？它会影响我们对结果有效性的信心吗？

7 新技术和自动化

本章要点

- 我们可以采用自动化替代人类工作而不产生任何后果（除了增进更大的安全性或效率）的观念是基于泰勒的假设，即关于将工作分解成分配于人—机之间的组件。这也被称为替代神话。
- 自动化，或任何新技术，改变其被设计支持或替代的任务。它创造了新的人类工作，形成了成功和失败的新途径、新的能力和复杂性。
- 数据过载是一个普通的人类行为表现的问题，通常引起对自动化的注意。然而，依赖于这个问题是如何构建的，自动化和新技术能够帮助或阻碍人类在监控过程中管理异常的能力。
- 新技术不是一个在不同稳定系统上对单一变量的操纵。新技术反而触发了人类和社会实践的变革，以及人类对新技术的适应。
- 设想的实践意识到未来不是上天赋予的，人类与技术协同进化，并且新的能力与复杂性可能会涌现。通过构建或想象我们设想的世界，设计者可以在提交用以修复特定问题的资源之前探究技术变化的反响。

我们能使人为差错自动离开系统吗?

人类部分任务实现自动化，可能是科学革命、工业化和微处理器革命的副产物。从概念上讲，这是由泰勒关于部件冗余的想法推动的。泰勒把工作分解或减少到最基本的部件，这就是他理解工作并使之更为有效的方法。他建议可以将这些工作重新组织，更好地计划，或者重新分配给那些能够以最可靠、最快捷的方式完成这些任务的人。执行这些任务的系统部分被视为冗余的或是可相互还原的。如果任务是有计划、有组织且得到有效监督的，那么在生产线上做着特定工作的人究竟是哪个人，就无关紧要了。因此，当技术具有可能性的时候，只要能达到更高效的目标，这些分解任务也可以是自动化的。这便是泰勒主义的思想遗产：如具备技术上的可行性，除了某些输出措施（例如，实际上是效率）自动化可以替代人类工作而对人—机整体不产生任何后果。泰勒的思想遗产使得关于自动化有助于减少人为差错的期望是明智的。如果我们对于部分任务实现自动化，那么人类就不会执行该部分任务；如果人类不执行这部分任务，就不会出现人为差错。作为这种逻辑的结果，有一段时间（在某些领域可能依然还存在），人们认为技术上的一切自动化都是最好的想法。例如，美国航空运输协会（ATA）观察到"在 20 世纪 70 年代和 80 年代早期，尽可能实现自动化，这样的理念被认为是适当的"（Billings，1997，P. xi）。这将导致更大的安全性、更大的能力以及更多的益处。自动化现今不仅替代了人类的工作，而且确实扩展了人类在许多安全关键领域的能力。事实上，因为有助于系统与人们更好地和以更低廉的成本运行，自动化经常被精确地呈现和实施，甚至可以更容易地操作：减少任务负荷，增加信息的获取，有助于实施注意力的优先次序，提供提醒，以及做到我们无法做到的工作。

功能分配与替代神话

　　但是基于泰勒主义的意义，自动化能替代人类工作从而减少人为差错吗？或者人类和技术有更复杂的协同进化吗？工程师和其他参与自动化开发的人有时会认为这是一个简单的答案，事实上这也是一个获取答案的简单途径。MABA-MABA清单，或者"人类在哪里更擅长/机器在哪里更擅长"的清单，在几十年里以各种不同的形式出现。这些清单主要是试着列举机器和人类各自存在优势和劣势的领域，以便为工程师提供一些用来划分自动化与人类功能分工的指导。由这些清单分配功能的过程貌似直截了当，实际上却充斥着重重困难，并且常常只是未经认真思索的假设。

MABA-MABA或咒语

存在的一个问题是针对功能分配的功能颗粒度的级别是任意分配的，例如，它取决于基于MABA-MABA方法的信息处理模型（Hollnagel，1999）。而其他的，例如，信息处理的四个阶段（获取、分析、选择、应答）形成了功能应被保留还是舍去的指导原则（Parasurama等，2000）。这也是一个本质上基于类似于线性输入-输出策略的人—机集成概念的任意分解。假设它不是一个决定人机交互功能类别的信息处理模型，那么这通常由技术本身决定。MABA-MABA属性然后被铸入了机械学说术语，源于技术象征，保罗·菲兹甚至在人类和机器的属性清单中应用了诸如信息容量和计算等术语（Fitts，1951）。如果技术可以选择斗争领域（确定属性语言），它将赢得大多数术语。这通常容易导致非以人为本的系统出现半途而废的情况，此系统通常是关于人类打造启发式与适应性的能力，例如不关注无关的数据、计划和重新分配活动以满足当前的约束条件、预测事件、做出概括与推断、汲取以往经验，以及协调合作等。

再者，MABA-MABA清单依靠于固定的人类和机器的优势与劣势设定。这个理念是：如果摆脱了（人的）劣势并且利用了（机器的）优势，最终会得到一个更安全的系统。这就是郝那根（1999）所谓的"通过替代来实现功能分配"，这个概念是自动化可以把机器取代人类作为直接方式引入，保留基本的系统，并同时改进一些输出措施（更低的工作负荷、更好的经济性、更少的差错、更高的精准度等）。实际上，帕拉休拉曼等人（2000）近期在这个理念的意义上对自动化进行了定义："自动化是指全部或者部分取代先前由人类操作员执行的功能。"（P.287）但自动化不仅仅是取代（尽管从工程师的角度而言自动化就是取代），在这种取代发生之后，从人类行为表现的观点来看，值得我们关注的各类事宜就开始涌现了。

在取代理念背后，陈列了人与计算机（或者任何其他的机器）固定的优劣势，而自动化的观点充分利用了优势，并同时消除或弥补了劣势。问题在于利用计算机的某些优势但并没有替代人类的劣势，它创造了新的人类优劣势——通常以意想不到的方式表现（Bainbridge，1987）。例如，自动化的优势在于在没有性能退化的情况下，用预先确定的方式执行长而连续的动作，放大了一直存在的人类如何一直保持警觉性的问题。它同时加重了系统依赖人类处理参数问题或者文字化（自动化不能利用所有相关领域参数在所有可能的环境中解决准确的问题）的劣势。然而，正如我们所见，通过弥合背景情形的鸿沟，人类致力于解决自动化的文字化问题，但由于计算机系统难以引导（如何使之明白？如何让其理解我的需求？），所以可能会存在困难。此外，分配一个特定的功能，如果不将该功能吸纳进系统中，就会产生进一步的后果。它为其他同伴在人—机环境创建新的功能——之前不存在的功能，例如，键入，或搜索正确的显示页，或存储登录密码。换言之，寻求先验的功能分配是棘手的，这种新的功能创造了新的差错机会（那个密码又是多少？为什么找不到正确的网页？）。

新的能力，新的复杂性

新的技术能力带来了新的社会技术复杂性。我们不能仅仅自动化部分任务，且假设人—机关系维持不变。即使它可能已改变（伴随着人类做得更少，机器做得更多），人类与技术之间仍然存在着一个交互界面。而这个工作在交互界面上很可能也发生了变化——有时是急剧的变化。日益增长的自动化将手动操作人员加速转化为监控人员，转变成一套自动化和其他人力资源的管理者。伴随着他们的新工作，增加了出现新漏洞、新差错的机会。新的交互界面（从指针到图像、从单参数仪表到计算机显示），开辟了人—机协调失效的新途径。许多操作领域第一手见证了自动化实施导致工作发生了转型，并记录了其广泛的结果。自动化并不能消除我们通常所谓的人的差错，正如（或正是因为）它不能终止人类的工作，还有一些工作需要人类来完成。手动系统与自动系统中的差错并不是同类型的。自动化改变了专业知识和差错的表征方式，它改变了人们如何很好地表现。自动化改变了专业知识和差错的表达，它可以助我们卓越，也会致我们毁灭。自动化也改变了差错恢复（通常不是更好的）的机会，并且在许多情况下延缓了差错的可见后果，结果出现了各类协调失效和事故形式。

自动化惊奇

目视气象条件下在名古屋 34 号跑道正常进近着陆时，机长指示飞机需要复飞但并没有说明原因。在接下来的 30 秒内，目击者看到飞机以直直向上抬头的姿势，向右翻滚之后，在 300 英尺的时候，以尾部触地的姿势，向跑道进近端右侧坠毁。

在进近过程中，负责操纵的副驾驶显然按下了自动驾驶TOGA（起飞/复飞）开关，因此自动化增加了动力并且指令俯仰向上的姿态。机长警告副驾驶模式改变了，副驾驶继续试图操纵飞机沿着下滑道下降，但是自动化采用了抬头升降舵配平，从而对于副驾驶的操纵输入形成对抗。最终，伴随一个极端抬头位置的安定面配平，副驾驶已经无法抵消下俯升降舵的配平。飞机上仰姿态超过了 50°，造成失速，向后跌落地面。264 人在坠机事故中丧生。

……据悉，飞行员没有意识到他们的决策（继续进近）违背了飞机自动化安全系统的逻辑。1991 年 2 月，一架东德①航空A310 在莫斯科经历了一次类似于这次事故所观察到的突然且急剧的俯冲。

1994 年 8 月 31 日，NTSB（美国国家运输安全委员会）给FAA（美国联邦航空局）发出了安全建议A-94-164 至 166。建议指出："国家运输安全

---

① 民主德国。——译者注

委员会担心存在飞行员引发的低空'失控配平'的情境，并且这样的情境可能会导致失速或者飞机以俯冲姿态着陆。"（P.5）参阅其他运输类飞机自动驾驶仪系统，美国国家运输安全委员会认为：

> 值得注意的是，自动驾驶仪的断开和警告系统功能是齐全的，无论海拔高度如何，也无论自动驾驶仪是处于着陆还是复飞模式。安全委员会认为空客A300和A310自动驾驶断开系统是明显不同的……此外，缺少安定面动态警告似乎是这些飞机所独有的特点。名古屋事故以及莫斯科事件表明，飞行员可能没有意识到在某些情景下，如果他们尝试手动操纵飞机时自动驾驶会形成对抗（P.5）。

> 国家运输安全委员会建议这类自动驾驶系统应进行改进，无论自动驾驶操纵的高度或操作模式如何，都应确保飞行员将指定的输入应用到飞行控制或配平系统时能够断开自动驾驶系统；以及当配平水平安定面处于移动中时，不管配平命令是来自飞行员还是自动驾驶，都应该提供足够的感知预警（Billings，1997）。

模式意识

自动化系统中的一个重要问题是了解自动化应是什么模式。模式混乱可能是自动化惊奇事件发生的根源，人们认为他们告诉自动化做一件事，而实际上做的是另一件事。追踪和检查模式变化以及现代驾驶舱状态的常规仪表是FMA（飞行方式信号牌）。它是一个小条带，用不同颜色展示缩略或模式缩写（例如，航向选择模式显示为HDG或HDG-SEL），取决于模式是否预位（准备接通）或即将使用。大多数航空公司程序要求飞行员对他们在FMA上看到的模式变化进行喊话。

模式变化的查看和喊话

即使在上述案例情况中的模式信号没有那么混乱，我们也不清楚这些自动化在诸如转换到着陆这类繁忙操作阶段时是否能够提供很大的帮助。一项研究在飞行模拟器中监测了飞行机组在12次阿姆斯特丹返回伦敦全程中的飞行状况（Bjorklund等，2006）。通过EPOG（目视注视点）设备观察并测量两位飞行员的观察时间，用不同的技术从激光束到测量及校准目视扫描，或目光跳跃，可以追踪飞行员在限定视野范围中的精确关注焦点（见图7.1）。与其他研究一样，这一研究发现飞行员根本不看FMA（Mumaw等，2001），他们谈论FMA变化情况则更少。根据他们的程序本应需要标准喊话，但实际上很少有。然而，这似乎对自动化模式感知或飞机的飞行路径没有多大影响。没有观察和交谈，大多数飞行员显然仍知道自动化过程中发生了什么。在这项研究中，在12个航班中存在521个模式变化的发生，其中大约60%是飞行员引起的（由于飞行员改变了自动化中的设置）；其余的是自动化引起的。2/5的模式变化从未进行视觉验证（意味着在40%的模式变化期间，没有任何一个飞行员观察他的FMA显示）。负责操控的飞行员对于FMA的检查会少于未操控飞行的飞行员，这也是角色划分时的自然反应。操控飞机的飞行员有其他需要查看的飞行相关数据资源，而未操控飞行的飞行员可以监控整个过程，从而更经常地检查自动模式的情况。机长和副驾驶之间也存在差异（甚至在调换负责操控的与未操控的飞行角色之后）。机长目视验证FMA模式变化在研究案例中占72%，而副驾驶则是47%。这可能是机长对于飞行安全的最终责任的真实写照，但并没有预期到这会转变成自动化监控的具体差异。关于自动化类型飞机的运行经验可能会造成这种差异，但是大量经验被排除在外了。

图 7.1 在从阿姆斯特丹飞往伦敦的一个小时期间目视注视点的固定位置。模式通知信号
牌（在主飞行显示器的上端）没有吸引大量的注视。
（数据来源：Björklund C.等，国际航空心理学杂志，2006，16(3)：257-269）

在 521 种模式变化中，有 146 种要求喊话。如果这看起来没有这么多的话，考虑一下这样：只有 32 种模式变化（约为 6%）在飞行员观察FMA之后会喊话，其余的喊话则是在观察FMA之前，或者根本不观察FMA。这种观察和喊话之间的断开意味着有其他线索，飞行员用以确定自动化操作的进程。FMA可能不是飞行员模式喊话的主要触发因素，FMA中 2/5 的模式转换甚至从未被整个飞行机组看到过。与非玻璃座舱飞机中的仪表监控相比，监控模式转换更多地基于飞行员自动化的心理模型（它驱动了何时何地观察的期望）以及对当前情景所需的理解。这类模型通常是不完整且古怪的，这并不奇怪，许多模式转换既没有视觉上也没有语言上的验证，实际上是由飞行机组正确预见的。在飞行员针对模式变化的确喊话的情况下，这些模式变化中 4/5 伴随着视觉识别或者先于喊话的发生。有多个基于调查的资源表明飞行员依赖于预见和追踪自动化模式行为（包括飞行员心理模型）。FMA被设计为关于自动化状态的主要知识来源，但实际上却并没有提供那么多知识。它只触发了仅仅 1/5 的喊话，而 40% 的模式转换被整个机组完全忽略了。不幸的是，新法规的提案是在同一个旧的显示概念基础上形成的。举个例子，欧洲联合航空局JAA早在 2003 年的咨询通告（ACJ25.1329）中就表示："从预位模式到接通模式的转变应提供额外的注意力获取特征，如在电子显示器（按照AMJ25-11）上用适当的、短暂的、周期的（例如，10秒）加框与闪光以帮助飞行机组察觉。"（P.28）但是无论是加框或闪光或都没有，飞行方式信号牌并不擅于引起注意。事实上，经验数据表明，FMA没有以一种占主导或相关联的方式帮助飞行机组察觉。如果设计真的是为了引起机组对自动化状态和行为的关注，那么它必须比在各种颜色、加框或闪光周期中发出难解的代码更能呈现出根本性的变化。

喊话程序对于真实驾驶舱中的实际工作，存在彼此错误估计的情况，因为总的来说飞行员根本不遵循常规的验证与喊话程序。强制飞行员先对FMA进行目视验证，然后喊出他们所观察到的，这不仅不符合实际操作，对于这类工作实际发生的条件也不敏感。当工作负荷增加时，喊话可能是第一个不重要的工作，这也是被这类研究所证实的。除了很少出现的正式喊话，飞行员还隐含地和非正式地讨论模式变化。例如，围绕高度截获的隐含讨论可以这样说，"高度达到130（截获）"（指的是高度层FL130）。出现了许多不同策略以支持模式察觉，并且少数在实际上与视觉验证和喊话正常程序重叠。即使在比约可隆德（Björklund）等人（2003）研究的12次航班中，也至少有18种不同的交叉检查、把控节奏、协作沟通的策略。这些策略与正式程序一样好，甚至更好，因为机组在12次航班中的交流显示，没有自动化惊奇事件可以追溯到缺乏模式察觉。也许归根结底，模式察觉对于安全来说并不重要。

这是一个有趣的实验副作用：如果模式察觉主要通过视觉验证和口头喊话来测量，机组既不观察也不交流，那么机组是否没有意识到模式，或者研究人员是否并没有意识到飞行员处于怎样的自动化意识中？这其中就存在一个疑问：机组既没有讨论也没有观察，但是仍然知道飞机自动化处于何种模式中，而且事实上似乎就是如此。在这种情况下，研究人员（或者航司，或者航线飞行检查员）如何知道？这种情景就是一个答案。通过观察飞机的航向，以及航向是否与飞行员的意图重合，观察者就能明显地知道飞行员意识度的情况。这将显示飞行员是否遗忘了什么。然而，在研究报道中，飞行员没有遗忘：从他们的角度而言没有出现非期望的飞机状况。

数据可用性和自动化认证

人的因素在这里起着至关重要的作用，在这种基础上认证一个系统（假设数据具备可用性，意味着这些数据将被观察）是目光短浅且具有风险的。毕竟，可用的数据并不意味着可以观察到的数据。这一点从上述模式察觉和飞行模式信号牌的研究中明显可见。它们表明，在数据可用性和数据可观测性之间可能存在显著的差距，这不仅取决于任何显示器的物理与时间特点，还取决于观察者的关注点、目标、工作负荷和注意力方向（Woods和Hulnnael，2006），程序合规性也一样。认证一个系统100%符合想象中的工作假设也是有风险的，想象中的工作不一定就是实际完成的工作。其中同样也存在差距（Dekker，2003；McDonald等，2002）。世界是错综复杂的，不可能存在完全的重叠：现代主义的理念是自然与社会可通过行政制度化预先设置安排好，这与运行操作的复杂性相抵触，很容易被我们错误校准。这也使我们很容易变得过于自信，如果我们设想的系统能够实现，结果必定会总朝着我们期望的方向发展。我们忽视了一个事实，我们关于未来的看法是基于初步的假设，而且我们实际上需要保持对于修正的开放性，我们需要不断地让这些假设接受经验主义危险的检验。

自动化行为的表征

一种自欺欺人的想法是，只有当我们引入自动化时，才会发生预期的结果，所以坚持用功能分配替代实践。请记住，这假设了一个根本不协作的体系结构，在这种体系结构中，人与机器之间的接口被简化为一个简单的"你做这个，我做这个"的交易。如果是这样的话，我们当然能够预测后果。我们需要考虑的是，如何设计自动化系统，使其既能够高效地完成任务，又能够尊重人类的意愿、保障人类的安全、提升人类的生活质量，并促进人类社会的整体进步。他们只看第一部分——工程部分。我们需要超越这一点，并开始问人类与自动化这样一个问题："我们该如何相处？"事实上，我们今天真正需要的是指引我们如何支持人类与自动化之间的协调。在复杂的、动态的、不确定的环境中，人们将继续参与高度自动化系统的操作。这些系统成功的关键在于它们如何支持与人类操作员的协作——不仅在可预见的标准情景下，而且在与众不同的、非预期的情况下。

重新考虑如何让人们参与自动化问题的一种方式是如何让自动化系统变成团队的有效参与者（Sarter和Woods，1997）。好的团队参与者使他们的活动让同队参与者可观测，并且很容易指挥。为了可观测，自动化活动必须以充分证明人类的优势（我们的感知系统对比对、变化和事件的敏锐度，以及我们识别模式的能力和知道如何基于认知行动）为基础来呈现。例如（Woods，1996）：

- 基于事件：表征需要以当前状态导向的显示方式来强调变化和事件。
- 面向未来：除了历史信息，动态系统中的人类操作员需要支持预期的变化和了解该期待什么以及下一步的走向。
- 基于模式：操作员必须能够快速扫描显示并拾取可能的异常，而不必从事困难的认知工作（计算、集成、不同数据片段的推断）。通过依赖于模式或形式基础的展现，自动化具有巨大的潜力将艰巨的脑力任务转化为直观的感知任务。

当人类操作员能简单有效地告诉他们该怎么做时，团队参与者是可以指引的。设计师可以借鉴从业者的灵感成功地指导其他从业者接管工作。这些是系统操作的调节、协作模式，允许人类监督者将合适的子问题授权给自动化，就像这些模式被委派给人类工作成员一样。关键是不要把自动化变成被动的辅助操作，人类操作者还需要对系统的每一步进行微观管理，这将是人力和自动化资源的浪费。在这种情况下，必须允许人类操作员在管理系统资源时保留他们的战略角色。

数据过载

自动化并不能替代人类的工作，相反，它改变了其设计支持的工作，而这些变化带来了新的负担。以系统监控为例，有人担心自动化会造成数据过载。与其说自动化是减去人们的认知负担，不如说是引入新的、创建新类型的监视和记忆任务。因为自动化承担了如此之多，所以也能展示很多（事实上，有很多东西要展示）。如果有很多东西要展示，就可能发生数据过载，特别是在压力大、工作负荷大或异常情况下。我们理解自动化生成所有数据的能力并没有跟上系统收集、传输、转换和呈现数据的能力。

但数据过载是一个复杂的现象，并且有不同的方式来看待它（Woods等，2002）。例如，我们可以将其视为工作负荷瓶颈问题，当人们体验到数据过载时，是因为其内部信息处理能力本质上的限制。如果这是表征，那么解决方案在于更加自动化。毕竟，更多的自动化，将工作从人类这里拿走，拿走工作会减少工作负荷。

数据过载与警告系统

解决应用数据过载问题的工作负荷减少方案是在警告系统设计中的一个领域，在此对数据过载的担忧往往是最显著的。航空不安全事件和其他运输模式不断强调在动态故障场景中人为问题的解决需要更好地得到支持。人们抱怨数据过多、表述的逻辑性差、对其他工作产生干扰、无序、莫名其妙地出现告警。动态故障管理过程中的工作负荷减少是非常重要的，因为动态域中的问题解决者需要诊断故障，同时保持过程完整性。在保持过程运行（如保持飞机的飞行状态）的同时，必须对故障进行管理，我们需要把保持过程运行的能力放在第一位，由此产生的影响需要被很好地理解和采取相应的行动。保持过程完整和诊断故障是相互交织的认知需求，及时理解和干预往往是至关重要的。

动态过程中的一个故障通常会产生瀑布似的连串的干扰和失效。因为机上没有多少空间，现代客机和高速运输工具的系统紧密结合在一起。系统也以许多复杂的方式交叉连接，随着自动化和计算机化的发展，电子互连越来越普遍。这意味着一个系统中的故障很快会影响其他系统，甚至可能沿着彼此并没有功能联系的传播路径造成影响。故障交叉可以非常容易地发生，仅仅是因为系统彼此相邻，而不是因为它们具有共同的功能。这可能违背操作员的逻辑或知识。那么，单个组件或系统的状态，对于操作员来说可能不是那么有趣，事实上，这可能是非常混乱的。一定程度上，操作员必须通过看透大量表面上彼此并无关联的故障，才能看到问题的内在联系，以便找出这时才变得明显的解决方案或对策。此外，考虑到动态过程管理，这些都是实践者可能会追踪的问题：

- 首先应该解决哪一个问题？
- 这些故障对于今后运行操作的后续条件是什么？（什么仍然是可操作的，能执行到什么地步，是否需要重新配置？）
- 有什么趋势吗？
- 现在监控过程中是否有值得注意的事件和变化？
- 这会不会变得更糟？

目前商用飞机的预警系统并没有解决这些问题，飞行员对这些系统的评估证实了这一点。例如，飞行员对太多的数据进行评论，特别是所有的二级和三级故障，没有逻辑顺序，以及原始故障（根本原因）几乎没有突出显示。表征被限制在消息列表中，我们知道这些阻碍了操作员在动态故障场景中对系统状态的可视化。然而，并非所有的警告系统都是相同的。当前的警告系统显示了大范围的自动化支持功能，通过优先级排序和警告分类，从根本不采取任何行动，到对故障采取一些措施，再到完成大部分的故障管理工作而不再呈现太多的显示。哪种方法最有效？把数据过载看作工作负荷瓶颈问题，是否一无是处？自动化解决方案是否会有帮助？

- 一个波音767飞机警告系统的例子，依照呈现的顺序，它基本上显示了飞机系统内部出现的一切错误。按时间顺序呈现消息（这可能意味着原始故障出现在列表中间，甚至在列表的底部），并且通过颜色对故障严重性进行编码。
- 一个稍微偏离这个基线的警告系统，例如SAAB 2000 机型，通过禁止不需要飞行员采取行动的消息来对警告进行排序，按时间顺序显示剩余的警告。然而，原始故障（如果已知）被放置在顶部，并且如果故障导致了自动系统重新配置，那么这一点也会被显示出来。这个列表结果比波音公司的列表要短，并且在顶部显示了一个原始故障。

- 空中客车A320系列对警告消息优先级有一个事先完全定义好的逻辑：一次只显示一个故障，伴随飞行员所需的即刻动作项目，子系统信息可以按需显示。因此，它突出了原始故障，并指导了应对的方式。

- MD-11具有最高的自主度，能够在不要求飞行员如何操作的情况下响应故障，唯一的例外是不可逆的动作（例如，发动机关停）。对于大多数故障，系统通知飞行员对系统进行重新配置并呈现系统状态。此外，系统识别故障的组合，其并给这些高阶故障（例如，双发电机）提供一个共同的名称。

正如预期的那样，波音767型飞机预警系统的响应潜伏期最长（Singer和Dekker，2000）。飞行员需要一段时间来整理信息并找出该做什么。有趣的是，他们在这种类型的系统中也经常出错。也就是说，他们比任何其他系统更容易误诊原始故障。如果关于故障的时序信息没有进行优先级列表，甚至看起来会影响速度—精度的权衡，则显示器上较长的停留时间不会帮助人们得到正确的结果。这是因为速度和准确性的产生是认知的过程：弄清飞机系统内部的错误是对认知任务的高要求，问题表征对人们成功地完成任务的能力有着深远的影响（意味着快速和正确）。在SAAB 2000这样的系统中可以看到适度的性能增益（更快的响应和更少的误诊），但是空客A320和MD-11解决工作负荷瓶颈问题似乎是有回报的。性能效益实际上是通过一个系统对故障进行分类，有选择地显示出来，并指导飞行员下一步做什么。在我们的研究中，飞行员用这种系统最快地识别出故障情景中的原始故障，并且在评估原始故障时没有误诊（Singer和Dekker，2001）。同样的，一个警告系统本身包含或抵消了许多故障，并主要显示了留给飞行员的内容，这似乎能帮助人们快速识别主要故障。

然而，这些结果不应被简单地视为：使用自动化实现故障管理任务，就具备了更多的条件。在困难或异常的环境中，与高度自动化参与相关的人类行为表现所存在的困难，是众所周知的，例如，操作人员假设按照脆弱、不稳健的程序来执行作业，并遵循来自自动化系统的启发式提示，那么他们将习惯于看着故障发生，已然丧失着手去解决问题的积极性。

相反，有结果表明，可以通过提高代表性警告系统的预警质量，来获得改进，而不仅仅是通过将更多的人工任务部分改为自动化手段来替代。如果这样的指引是有益的，并且知道余下的什么是有用的，那么这个研究的结果会告诉设计者：警告系统会转变到另一个参照物视图（在显示器上符号所指的过程中的事物）。警告系统设计者必须避免依赖于单个系统及其状态作为参照物，以显示在显示器上，并应采用更高阶变量的参照物，这些变量相对于动态故障管理任务具有更多的意义。例如，参照对象可以将当前状态与未来的预测相结合，或者跨越单个参数和单个系统来揭示个体故障背后的结构，显示操作上立即且意义重大的后果（例如，压力损失、推力损失）。

作为混乱问题的数据过载

查看数据过载的另一种方法是将其视作混乱问题——显示器上显示的内容太多而无法应对。混乱问题中的数据过载解决方法是从显示中去除材料。例如，在警告系统的设计中，需要坚持的一个原则是，显示屏幕上出现文字的行数一定不能超过一定数量。但是，如果对上下文语境不敏感，就会将数据过载视为一种混乱。某些情况下看似杂乱的东西，其他情况下可能是非常有价值的，甚至是至关重要的数据。

数据过载和清理模式

空客A330飞机于1994年在法国图卢兹工厂现场试飞过程中的失事为这一事件提供了一个很好的证明（参见Billings, 1997）。在认证测试飞行过程中，研究这架飞机在各种俯仰过渡下：低空、重量轻、飞机重心（CG）靠后，且一台发动机失效时的控制规律。机组成员包括一名经验丰富的试飞员、副驾驶、试飞工程师和三名乘客。鉴于重量轻和重心靠后，飞机起飞离开跑道迅速、容易且立即攀升，几乎达到25°俯仰角的抬头。自动驾驶仪在起飞后6秒钟开始接通。为给飞行试验做准备，在短暂的爬升后，左侧发动机慢车，一个液压系统被关闭。现在自动驾驶仪必须同时管理一个非常低的速度、一个非常高的迎角和不对称的发动机推力。机长断开自动驾驶仪（起飞后仅19秒）并降低右发动机上的动力以恢复对飞机的控制，以至于失去了更多的空速。飞机失速，迅速失去高度，起飞后36秒坠毁。

当飞机达到25°俯仰角时，自动驾驶仪和飞行指引的模式信息从飞行员前面的主飞行显示器中自动移除，这便是一种清理模式。由于爬升速度快，自动驾驶仪在起飞后不久就进入高度截获模式（空中客车称之为ALT*或"高度星"）。在这种模式下，在自动飞行系统软件中没有最大俯仰角度保护（机头可以尽可能达到自动驾驶命令的高度，直至介入空气动力学规则保护的范围）。在这种情况下，在低速时，自动驾驶仪仍在试图获得高度指令（2 000英尺），保持机头上仰，并在此过程中牺牲了空速。因为清理模式的缘故，ALT*没有显示给飞行员。所以，"缺乏俯仰保护没有警告"并没有被公布，也可能不为飞行员所知。正是由于运行中背景情形因素的影响，清理模式并不是一种卓有成效或成功解决数据过载的方法。如果在一个显示器上减少数据元素，那么就要求在其他地方能够展示或检索这样的知识（人们可能需要从记忆中提取），以免完全无法使用。

作为意义问题的数据过载

将数据过载视为工作负荷或混乱问题是基于对人类感知和认知如何工作的错误假设。关于最大的人类数据处理率的问题是被误导的，因为这个最大值（如果有的话）高度依赖于许多因素，包括人们的经验、目标、历史和被引导的关注度。正如上文所提到的，人们不是观察数据的被动接受者；他们是观察、行动和意义构建交织过程中的积极参与者。人们使用各种各样的策略来帮助管理数据并对其施加意义。例如，他们重新分配认知工作（对其他人、对于实际中的制品），重新代表问题本身，使解决方案或对策变得更加显著。混乱和工作负荷特性把数据看作一个单一的输入现象，但人们对数据不感兴趣，他们对意义感兴趣。而有意义的是，一种情况在下一次可能却没有意义。消除混乱功能是环境不敏感的，工作负荷减少措施也是如此。有趣或有意义的东西取决于环境，这使得设计警告或显示系统更具挑战性。设计者如何知道在特定的环境中有趣的、有意义的或相关的数据是什么？这就需要对实际完成的工作具有深入的理解，尤其是一旦新技术实施，对于工作将要如何实际完成，也要具有深入的理解。认知工作分析（Vicente，1999）和认知任务设计（Hollngel，2003）的最新进展提供了前进的方向。

除了知道什么（自动化）系统正在实施，人类还需要向自动化提供关于环境的数据，它们需要输入。事实上，人们在自动化系统中的一个作用是弥合环境的差距。计算机是沉默且尽职尽责的：它们会完成程序设定所需要做的，但对环境、对更广泛的周围状况的访问是有限的——事实上，这种有限性是基于计算机已经预先设计或预编程的内容，它们是如何工作的表述者。这意味着人们必须投身填补差距：他们必须在自动化获取（或能获取）的与现实实际上发生的或相关的事情之间弥合差距。例如，自动化将计算最佳下降剖面，以尽可能多地节省燃料。但由此产生的下降可能对于机组（与乘客）而言过于陡峭，所以飞行员会向飞机上的计算机输入更大的顺风，"欺骗"计算机执行过早下降，最终更平稳地下降（因为更大的顺风是虚构的）。自动化不知道这个环境

（对特定下降率的优先权超过其他因素），所以人类必须弥合差距。工具的量体裁衣式调整是一件非常人性化的事情：人们塑造工具以适应他们必须完成的任务。但量体裁衣式调整不是没有风险或问题，它会产生额外的记忆负担，当人们没有精力应对时会增加认知负荷，并因人与机器之间出现协调故障而开辟了新的差错机会和途径。

自动化改变了它被设计完成的任务。自动化，尽管引入新的能力，但增加任务需求，并创造了新的复杂性，许多这些效果实际上是设计者无意产生的。此外，许多副作用依然埋没在实践中，对于那些只寻求新机器成功的人来说几乎是不可见的。负责他们的工作（安全）结果的操作员知道如何适应技术，使其符合实际任务需求。操作员定制他们的工作策略，以使自己免受与使用该技术相关的潜在危害。这意味着技术变化的实际影响可以隐藏在一个流畅的适应性行为表现层级之下。无论自动化及其操作程序多么顽固或不适合该领域，操作人员都会让它发挥作用。当然，以意外事故形式出现的偶然突破，为我们提供了探究自动化本质及其运行后果的窗口。但是，通常情况下，这很容易归咎于人类没有足够注视，或者没有足够快地介入。

安全认证限度

严格的认证过程通常会使不同的人看到颜色编码、数据组织、字符大小和易读性、人机交互问题、软件可靠性和稳定性、席位安排、按钮灵敏度等。认证可以花很长时间跟随设计过程的脚步，用方法、形式、问卷、测试、检查单、工具和指南拨开它——这一切都是为了确保本地人的因素或人类工效学的标准得到满足。但是这种静态快照可能没有什么意义，一系列可用性的微型认可并不保证安全。一旦它们进入了实践领域，系统就开始漂移。接纳一年（或一个月）后，没有社会技术的系统就如它开始时一样。一旦新技术被引入，人类、操作、组织系统，这些原本应使技术发挥作用的，迫使技术形成局部实践的适应性。实践（程序、规则）适应新技术，反过来，技术又被重新设计、返工和修改，以应对实践经验的出现。

安全性不仅仅是认证部件的总和

因此，安全性超越了认证部件的总和。一个从漂移到失效（Dekker，2011b）的例子是关于阿拉斯加航空公司执飞 261 号航班：一架MD-80 喷气式飞机因配平系统失效导致失控后坠入海洋，机上乘客全部丧生。飞机尾部的制动螺杆（使其上升或下降）无法维护MD-80/DC-9 配平系统的完整性，没有维护项目保证持续的可操作性。但是确保这样的维护系统的存在，完全比不上理解这样的系统局部合理性是如何持续来得重要，以及完全比不上理解安全标准实际上是不断地被侵蚀来得重要（在本案例中，通过监管者的批准，这种喷气式飞机从 350 小时的润滑间隔，一直扩大到 2 550 小时的润滑间隔，而且运行了许多年）。冗余组件可能已经建立和认证，维修程序（2 550 小时的润滑间隔已经得到认证）可能就位，但安全部件不能保证系统安全。

在判断飞机适航性时，认证过程通常不考虑部件的寿命损耗，即使像阿拉斯加航空公司 261 航班这样的磨损也不会让这种机型不适航。认证过程纳入新生技术时，当然不知道对于新设备如何实现社会技术性适应，也不会考虑随后的潜在漂移到失效的过程。系统性适应或磨损不是认证决策过程中的标准，没有要求提前设置到位，也没有要求组织防止或纠正预期的磨损率或实际适应性或建立微调安排。一名来自监管机构的认证工程师证实，"磨损不被认为是系统安全分析或结构考量的失效模式"（NTSB，2002，P.24）。如何考量磨损情况？如何能准确地预测会发生多少磨损？麦道在其DC-9（MD-8 系列飞机的前身）配平制动螺杆组件上的预期磨损率判断肯定是错误的。最初，该组件的设计寿命为 30 000 飞行小时，无须定期检查磨损。但在一年内，因为发现了过度磨损的现象，促成公司重新考虑。

如果被认证的系统是社会技术性的，甚至几乎无法计算，那么认证系统能否安全使用的问题会变得更加复杂。当系统是社会技术而不是由硬件组成时，磨损意味着什么？在这两种情况下，安全认证应该是终生的努力，不是在新生技术刚刚诞生时，对分解后的系统状态进行静态评估。基于技术和组织失效而从中获取日益增长的知识，通过使用这些知识，安全认证的目的是更好地理解技术使用过程中的社会生态学——比如压力、资源约束、不确定性、新兴用途、微调以及实际上的终身磨损状态等。

安全认证不仅仅是看组件是否符合标准，即使这经常被归结为认证实际上完成的方式。安全认证是对未来的预期，是为了弥补如今在手中已掌握的闪闪发光的新技术与其生命周期中（适应、协同进化、布满尘土的缺乏油脂的磨损以及使用）未来情形之间的差距。但我们并不擅长预测未来，以评估当前组件的标准为导向的认证实践和技术，并不能很好地转化为将来对整个系统行为的理解。因此，对未来的要求往往是在证明单个部件价值之外的事情。

再次以DC-9的配平系统为例。配平装配中的制动螺杆在20世纪60年代被分类为一种"结构体"，假设它被看作一个系统，将会有不同的认证要求。换而言之，同一个硬件可以看成两个完全不同的东西：一个系统或一个结构体。在被判断为一个结构体时，它不必经历所需的系统安全性分析（最终这可能仍然没有考虑到磨损问题及其隐含的风险）。这种区别，将单个硬件分割成不同的词汇标签，然而，这表明适航性并不是工程计算的合理产物。伴随着局部化的工程判断、各种论证和说服、叙述和重命名、将数字转为观点、将观点转为数字——这些都是基于不确定的知识，而此过程中认证可以做得更多。

因此，适航性是一种人为的黑或白的二元裁定（喷气式飞机要么是适航的，要么是不适航的），它被强加给一个非常灰色、模糊、不确定和不断发展的环境——将新技术运用到实际的操作环境之中，会造成令人惊讶的不可预测和不可估量的后果。二分法，铁定的"是"或"否"，如果与软弱的现实相遇，从未能够真正获得支配地位。被判定为适航的或被证明为安全的喷气式飞机实际上可能是也可能不是。它可能有点不适航，它是否仍然适用于0.004 2英寸（1英寸 ≈ 2.54厘米）的径向游隙检查设定的极限？但是"设置"的基础是什么？工程判断？争论？最好的猜测？计算？如果随之发生的径向游隙检查更有利呢？径向游隙检查本身并不十分可靠。今天的喷气式飞机可能是适航的，但明天就不再是适航的（当制动螺杆折断的时候）。但谁又会知道呢？

新技术的承诺与问题

人类工程学在历史上证明了一些新技术的承诺与实际问题之间的脱节（Meister和Farr，1967；Wiener，1988；Woods和Dekker，2001；Woods和Hollnagel，2006）。在许多这样的情况下，销售商通过用计算机化的辅助替换人类工作（可以用可预测的结果替代）来承诺更好的结果，承诺减轻人类负担（存在固定数量的系统需要做的可知工作：如果机器做得更多，则人类做得更少），并获取对人类的关注（这意味着它们已经知道了正确答案）。当然，设计新设备在很大程度上是一种技术的和解决问题的活动，但是这也涉及更深刻的社会或复杂问题，例如，关于工作场所的特性就可能不会加入新设备的开发议程之中（Lutzhoft等，2010）。正如威尔金（Wilkin）（2009，P.4）所总结的那样，这种"方法假设了一个由变量组成的纯粹社会环境……（它）是一个封闭的研究系统，其中各个部分（变量）可以被分离、测量和控制"。设计有时假设它可以有意义地与它已经识别且可以控制的封闭系统的单元一起工作，但这与复杂性并不一致。组成一个复杂系统的组件不是简单的交换，不是全部都是完全已知的。正如本书开头所解释的，一个复杂的系统是开放的，在与环境的交互中不断变化且它的边界是模糊的。复杂系统不是一个固定的、已知的工作，而是通过各种各样的工作方式（秩序）从众多的关系和其部分之间的相互作用中产生的。这种多样性给复杂系统带来了韧性，使其能够应对不断变化的环境。

干预决策与监测技术

关于复杂性的影响有一个很好的例子来自在产科引入新的监测技术。

由于各种解剖和生理原因，分娩对婴儿和母亲仍然是危险的，即使在西方，分娩的安全率也需要提升（Amer-Wåhlin和Dekker，2008）。缺氧对儿童的伤害是一个重要的风险，胎儿监测的目的就是捕捉其早期迹象。传统上，胎儿监测是采用经由母亲腹部通过多普勒彩超进行电子胎心监护（CTG）或使用头皮电极监测。婴儿的心率和子宫收缩的历史图形表明，CTG是高度敏感的（擅长检测真阳性）和非特异性的（它也产生许多假阳性）。它可以辅之以胎儿血液采样检测，以确定胎儿的代谢性酸中毒，反映了胎儿血液低pH值状态，这又是胎儿缺氧的指标之一。对分娩过程是否采取干预措施，需要依赖于各种各样的临床指标，其中胎儿缺氧是非常重要的指标之一。干预可以从提供药物加速分娩到胎儿紧急剖宫产。

干预决策（如何时增加输入，或从自主过程中接管）是许多人机工程学问题的基础（Kertholt等，1996）。尤其是在升级的情况下，它们来得太早或太迟也是成问题的。过早干预可能会删除问题的证据，而过晚干预可能丧失保持或重建业务过程连续性的能力、错失最佳时机（Dekker和Woods，1999）。正确及时的干预时机困难重重，例如，在美国许多州，剖宫产数量不断增加就反映出这种困难程度，尽管母亲在术后仍存在风险以及缺乏令人信服的临床指标（Zaccaria，2002）。

产科技术现在可以用来分析胎儿心电图，其中特定波形可以警告胎儿缺氧的症状，并且能通过胎儿血液取样检测获得早期问题征兆。它同样是连续的，被认为比CTG曲线更具体。与其他安全关键性领域引入新技术的做法相一致的是（Wiener，1989），提供商对于新技术也会做出承诺，它使干预决策更容易又更好，将临床医生的关注聚焦在正确答案，避免不必要的剖宫产或其他通过手术工具困难的分娩方式，并且当干涉不是必需的时候，为临床医生提供安心保证。

监测潜在的异常条件（例如，胎儿缺氧的指示）选择的过程数据（如

CTG曲线）的系统可以为信号检测设备建模。其目的是区分噪声和信号+噪声。用信号检测器进行测量（例如，胎儿CTG和患者状况的其他指标），共同形成一个称为 X 的多维输入向量，将其与监测过程中的噪声与信号+噪声项目的预期特性进行比较（Sorkin和Woods，1985）。例如，在产科中，将CTG质量、患者状况和病史的多维输入与心率、心率变化和胎儿血液pH值（其限值通常包含在临床指南中的措施）进行比较。

　　信号检测理论（见图7.2）将监测问题分成灵敏度参数 d' 和响应准则 β。d' 是指系统在 X 输入通道上辨别信号与噪声的能力，是两种分布方式（$d' = (\mu_n - \mu_{s+n})/\sigma$）之间归一化的距离函数。在产科中，$d'$ 可受由人类或机器监视器查阅CTG读数的影响。相反，β指定需要多少迹象来决定信号的存在（缺氧受损的胎儿补偿）。β随反馈而变化，有任何高后果的反馈（例如，医疗事故风险，β值设置低，只要求干预前的一些迹象）和先验知识的概率（培训和经验的产出）。随着部分重叠分布，β总是一种妥协：对成本和收益的反应，以及看到或丢失迹象的历史概率。

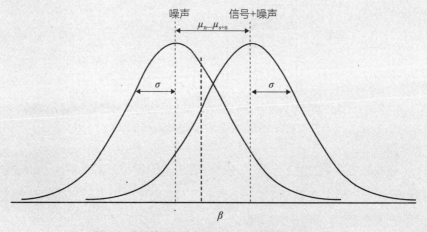

图 7.2 信号检测理论中的噪声分布与信号+噪声分布

机器监视器（如ST波形技术）的介入在人和监控过程之间加倍了信号检测问题（Sorkin和Woods，1985）。自动化子系统（ST波形技术）监测有噪声的输入通道（胎儿心电图）是否有偶然的信号事件，将其输入向量X_a与预先设定的阈值进行比较。自动监视器本身具有特定的灵敏度（或d'_a）和判定准则（β_a）。在检测到一个信号时，机器将产生一个输出：ST事件警报（见图7.3）。如果机器输出率很高（通过它的高d'_a值或低β_a值），则β'_h值将增加。考虑到β_a经常被设置为最小化丢失信号的数目（并且可以被操纵而不需要太多的成本或计算能力，不像d'_a），监视集合的总体性能可能是次优的（Moray和Inagaki，2000；Sorkin和Woods，1985）。

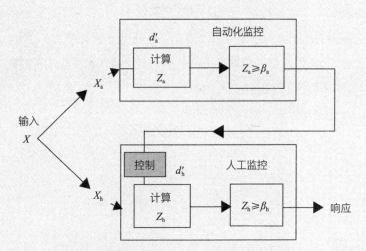

图7.3 自动化和人类监视器依次排列，但两者都从监控过程中提取自己的输入向量X
（改编自Sorkin R.D.和Woods，D.D.，人机交互，1985，1（1）:49-75）

ST波形技术中的输入向量 X_a 依赖于胎儿心电图（ECG）中通过QRS相对粗的划分。相比之下，X_h是一个丰富且不断变化的输入综合体。对于这里所描述的工作，所有的患者参数计入其中，从明显的以前的出生次数、体重和状况以及分娩的持续时间（Orife 和Magowan，2004）到微妙的生理征兆，只有广泛的经验可以拾取（Klein，1998）。如何构成"迹象"的问题仍然存在争议且是成问题的（De Vries和Lemmens，2006；McDonald等，2006）。许多X_h构成参数在临床医生的实时操作讨论和反思中仍然不明确——即使任何机器输出将在其环境中被评估。用于干预决策的人类输入向量是非常复杂和灵敏化的，并且人类工程学在捕获方面取得了进展，例如，认知驱动的决策模型（Klein，1993，1998）和关于专业知识的大量文献（Farrington-Darby和Wilson，2006）。

产科工作的社会丰富性增加了它的复杂性。产科学就像医学的许多其他领域一样，由一个相对僵化的医疗能力层次来明确和公开地实施管理，其中包括诊断和干预决策的权力和责任、药物处方权、医疗技术的控制，和持续医疗的决策，这些都是在顶层制定的（Odegard，2007）。这是由医生（甚至在产科通常是男性医生）负责，而这些人又是从有限的社会经济范畴内招募的。此层面之下是护理领域，在监测病人的情况下，执行药物订单，并提供病人连续护理（医生往往只"访问"病人）（Benner，Malloch和Sheets，2010；Ehrenreich和English，1973）。再下面一层是照顾，处理生理（如果不是心理）需要，包括供给食物、清洗和康复运动。再往下是病人，一般认为他或她对于自己的疾病或病症除拥有专属的经验，可以用以向临床医生描述身体表面症状外，不能对其自身的疾病或状况有太多的指导价值（Odegard，2007）。

这种严格的层次结构使得每一层都隶属上面的一层，这可能导致专家和决策权力之间的有趣差异。特别是在瑞典产科（但在其他地方也一样），助产士拥有重要的临床经验和判断（Sibley，Sipe和Koblinsky，2004）。如今，助产士完全是注册护士，接受了额外的培训和教育，积累了数百小时或数千小时的临床经验。然而，干预决策的权力属于那些没有在病床边度过这些时间的人。根据瑞典实践和规范，医生只有在事情不再"正常"时才出现。但这意味着什么，谁开始决策呢？这些"不正常"的迹象，是在发生时由在场人员（助产士）根据 X、β 和 d' 等参数进行解读的，而这些解读往往是具有争议性的。因此，助产士的干预决定往往先于医生的干预决定：打电话叫医生来（Amer-Wåhln等，2010）。

但是助产士通常熟悉医生，同样医生通常也熟悉助产士。助产士对于 β 值的设定取决于是哪个医生值班，对医生个人的年龄、经验、能力，甚至性别的评估都是影响助产士需要打电话叫医生的证据数量。在我们的研究中，这似乎相当独立于机器警报的数量。医生们通过助产士 β_s 相应地积累了他们自身的经验。有些人习惯于一早就叫某些医生来（这可能本身取决于各种因素，从一天的不同时间段，到床位负荷，以及对医生工作量的评估，或者更确切地说，评估特定的医生以社会和专业处理可接受的途径处理工作量的能力），这相应又导致那些需要帮助的助产士建立不同的医生 β_s。

这将变得更加复杂，因为值班医生可以召唤备勤医生（可能在医院的其他地方，或者在家里）。助产士在我们研究的医院规定下，不能自行联系备勤医生。在我们的观察中，助产士会预判当班医生与备勤医生联系的可能性，这取决于助产士对值班医生个人特点的认知，然后根据这个基础来调整他们给值班医生的信息构建。换句话说，值班医生用于调用备份假设的 β，和他或她假设的 d'（灵敏度迹象），被用来调整消息传递的时机和内容。例如，"如果我们这样说的话，我们希望他能足够聪明联系备勤医师"，似乎创造医生的身份识别（McDonald等，2006）直接与医生假定的 β 和 d' 联系在一起。

我们对于其中一个医院的研究发现，进一步的技术发展，使得在产科休息室放置了汇总监视器（来自不同分娩室的CTG曲线）。这一安排类似于福柯（Foucault）对全景监狱的描述，对于在那里的任何人任何时刻都有可能被查看到，这样的可能性改变了犯人在每一个时候的行为（Foucault，

1997）。在上述情况下，在这样的环境、这样复杂的系统中，引入了新的监测（ST波形）技术：

- X_h具有非常复杂的敏感性（人类工效学已经确认很长时间了）。
- β_h和β_a之间存在可预测的相互作用（也不是新的），但产房中也存在多个相互依存的β_h，因为不同级别的临床医生针对他们所监测的数据迹象，在考虑和构建证据时会相互作用、相互影响。
- 相应的，这个系统是开放的。部分护士和助产士的β_h是根据他们在系统中存在的其他临床医生的各种β_h决策与分享的假设来调整的。
- 通过助产士（通过音调和消息内容的调节）主动调节d'，这取决于他们在哪方面（病人，或在病房的事件）评估医生的β，以及接收者想象中的d'（我们需要清楚到什么程度？这个档案有多厚？）。
- 因此，备勤医生系统的边界是模糊的，包括医院的任何地方的人或居家的人，甚至可以包括其他人的β_h、假定的其他人的β_h（如值班医生和随叫随到的医生）。
- 在整个工作场所（以及在分娩室之外）数据痕迹的显示，再次影响临床医生的β_h。另外，环境也会造成影响（谁可能通过"我的肩膀后"观察呢？）。

理解这样一个复杂的系统就是理解他们编织的复杂关系网、他们的相互联系和相互依赖关系，以及理解随着人们来来往往以及技术在使用中得以适应的持续变化的特征。需要使用正式的扩展信号检测范式理论来表述，但是这已超出了本书的范围，我们概述描绘了上面的要点：在临床场景来来往往的各个主体之间（有时对于产房中的那些人都是未知的），存在多重的、可变的相互连接，其d'和β是已知的、可预测的，或是成为讨论、协商和操纵的对象。

转型与适应

正如上面的例子所示，新技术变革的引入，以许多和较少的微妙方式改变了将复杂系统保持在一起的关系和相互联系。引入一个新的技术或自动化部分任务并不归结为对单个变量的操作。自动化和新技术改变了人们的实践，迫使他们以新的方式适应："它改变了已经发生的事情——人们社会的日常实践和关注，并导致重新建立新的实践。"（Flores 等，1988，P.154）意想不到的后果是这些更深刻、更定性化的转变结果。例如，在 20 世纪 90 年代初的海湾战争期间，"几乎没有例外，技术没有达到使设备操作人员不受约束的目标。系统通常需要人类非凡的专长、承诺和耐力"（Cordesman 和 Wagner，1996，P.25）。

新技术的引入常常会引起对于复杂性思索的反响（Cilliers，2002）。人类新的角色出现了，人与物之间的关系也发生了变化（Woods 和 Dekker，2000），人类新的工作产生了，而这要求新的专业知识。随着计算机网络有意和无意之间收紧新参与者之间的耦合，人、部门和物之间的相互联系激增（Perry 等，2005）。上面的例子说明，即使在休息时间的同事，也可能会在其他人的干预决策中成为不知情的参与者，因为在休息间偶尔瞥见产科监视器，也会促成后续的决策。他们正在查看或可能查看（取决于哪些同事位于医疗能力层级哪个位置和病房的社会动态情况），这个事实可能影响临床医生的决策标准。因此，新技术为成功创造了新的可能性，这些成功不一定与设计者的意图相一致，而通向失败的途径也很难预见。虽然复杂性理论并没有提供精确的工具来解决这些复杂的问题，但它可以提供我们现场所需要满足挑战的严格解释（Clilliers，2005，P.258）：

......因为复杂系统是开放的系统，在了解系统之前，我们需要了解系统的完整环境，当然，环境本身也是复杂的。没有人能做到这一点。我们对复杂系统所拥有的知识是基于这些系统的模型，但为了模型发挥功能——而不仅仅是作为系统的重复——它们必须降低系统的复杂性。这意味着系统的某些方面总是被忽略。这个问题混淆了这样一个事实，那就是被排除在外的以非线性的方式与系统的其余部分相互作用，因此我们不能预测我们减少复杂性的影响是什么，尤其是当系统和它的环境在时间上发展和转化时。

工程师们，鉴于他们的专业专注，可能相信自动化会使人们将工具转化为可用的，然后他们必须适应这些新的工具。但是人们的实践和关系通过引入新的工具也会改变。新技术反过来又以局部的实用方式适应人们的需要，以适应实际的需求和约束条件。例如，没有飞行进程单实施管制业务（更多地依赖于雷达屏幕上显示的指示），而要求管制员应对和优化管理空域复杂性和动态状况的新方法。换言之，并不是技术被改造，而是人去适应。相反，人们的实践改变了，他们反过来适应技术，以适应局部的需求和约束条件。

关键是要接受自动化和新技术将改变人们的实践和关系。作为人的因素和安全的研究人员、设计师和实践者，我们需要准备好在这些转变发生时从中学习。这在环境设计中是一个常见的（但不是经常成功的）起点。这里，系统设计的主要焦点不是广大工件的产生，而是理解特定领域中人类实践的性质，并且改变那些工作实践，不是仅仅增加新技术或用机器工作替代人类工作。这会承认：

- 设计概念代表关于技术和人类认知与协作之间关系的假设或信条。
- 他们需要通过寻找证据证明成立或不成立，来将这些信念置于实验证据危险的检验之中。
- 这些关于什么是有用的信念必须是暂时性的，并且在他们对实践领域中工具和参与者之间相互塑造的了解更加深入时，必须持开放态度并进行修正。

使设计概念受到这样的审查可能是困难的。传统的验证和证实技术应用于设计原型，可能也不会产生什么结果，但这并不意味着这是因为不会出现结果。确认和证实研究通常试图通过将有限的系统受限于有限的测试来捕获小而窄的结果。结果可以是信息性的，但几乎不涉及转换过程（不同的工作、新的认知和协调需求）和适应（新的工作策略、对于技术量体裁衣式的适应），这将决定一个系统成功的来源和一旦被确认的潜在失效。另一个问题是确认和证实研究需要合理的准备设计，以便支持任何意图。这带来了一个两难境地：于时间的结果是可用的，如此多的承诺（财务、心理、组织、政治）已经陷入特定的设计中，任何改变很快变得不可行。

在早期设计过程中，如果说人的因素是有意义的事情，那么可以通过承诺来避免这样的约束。如果系统还没有被设计或部署会产生什么？自动化（以及自动化所意味的人类角色的变化）是否会产生新的差错问题而不是简单地解决旧问题，我们有没有办法进行预测？这如同纽威尔（Newell）的一句经典：对于新的设计，为了使人的因素发挥有意义的作用，设计可以是任何状态，但是永远不能完工。虽然数据可以生成，但是它们不再被使用，因为设计基本上是被锁定的。基于人的因素数据所产生的见解，不再可能有任何更改。有没有办法解决这个问题？人的因素能不能说明设计存在没有完成的有意义的东西？已经开发的一种方式是未来事件研究，测试的概念是例外管理。

设想实践

设想未来的实践或者预见自动化与技术创造人类新的角色是非常困难的。这些角色的行为表现结果是什么？引入自动化将人们变成例外管理者听起来像是一个好想法，并且对复杂性的不可预测性进行响应。当然，上面的产科实例表明，这涉及许多社会技术问题，不仅仅是一个临床医生介入的决定。这个例子引发了关于社会秩序、权力、等级制度，甚至历史和传统、性别和工作场所资源分配的重大问题。这些都是能够显著影响工作场所新技术成败的因素，在我们的模型中找到解决这些问题的方法应该是一个重要的目标。那么，仅仅说"例外管理者"是不够的：它没有明确说明实践意味着什么。例外管理做什么工作？基础的决定是什么线索？规范不足的缺点是仍然被困在一个断断续续的、肤浅的、不现实的工作观点中。当我们对（未来）实践的观点与世界上的许多压力、挑战和约束脱节时，我们的实践观便从一开始就扭曲了。它忽略了人们的操作策略通常是如何巧妙地适应于有效应对这些约束和压力的。

自动化与人类例外管理

在越来越繁忙的系统中，操作者易受数据过载问题的影响，把人类变成例外管理者是一个强有力且引人注意的概念。例如，它已经在驾驶舱夜晚操作设计中被实践，从实质上使操作者置身事外（在正常的操作条件下所有的指示仪灯都没有点亮），直到一些有意义的事情发生，这也是人类可能介入的时机。这是对于例外管理者所设想的相同的角色，也支配着最新的想法如何有效地让人类控制不断增加的空中交通负荷。认识到这远远超出了最后一章的问题——空中交通管制员在无法操作纸质飞行进程单的时候，是否能够和如何预期与处理他们的交通量。也许，这里的想法是，管制员不再负责他们扇区中的每一次飞行的所有参数。一个核心论点是，管制员是交通量增长的限制因素，一个管制员如果负责太多的飞机，会导致记忆过载和出现人为差错的风险。通过在地面上实施更大的计算机化和自动化，以及更多的空中自动化，从而让管制员和所负责扇区中的所有飞行脱钩，这被认为是绕过这一限制的方法。

我们认为管制员会成为优秀的例外管理者的原因是人类可以处理机器无法预测的情况。事实上，这通常是为什么人类仍然在自动化系统中的首要原因。按照这个逻辑，如果让管制员来担任交通管理员的角色，将会是非常有用的。他们以一种随时待命的状态，等着问题出现然后去解决。管制员实践的观点是作为被动的观察者，在必要的时候准备行动。但是从一个不介入的位置进入有效干预已经被证明是困难的，尤其是在空中交通管制中。例如，恩兹利（Endsley）和她的同事指出，在探索直接航线允许飞机在未经协商时偏离的研究中发现，授予单个飞机更自由的行动，管制员变得更难管控交通量的最新情况（Endsley等，1997）。管制员无法预测交通模式如何在可预见的时间内演变。在其他研究中，被动的交通监控似乎难以保持对其控制下交通量的充分理解，并且更容易忽视飞机间隔减少的情况（Galster等，1999）。在一项研究中，管制员有效地放弃了对有通信问题的飞机的控制，将其留给其他飞机和它们的防撞系统来解决（Dekker和Woods，1999）。事实证明，这是管制员从根本上摆脱双重约束的唯一途径：如果及早干预，他们会给自己带来大量工作负荷（突然间，大量以前是自动驾驶的飞机将处于他们的控制之下）。然而，如果他们等待干预（以便收集更多关于飞机意图的证据），他们最终也会面临难以掌控的工作量，甚至几乎没有时间解决任何问题。管制员的脱钩会创造更多的工作，而不是更少，并产生更大的差错可能性。

规范不足的好处

然而，规范不足还是有好处的，那就是自由探索新的可能性和新的方式来释放和重组多重约束，所有这些都是为了创新和改进。自动化会帮助你摆脱人的差错吗？以空中交通管制员作为例外管理者，在例外管理中，各种可设计的对象如何能够支持他们，思考这样的问题是有意思的。例如，对未来空中交通管制系统的愿景通常包括对数据链接技术进步的期望，以解决语音通信的窄带宽问题，从而提高系统容量。在我们之前提到的一项研究中（Dekker和Woods，1999），一次通信故障影响了一架飞机，该飞机在高度报告（装备告诉管制员飞机有多高以及它是爬升还是下降）时同样遇到了问题。与此同时，这架飞机正驶向穿越空中的交通流。没有人确切地知道数据链是另一种与高度编码设备没有连接的技术，它将被实现（其设想的用途是这样，而在某种程度上是规范不足的）。这项研究中的一个管制员拥有自主权，可以建议空中交通管制联系航空公司的签派或维修办公室，看看飞机是爬升、下降还是改平。毕竟，数据链可以被维护和签派人员用来监视飞机的操作和机械状态，因此，管制员会建议："如果签派监控飞机的油门设置，他们就可以告诉我们。"因为这所带来的协调成本而遭致其他人反对。随后的讨论表明，在考虑未来系统及其对人的差错产生的后果时，如果我们寻找所谓的杠杆点（如数据链和系统中的其他资源），以及保持敏感性——所设想的对象仅通过想象或者真实的使用成为工具（链接到签派的数据链，成为空中交通管制的后备工具），我们可以利用这种规范不足的情况。

预见自动化对人类作用的影响也是困难的，因为没有一个具体的系统来测试，总是有无数的版本会指出：提议中的变化将在未来如何影响实践领域。不同的利益相关者（在空中交通管制环境中，这将是航空公司、飞行员、签派人员、空中交通管制员、飞行检查员、流量控制员）针对新技术对实践性质的影响有不同的观点。这种多元化的缺点是一种狭隘主义，人们把他们的褊狭、狭隘的观点误认为是实践的未来的主导观点，而不知道利益相关者之间的多元观点。例如，一名飞行员声称空域用户更大的自主性是"安全的，周期的"（Baiada，1995）。多元化的好处是：多元观点聚集在一起时，我们有可能实现精准定位。审查多个视角之间的关系、重叠和差距时，我们能够更好地应对未来的内在不确定性。

正是通过利用这种多元化，许多未来的事件研究在未来的空中交通管制环境中仔细观察管制员的例外响应（Dekker 和Woods，1999）。为了研究在设想的条件下的例外响应，实践者群体（管制员、飞行员和签派人员）对拟议的未来规则进行训练。他们聚集在一起试图应用这些规则来解决在几个场景中向他们提出的未来的空域难题。这些问题包括飞机释压和紧急下降、晴空湍流、锋面雷暴、超负荷（太多的飞机进入机场区域的一个入口点），以及优先的空中加油、随之而来的空域限制和通信故障。有意思的是，这些挑战主要是与规则或技术无关的：它们可能发生在任何一代的空域系统中。重点不是测试一组对另一组的异常响应性能，而是使用锚定在一个具体问题的任务细节中的多个利益相关者观点的方位导航，以发现设想的系统将在哪里解决问题，在哪里它会损坏。这类研究的有效性来源于（a）测试情境中要解决的问题的程度代表了在目标环境中存在的脆弱性和挑战，以及（b）研究参与者的专业知识用于真正解决问题的方式。

　　未来空中交通管制体系结构的开发人员已经设想了许多预定义的情况，要求管制员干预，这是典型的工程驱动决策自动化系统。在空中交通管理中，例如，有潜在危险的飞机机动飞行动态、局部交通密度（这将需要一些密度指数）或其他危及安全的条件，将使管制员有必要介入。然而，这样的规则并不能减少是否进行干预的不确定性。它们都是一种超过"门槛"的情况——当达到一定的动态密度或违反间隔距离时，就要求干预。但是这种超过门槛的警告非常困难，不是来得太早就是太迟。如果太早，管制员会对它们失去关注：警告将被视为危言耸听；如果太晚，警告对标记或解决问题将是无用的，它将被认为是不胜任的。在复杂、动态的世界中，问题的增长和升级的方式以及协作交互的性质表明，机器或人如何识别异常、处理异常是复杂的。令人失望的自动化问题诊断史并没有激发更多的希望。超过门槛后的报警，并没有解决置身其外的问题，它们只能使一个管制员敏锐地意识到在这些情况中，如果从一开始就参与其中将会很好。

　　未来的事件研究使我们能够扩展基于自动化和人类行为表现的经验和理论基础。例如，关于监督—控制的文献没有区分例外和异常。从监督控制工作的来源来看：人们如何控制物理距离上的过程（时间滞后、缺乏访问权限等）。然而，空中交通管制以认知距离增加了监控的问题：空域参与者具有一定的系统知识和操作视角，管制员也是一样，但是只有部分重叠和存在许多间隙。对未来空中交通管制中异常管理的研究，迫使我们对过程中的异常进行区分，并从监察员的角度来区分例外情况。如果空域参与者正在处理异常情况（例如，有增压或通信问题的航空器）而迫使管制员进行干预，这种情况下就可能会出现例外。例外管理，就是判断别人如何以及多大程度上处理（准备处理）过程中出现的干扰情况。空域参与者处理得好吗？他们会给自己惹麻烦吗？要判断空域用户在处理过程干扰时是否会遇到麻烦，就需要管制员识别并跟踪一段时间内的状况，这与管制员做好待命介入者的论点相矛盾。空域参与者是否将事情处理好了？他们将来会陷入困境吗？判断空域用户是否在处理过程干扰时会遇到麻烦，需要管制员识别和跟踪一个随时间推移的情况，这与管制员做好待命介入者的论点相矛盾。

正如普里高律所说，未来不是天赋的。事情不是预先确定的，新的行为和影响可能出现，这就是人的因素可以提供帮助的地方。如果巧妙地发挥它的能力，它可以从牛顿和笛卡尔所掌控的预言、证实和验证的阐述中解脱出来，在那里，个别的认证组件和系统推测存在于时间可逆的、稳定的环境中，没有新的事物出现。它可以引入语言和复杂性的逻辑，将目标转移到对概率的预测，而不是确定性，并将工程师的对话朝向想象的未来，朝向可能的环境和设想的系统。它有助于提升从组件到系统的眼界，其中安全和不安全的结果来自组件之间的交互，而不是来自故障部件，也不是来自一些不太看重或干预足够激烈的一线操作者。

思考题

1. 人的差错能自动从系统中出来吗？

2. 泰勒的想法是什么？他对于人机之间划分任务的功能分配的概念是什么？替代神话是什么？请列举自身的例子，说明自动化是否改变了它本应该支持或替换的任务。

3. 有什么不同的方法能总结数据过载的特征，以及这些特征对人类认知本质有什么不同的假设？

4. 复杂性除了组件，更多涉及的是关系。你能想到一个来自自身环境的例子（比如本章中的产科），表明新技术的引入明显改变了人们（人和技术）之间的关系吗？

5. 如果未来不是"天赋的"，那么复杂系统的安全认证是否可能？我们如何能在不过分延伸我们认识论的范围仍对未来系统表达有意义的事情？

6. 数据过载如何表征？哪种特性最适合于捕捉技术引进的复杂性以帮助人类管理数据过载？

7. 如果设计概念是关于人类和机器之间哪些合作是有用的可能假设，那么在早期设计思想中规范不足，如何能够提供帮助？如果设计概念在早期就被固定，为什么它实际上阻碍了可用性和安全性的进步？

8 安全新时代

本章要点

- 要为安全的新时代创造条件，我们就不应该把人看成需要控制的问题，而是应该作为一种可供驾驭的解决办法。我们不应将安全定义为没有负面事件的情况，而是存在正面（positive）的能力。我们应该敢于更多地信任人们，而不是信任行政机构、规定和过程等。

- 零安全观①（zero vision on safety）是具有现代主义的道德目标。它可能会产生消极的实际后果，包括压制负面事件和坏消息，对卷入事件的人报以轻蔑态度，以及对调查资源的低效利用等。

- 低数量的事故征候和死亡风险之间存在着颠倒的关系，从建筑行业到航空领域等许多行业已经开展了这方面的实证研究，并且已经有了实证结果：数量很少的事故征候（或只是少数的事件报告）会造成更为严重的安全风险。

- 安全文化通常被看作一个功能主义的对象，它可以从里到外进行研究；从上到下进行分解、测量和巧妙的控制。相比之下，文化传统上被视为具有社会交往中自下而上自然发生的特质，具有既不是"好"也不是"坏"的性质。

- 安全文献把尊重依从专业技能知识作为防止漂移进入失效的关键所在。这就把专家型实践者看作可供驾驭的解决方案。然而，专业技能在管理

---

① 零事故、零伤害。——译者注

者和其他人眼中可能被锁定是"唱主角（prima donnas）"作用，实践者所具有的特殊地位给予他们非正式的权力。

- 韧性（复原力）工程提供了一个新的框架，以理解人作为一种可供驾驭的解决方案。除其他许多事情外，韧性工程还研究个人、团队和组织如何处理需要权衡取舍的决策、问题的支离破碎化、过去成功的证据、风险的明显缺乏以及替代学习①的机会。

从现代主义安全到新时代安全

如果我们想要建设一个安全的新时代，需要考虑它看起来像什么。一个新时代肯定会重新考虑人类在创造安全方面的作用。我们对于安全的治理通常是围绕行政过程而组织的，是由高度的现代主义思想所驱动的，并由笛卡尔—牛顿对事情如何正确实施和出错的假设而支持的。它支持和正式批准计数和制表统计系统，而且主要依赖于使用控制、约束和人的缺陷这样的专业词汇。取而代之的是，新时代要求的是一种新的治理方式，把许多安全决策的权力送回到一线最基层，送回交给项目；这样一种新的治理方式把人们看成多样性、洞察力、创造力和安全智慧的源泉，而不是破坏安全系统的另一种风险来源。它要求的治理架构是信任人们，而不是信任行政机构。这种治理再次承诺致力于防止伤害，而不是保险索赔。这两者的区别在表 8.1 中列出来了。

---

① 替代学习亦称观察学习，是指通过观察学习对象的行为、动作以及它们所引起的结果，获取信息，而后经过学习主体的大脑进行加工、辨析、内化，再将习得的行为在自己的动作、行为、观念中反映出来的一种学习方法。——译者注

表 8.1 从现代主义安全思维转型到新时代

现代主义安全	新时代安全
人是一个需要控制的问题	人是一个可供驾驭的解决方案
安全的定义是没有负面事件（伤害，事故征候），显示事情出错的情况	安全被定义为能力、胜任力、技能等的存在，使事物得以正确实施
安全是行政机构的问责制——在组织中是向上所负的责任	安全是道德责任——在组织中是向下所负的责任
因果关系是线性的，没有疑问的	因果关系是复杂的和非线性的
使用控制、约束和人的缺陷这样的专业词汇	使用授权、多样性和人的机会这样的词汇

对现有安全策略的持续追寻不会产生不同的结果，我们也不可能突破安全进展的渐近线（asymptote，逐渐接近但并不相交）。也许现在是时候采取完全不同的指标或措施了。这就是说，我们可能不应该一次性同时停止正在做的所有一切，而且正在做的部分内容是我们不应该停止做的——我们在安全方面一直所做的很多事都是非常值得的。这已经促成损害和伤害大量减少的状况。不过，我们不应期望这会继续有助于很多行业维持现时的安全水平。进一步的进展反而取决于一些关键的转变转型，如下所示：

- 我们需要从把人看成一个需要控制的问题，转型为把人看成一种可供驾驭的解决方案。
- 我们需要从视安全为行政机构的问责制，转型为将其视为一种向下延伸的道德责任。
- 我们需要从把安全视为一种没有负面事件的状态，转型为把它看成一种存在正面的能力，从而使事情得以正确的实施。

本章贯穿了一些研究，可以帮助我们理解建立新时代安全所需的一些前提条件。这些条件目前还没有到位，事实上，在许多情况下，这项研究更多地涉及了旧的或当前时代保留的诸多条件。即使这样，我们也可以通过这种方式来帮助我们勾勒出一个新时代安全的轮廓。

现代主义与零愿景

乐观主义与迈向零愿景的进展

从第 1 章开始，我们就在阐述工作的现代主义理念，这本质上是一个乐观的观点。启蒙主义认为，如果我们使用我们的理性，如果我们能够更努力地思考一个问题，那么我们就能使世界变得更美好，我们就可以不断地改进它。现代主义认为，技术-科学的理性可以创造出更美好、更安全、更可预测、更能控制的世界。现代主义提供的一个承诺是，我们可以彻底根除类似于小儿麻痹症或霍乱等疾病，或使它们处于控制之下；同样我们可以实现工作场所没有受伤、没有事故征候或事故的情况。例如，如果我们仔细地规划工作，如果我们可以很好地进行设计，开展训练，采取纪律措施，实施监督，并监督将要执行工作的人（就像泰勒所推荐的那样），那么我们最终可以生活在一个没有人的差错的世界里。

这种持续改进的承诺反映在世界上许多行业和组织——从道路交通到建筑——所推行的零愿景（zero visions）中。例如，在芬兰有 280 多家公司加入了零事故论坛，代表了全国 10% 左右的劳动力（Zwetsloot等，2013）。世界各国也存在类似的网络或论坛（Donaldson，2013）。这种成员资格，以及它所暗示的承诺，意味着组织能够实现安全改进，因为它们需要用资源来支持他们的承诺。但这些本身已经是非常安全和坚定实施安全承诺的公司。这些公司本身就是安全方面的赢家，这也就部分解释了它们为什么会在这样一个群体中拥有成员的资格。但是"成为一个赢家"意味着什么呢？美国政府问责办公室（GAO）最近研究了在本国的这些安全事宜，并开展了调查：一些安全激励计划项目和工作场所的其他安全政策实际上是否可能会阻止员工报告受伤和疾病的情况（GAO，2012）。它发现了以下事实：

尽管关于工作场所安全激励计划及其他相关安全政策对工人报告伤害和疾病的影响的研究相对匮乏，但仍有部分专家通过深入探究，发现了这些计划和政策与报告行为之间存在的某种关联。研究人员区分了基于等级评定的以及以行为为基础的安全奖励计划，前者是根据员工报告伤害或疾病的低比率而获得奖励，后者则是根据人员的某些特定行为而获得奖励。专家和行业官员建议，基于等级评定的方案可能会阻止员工报告受伤和疾病情况，并认为某些工作场所的政策，例如事后的药物和酒精测试，可能会阻止员工报告受伤以及疾病的情况。研究人员和工作场所领域的安全专家还指出，如何在工作场所管理安全，包括雇主的做法（比如促进公开沟通安全问题等），可能会鼓励员工报告伤害和疾病的情况（GAO，2012，P.2）。

因此，零愿景活动有时会导致对事故征候、伤害或其他安全问题实施证据上的压制，以及在上面例子中对于发生的事件数量进行数字上的篡改和重新标记。它所激励的不道德行为有时甚至可能被判定为非法或犯罪行为。

为了零愿景而坐牢

美国路易斯安那州的一名男子在当地一家电力公用事业公司工作时，因对于员工受伤情况说谎而入狱，谎言也使得他的企业能够获得 250 万美元的安全奖金。联邦法院的一份新闻稿表明，这名 55 岁的男子被判处 6.5 年徒刑，以及两年的监外看管。

他是一家建筑承包商的安全经理。他于 11 月被判有罪，原因是 2004—2006 年，他在田纳西州和亚拉巴马州两个不同的工厂工作时没有如实报告人员受伤的情况。在联邦法院审判中，陪审员们获知了 80 多起没有及时记录在案的受伤证据，包括骨折、韧带撕裂、疝气、撕裂伤以及肩部、背部和膝盖受伤等。这家建筑承包商为此需要双倍返还所得到的奖金（Anon，2013）。

零愿景的颠倒混乱

将伤害减少到零的目标与现代主义、启蒙运动的灵感是一致的。然而，正如GAO所指出的那样，致力于减少伤亡并已经见证伤亡减少，且已收到成效的这些公司，他们到底采取了哪些类型的活动和机制，我们知之甚少，对此进行的研究也不多（Zwetsloot等，2013）。一个重要的原因是目标，即零愿景，是由它的因变量（dependent variable）定义的，而不是由它的自变量定义的。在典型的科学研究中，实验者可以操纵一个或多个变量（称为自变量）。这些反过来被推定对于一个或多个因变量会产生影响。在这一点上，安全始终是因变量——它受到许多其他事情（自变量）的影响。例如，生产压力和资源短缺（自变量）情况的增多会推动运行状态更接近于安全的边际，从而减少安全裕度（因变量）（Rasmussen，1997）。对于相互作用和互连（自变量）透明度的减少可以增加系统事故（因变量）的可能性（Perrow，1984）。与行政机构组织相关的结构性信息保密（structural secrecy）和沟通失效（自变量）可能导致未被注意的安全问题（因变量）出现了累积（Turner，1978；Vaughan，1996）。工作站点上的管理可见性（自变量）可能会影响员工的程序遵从率（因变量）。

由此零愿景已经颠倒过来了。它反而告诉管理人员有意去操纵一个因变量。零愿景从未被安全理论或研究所驱动。它来自实际的承诺和对其道德的信念。这是一个现代主义项目合乎逻辑的延续甚至是最终完结。相比之下，安全理论主要是关于如何处理自变量，即使它经常考虑会寻找哪些因变量（例如，事故征候统计是不是可供测量的有意义的因变量？）。但多数情况下，理论倾向于具体说明工程师、专家、管理人员、董事、主管和员工需要做些什么来组织工作、沟通工作和编写工作标准。换句话说，他们需要操纵的东西是什么？结果（以事故征候或事故的方式衡量，或者在韧性的指标方面）就是他们需要操纵的东西。回想起来（对过去发生的事故的研究往往推动形成了安全理论），结果可以追溯到自变量（无论是否有效）。零愿景完全改变了这一切。管理者被期望去操纵一个因变量———一种自相矛盾的做法。操纵调整一个因变量，在科学领域被认为是从实验角度不可能的或专业角度不道德的事情。重点专注于因变量——比如如何支付奖金、授予合同、获得提拔，操纵因变量（毕竟，这一变量从字面上取决于很多不受自己控制的事情）成为一种符合逻辑的响应。诚实会吃亏，学习也一样。事实上，从长远来看，安全本身可能也就是受害者。

从你员工这里要求零愿景

在 20 世纪中期，出现了当时的"反改革运动"，以行为为基础的安全项目和实践侧重于员工的行为，而不是把工作场所的危险源作为伤害和事故的来源。这些做法可能包括以下内容（Frederick 和 Lessin，2000）：

- 安全奖励计划，员工如没有报告工伤事故可获得奖品或奖励。
- 对于伤害的纪律政策，当员工的确报告了受伤事件时，会受到威胁或接受纪律处罚（包括终止合同）。
- 受伤后接受药物（毒品）测试，员工在报告受伤时自然而然地进行药物测试。
- 工作场所设立标志，用以跟踪记录没有出现损失的时间或可记录的受伤小时数或天数，通过这鼓励数字游戏。
- 其他海报或标志，如贴在洗手间镜子上，写道，"你正在看见的是对你安全最负责的人"。

● 员工观察同事并记录他们的"安全行为"或"不安全行为"的项目。这就不再把注意力集中在危险源上，而是强化了员工的不良行为而非危险条件造成人员受伤的想法。

行为安全项目会损害社会的凝聚力和员工的团结一致。当员工因为同事报告受伤而失去奖励后，同侪的压力就会发挥作用。我听说过一家石油装置安装企业，在那里，对于时间持续特别长的无伤害期的"奖品"已经从半打啤酒变为一个冰箱（为了放啤酒）；再到一艘游艇（为了放冰箱）。就在这个期限即将届满，准备奖励游艇之前，一个新员工遭受了伤害，而且还无法隐瞒。尽管非常委婉地表达，但据报道同事们已经不再欢迎她了。

虽然可以重新分类事故征候和隐瞒伤害，但是如果出现了死亡事件，做到这一点就更难了。例如，在 2005 年，英国石油公司（BP）多次宣扬在得克萨斯城炼油设施中人员受伤率远远低于全国平均水平，但随后就发生了一次爆炸，造成 15 名员工丧生、180 人受伤（Baker，2007）。最近，英国石油公司［其在墨西哥湾的石油钻机平台深水地平线（Deepwater Horizon）于 4 月 20 日发生爆炸，造成 11 人死亡，导致墨西哥湾地区出现无法言表的破坏］一直以来因其设施人员受伤率极低，而多次获得了安全奖励（Elkind和Whitford，2011）。

上述案例中所表达的关注也由各项研究来证实。例如，对于芬兰 1977—1991 年建筑和制造业的研究显示，事故征候率与死亡率之间有着很强的相关性，但是呈现的是很强的负相关性（$r=-0.82$，$p < 0.001$）。换言之，建筑工地报告的事故征候越少，其死亡率就越高。图 8.1 显示了这一情况。水平轴（x）显示在给定年份中工作时间（小时）对应的死亡率，垂直轴（y）显示同一年份中的事故征候率。随着事故征候率的增加，死亡率下降。减少事故征候率的努力（可能涉及劝阻或抑制他们报告，见上文）与较高的死亡率密切相关

（Saloniemi和Oksanen，1998）。

不足为奇的是，没有证据表明，零愿景对安全的影响强于下一次的安全干预（Donaldson，2013）。然而，这可能并不重要，因为零愿景是所谓行政机构企业精神的一个强有力的工具。可能是在一份愤世嫉俗的材料中这样认为：零愿景让参与安全的人同时说两件事：他们可以声称，因为他们的工作已经实现了伟大的事情；但实施更多的工作是必要的，因为还没有达到零。因为它永远不会实现，或者是由于组织担心从零开始倒退，安全人员将保持实质作用、有就业岗位、签订合同和受到资助。在这些职位上的人是否真的相信受伤和事故可以完全根除，这是很难获知的。但也许他们必须被视为相信零愿景，这是为了吸引资金投入、工作安排、联邦拨款、合同、监管批准和负担得起的保险。

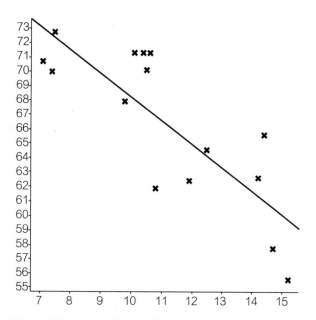

图 8.1 随着事故征候率的下降，死亡率增加。这些数据来自芬兰 1977—1991 年的建筑和制造业（根据Saloniemi和Oksanen 1998 年的数据基础开展回归分析）。水平轴（x）显示在某一年中所有人工工时的死亡率（由图中的数据点表示）。垂直轴（y）显示同一年的事故征候率。减少事故征候率（可能涉及抑制其报告）的努力与较高的死亡率密切相关。

不择手段的零愿景

几年前，我获知一名女子在工作中受轻伤。她告诉她的上司，显示了受伤的情况，并于当天中午去看医生。在候诊室里，她接到学校的电话。她的儿子病倒了，被送回家了。在护士清洗和黏合她的伤口后，她冲回家照顾她的孩子。她后来通知了她的主管。

人员受伤的消息传到了公司的安全经理那里。他吓坏了。这并不是因为他担忧受伤或该雇员的命运，而是因为公司一直在"连胜"的阶段。就在工厂入口处旁边，有一个牌子上标志着公司已经连续 297 天没有出现受伤事件了。300 天的记录已经触手可及！这个数字看起来如此之美妙。这个数字也会让安全经理看起来那么能干！

受伤事件发生后的第二天，安全经理去见当事人的主管之前，心情沉重，准备把计数标志换改成 0。这是自上次受伤以来的第一天。然后，他得知那位员工在事发看过医生后回家了，这简直是上天赐予的礼物。他打电话给人事经理，他们一起决定"非常慷慨地"给那个女子半天假期。这就不再是受伤损失时间（LTD）了。那个女子只是回家照顾她的孩子。他还给诊所打电话。因为没有缝合，医生不需要直接面对面接触这位员工，这不符合公司手册中需要医疗的严格定义，所以也没有医疗受伤（MTI）的记录。安全经理可以长松一口气啦。

几天后，工厂入口旁边的标志牌自豪地显示了第 300 天。

零愿景有实际益处吗？通过因变量来定义目标往往会使组织中的人们在黑暗中摸索将如何去做（哪些变量要操纵）才能达到这个目标。如果没有证据表明当地资源或做法有明显的变化，那么员工们就会对零愿景口号持怀疑态度。它容易被看作领导的夸大其词（Dörner，1989）。最近对 1.6 万名员工的调查显示，面对零愿景，普遍存在着玩世不恭的批评态度（Donaldson，2013）。它不仅无法让员工真正参与其中，而且也没有什么可具体操作的（没有可操作的变量），只是他们可以识别出的和一起工作的一个单纯的口号而已。

零愿景还可以"鼓励"卷入不安全事件的员工被蒙上污名。因此，它可以成为控制有问题的员工的一种技术或手段。

穿上橙色背心

研究如下的一家食品仓库的案例，那里有150名员工负责装卸卡车的业务，通过叉车抬起箱子开到卡车边，然后移送和搬运托盘。如果每个月没有任何人报告受伤，那么所有员工都会收到奖品，如50美元的礼券。如果有人报告受伤了，那么这个月就没有奖品了。管理层后来对于这个"安全激励"项目增加了一个新的元素：如果一名员工报告受伤，不仅他的同事们会得不到这个月的奖品，而且受伤的员工在为期一个星期的时间段内不得不穿上荧光橙色背心。通过穿上这种背心来识别出该员工出现了安全问题，并提醒同事：他或她让你失去了奖品（Frederick和Lessin，2000）。

为了确保零愿景的进展——或者能够识别出在哪些方面没有实现——组织越来越能够通过各种"全景敞视①"（panoptisms）理论（或"看见所有一切"技术）来监视和跟踪其所宣扬的价值观是否得到了遵从。这一范围从驾驶舱语音记录器到智能车辆监控系统，再到一些医院手术室中所安装的视频录像机等。安全审计、安全工作观察、当地监督、安全文化测量和安全氛围评估也增加到了这种组合之中。这些做法共同构成一种社会控制的形式，将个人行为与组织

---

① "全景敞视"这个词来源于边沁的全景敞视监狱，作为一个犯人，可以看到中心的监督室，但是不能看到隔壁的情况和其他狱友，并且狱警被置于不透明的中心阁楼中。这样一来，每个监狱里面的人无法看到中心的狱警，他就不知道里面的人到底有没有在看着自己，因此不敢轻举妄动。——译者注

规范和期望联系在一起。同时它们也发挥了一种纪律惩戒的作用。行为和违法行为会记录在文件、报告、案例说明等各种材料之中。它甚至可以成为一种手段，要求个人的自白忏悔，以及公开羞辱人们，或是给他们处以枷刑广而示众（见上面橙色背心的例子）。

其中一个时间更持久的例子，是在医学领域发现的，时至今日依然还存在彼此冲突不断的想法——差错是不会发生的（Vincent，2006）。在这个医学的世界上，许多人每天都面临着这样一种境况——差错被认为是可耻的失误、道德上的失败，或在一个应该追求完美的实践领域中所发生的角色上的失败（Bosk，2003；Cook和Nemeth，2010）。差错不被看作复杂性、组织和医疗机械的系统性的副产品，而是由人的不称职造成的（Gawande，2010）；是由有些人缺乏高尚的品德力量造成的（Pellegrino，2004，P.94）。由此产生的信念是，如果我们都高度注意和应用我们人类的理性推理，就像我们的启蒙先祖，那么我们也可以使世界变成更美好的地方（Gawande，2008）。医学研究所2000年报告（IOM，2003）伴随着政治的号召，要求采取行动，在5年内减少50%的医疗差错。这不是一个完全的零愿景，但至少是行至半程了。

零愿景导致了调查资源的浪费。如果假定零愿景是可实现的，那么一切都是可预防的。如果一切都是可预防的，那么一切都需要进行调查，包括轻微的扭伤和被纸张划伤。如果一个组织不进行调查，它甚至可以产生直接的法律后果。组织承诺是零伤害，并记录在案，这可能导致检察官声称，如果该组织及其管理人员、董事真的认为所有伤害都是可预防的，那么这种预防是合理可行的（Donaldson，2013）。如果伤害发生，那么他们就负有责任，因为他们或他们的员工肯定没有采取一切合理可行的步骤来防止伤害的发生。

是否可能存在无事故的组织？

零愿景是一种承诺。这是一个现代主义的承诺，灵感来自启蒙主义思维，这是由不希望发生伤害和使世界更美好的道德诉求所驱使的。它也被现代主义的信念所驱使，即进步总是可能的，我们可以不断持续改进，总能使事情变得更美好。现代主义过去的成功被视为对进步产生信心的一个原因。毕竟，它帮助我们实现了预期寿命的显著增长，减少了各种伤害和疾病。随着更多的一样的努力和承诺，我们应该能够实现更多更好的同样的结果。但是，承诺绝不应该被误认为是统计概率。在一个复杂的、资源有限的世界中，失效的统计概率——无论是从经验上还是从理论上的预测来看——都会只是排除了"零"。事实上，几乎任何血统的安全理论都太悲观了，都不会阐述零事故征候和零事故组织的存在。

以人为灾难理论为例，在对一系列高关注度灾难进行实证研究的基础上，我们得出这样的结论："尽管所有相关人员都有最好的意愿，但安全操作技术系统的目标可能会被组织生命周期内的一些非常熟悉且'正常性'的过程所颠覆（Pidgeon 和 O'Leary，2000，P.16）。这种'颠覆'是通过组织中的正常过程——如冲突、政治斗争、预算削减等发生的，这些都是组织'正常'运作的一部分。"Turner指出，人们倾向于不全信、忽视或不讨论相关的信息。因此，管理者、董事、员工或其他组织成员不管是承诺做什么，总是会出现错误的假设和误解，人的信念和知觉的僵化，无视从外人那里得来的抱怨或警告信号，并不愿意想象最坏的结果——这些都是行政机构组织工作的正常产出（Turner，1978）。

不久之后，佩罗就建议事故风险是我们运行系统所存在的结构性属性（Perrow，1984）。它们的交互复杂性和耦合程度直接关系到一场系统事故的可能性。交互复杂性使得人类很难追踪和理解失效是如何传播、扩散和相互作用的，紧密耦合意味着单一失效的影响通过系统产生回响——有时如此迅速或如此大规模，从而导致干预是不可能开展的，或为时已晚，或徒劳无功。在这样一个系统中实现零愿景的唯一方法就是拆除它，不完全使用它，这是佩罗本质上推荐社会针对核能发电领域所采用的方式。一些人会争辩说，佩罗的预测并没有得到定量的证实，毕竟该理论是在 1984 年首次公布的。例如，佩罗提出的极端复杂和高度耦合系统的缩影——核能发电只发生了为数不多的一些事故。然而，2011 年与地震相关的福岛核能灾难就重现了他的理论剧本。由地震产生的海啸淹没了日本核电站的低洼房间，其中装有应急发电机。这导致切断了冷却剂泵的电源，造成反应堆过热和氢-空气化学爆炸，最终导致了辐射扩散。此外，自 1984 年以来日益耦合和复杂的系统，如军事行动（Snook，2000）、航天行业（CAIB，2003）和空中交通管制（BFU，2004）都产生了佩罗所阐述的事故。

沃恩对 1986 年美国"挑战者"号航天飞机发射坠毁的分析，对于所谓的事故之平常化（banality-of-accidents）论文的分析进一步具体化了（参见第 5 章）。类似于人为灾害理论，发生事故的可能性是在资源稀缺和竞争的正常压力下实施业务活动的正常的副产品。告诉人们不要发生事故，试图让他们的行为方式使事故不太可能发生，这些都不是一个非常有希望的补救办法。错误和灾难的可能性是来源于社会组织的：它正是来自组织实施使错误和灾难更不容易发生的结构和过程之中。通过生产性的文化，通过与行政机构组织相关的结构性保密，并逐渐接受风险，阻止不良后果，事故的可能性实际上正是来自组织所参与的各项活动——对于风险建立模型并使之得到控制。即使是高可靠性的组织理论，在其领导力和组织设计的要求上是如此雄心勃勃，但是事故减少到零，也几乎是遥不可及的。领导的安全目标、维持相对封闭的运作系统、功能去中心化、建立安全文化、设备和人员建立冗余度和系统学习等，所有这一切都是实现高可靠性组织状态菜单上的必要原材料（Rochlin等，1987）。虽然有些组织可能比其他组织更密切地关注其中的一些理想状态，但并没有一个完美地弥合了差距，也没有保证操纵这些属性将使一个组织能够实现零愿景（Sagan，1993）。

安全文化和将人作为需要控制的问题

但是安全文化是什么？即使成为一个高可靠性的组织可能让许多人遥不可及，难道他们就不能努力实现更好的安全文化吗？为了判断这个问题的价值，让我们先来看一下这个概念本身。传统的机械性描述各种组织失效的类型，比如Macondo事故、"挑战者号"和"哥伦比亚号"航天飞机坠毁事故，越来越被认为是无法真正符合实际的（例如，CAIB，2003）。这些不是线性的因果关系，破坏了事先定义好的、固定顺序的各种防御层。如果我们坚持以这种方式看待它们，那么我们就会歪曲事件的复杂性，并通过避免更有说服力的叙述和改变主动性来欺骗自己。这也适用于更小的组织失效——"到最一线"，甚至是在患者床边出现的药物注射错误（Dekker，2011c）。安全文献越来越重视"更柔和"的社会因素在创造组织条件以预防事故方面的重要性，因此，"安全文化"的概念在过去十年中得到了广泛的接纳。安全文化越来越多地被用于填补由事件序列模型所留下的社会组织复杂性的真空地带。

　　"安全文化"似乎已经回应了组织和政治方面的需要，以解释事故主要降临在安全和机械健全系统中的原因，或在事故中出现的各种失效和问题被行业广泛分享，从而不会导致类似的问题在别处出现。为了更好地理解这一点，请考虑两种截然不同的文化理解方式。人类学家克利福德·格尔茨（Clifford Geertz）可能这样说过，我们可以理解文化要么作为一种解释性的努力（为了寻找意义），要么作为一种实验性的努力（为了寻求规律）。这对我们认为文化是什么，以及我们能使用文化做什么（对文化本身做些什么）等都具有重要的影响。大致来说，这两种考虑安全文化的方法是这样的（Henriqson，2013）：

- 按照人类学和社会学诠释论者（interpretivist）的方法，其中安全文化是组织所做事情的方式。文化是自下而上的，它从系统成员之间的多种交互中浮现出来。它不能被控制，只能够被影响——很有可能出现各种各样难以预测的副作用。从这个角度说，存在一个"好的"与"坏的"安全文化，要么是荒谬的说法，要么是傲慢自大的道德论。文化可以通过定性方法进行研究，采取主位（emic[①]）或由内向外的方法——通过别人的眼睛去看到世界，而这些人的观点又是你试图了解的。

- 一种采用心理学、管理学和工程学功能主义性的方法。在这里，文化是一个组织所拥有的东西。它是财产或所有物，并且这种财产可以被拿走以及被替换（假设还可以是部分的替换）。它也可以被控制和操纵。文化可以通过定量的方法来研究，比如通过预先确定的问题进行民意调查，询问参与者的经验、信仰、态度和价值观等。这是一个客位（etic）或者是从外向内的方法。从这个角度来说，我们可以合理地认为存在"好的"与"坏的"安全文化，因为在某些情况下，某些信仰和态度的集合可以被认为比其他更有害于安全。

在安全方面，功能主义的方法占主导地位。它是安全文化的一种视角，它使人类得以分解和重新设计。正如巴托（Batteau）所总结的那样，"安全文化是来自对文化的分解（decomposition）……一套针对谨慎、遵守规则和公开交流的长篇布道"。通过将心灵的习性（habits of the heart）分解为适应设计者检查单中的各项元素，人们可以从视图中消除将文化与指令区分开来的那些不可言喻的突如其来的念头。比如，在一份专注于特定项目的检查单中，列出了如"报告系统（已勾选）、开放沟通（已勾选）、非惩罚性的事实调查（已勾选）以及遵守标准操作程序（已交叉互认）"，但这其中似乎没有为对话预留格式化的空间。而恰恰是这种对话或交流，可能会帮助我们构建对于运行风险的不同感知（Batteau，2001，P.203）。它使文化远离人类语境中的突发现象和微妙的联系，成为工程学的一个分支。它采用工程学的策略和工程学科方法来解决一个工程问题。"当社会科学要支持这一战略时，他们就会提出一种实证主

---

① 美国语言学家派克（Pike）认为语言理论应当具有整体性并应与实际语言分析相结合，而不是把它们分裂为被假设自成一体的模块，创建了两个新名词etic和emic，使它们成为用于分析语言或分析其他的社会科学体系的两个方法。——译者注

义[①]的姿态，对解释、社会构建、话语和历史冲突进行的任何见解洞察都是违禁品。"（P.204）

它是对于文化结果的解释。首先，安全文化意味着价值观、信念和行为具有规范性的同质性，这是组织可以通过政策和激励来要求的东西。它的同质性效果可以阻碍多样性、创造力和即兴创作（或者至少把它们推到视野之外）。然而，正是这种多样性与韧性（resilient），使系统相关联；能够适应变化，能够容忍没有直接设计要求的中断情况。其次，安全文化举措可以与新自由主义和行为安全倡议紧密结合，同步发展，建立起员工的责任化（responsibilization）（Gray，2009）。这就是福柯所称的治理术（governmentality[②]）：一种复杂的权力形式，它将个人行为和行政行为联系在一起，在这种情况下，将安全的责任从国家扩展到组织，从组织拓展到个人，期望自我实现责任化和自律。人被视为需要控制的问题，通过微妙和不那么微妙的过程和技术，组织来行使这种控制。员工被期望应致力于安全，采取问责制和责任，参与和遵守，公开沟通，并主动相互关注（Henriqson，2013）。安全，通过所有这一切，再次被视为一个道德承诺（记住不久前提及的"心灵和智慧"，学术界从上个世纪以来把个人"道德或精神上的缺陷"描述为人的因素）。安全再次成为一个规范的选择、所谓的"自由"的选择，即使它可以与组织明确声明和没有明确声明的目标（生产和效率）产生很大的冲突，或与人需要工作的设备中的设计规范存在着巨大的冲突。然而，来自以及存在于安全文化中的行为鼓励的种类，更多的是基于信心而不是证据——就像零愿景一样。对于他们的支持似乎是由信任、信念和道德承诺所驱使的，而不是被科学所驱动的。

---

① 实证主义（positivism）是强调感觉经验、排斥形而上学传统的西方哲学派别。基本特征：将哲学的任务归结为现象研究，以现象论观点为出发点，认为通过对现象的归纳就可以得到科学定律。

② 对于governmentality一词的理解可以参考https://www.douban.com/note/351264116/。——译者注

安全和信念：发给员工的宣传画

不久前，我在建筑工地上陪同该现场的生产总监。宣传画上有他的照片，穿着必要的防护用具，在建筑工地上这样的宣传画到处都是。在照片上，他一脸严肃，胳膊交叉于胸前。在他的头旁边印着公司对于零伤害承诺的口号。我询问他，公司有什么证据表明，这能够防止伤害和事故。他没有这样的证据，公司也没有，任何地方都没有。宣传画似乎完全基于信念。当然，这样做的公司并非独此一家。我记得有一家空中交通服务提供商，其最新的抵御事故征候的活动是基于在整个控制室中到处张贴宣传画，激励空中交通管制人员具备更强大的"情景意识"。

离开建筑工地后，我询问生产总监，公司在做出开发一个项目的决定时，比如在坦桑尼亚，是否也会这样做。他们是否也会印刷有他或CEO照片的宣传画，并在他的头旁边印上宣传口号说："坦桑尼亚是本项目所投入的一个伟大地方！"然后将它们粘贴到电梯、董事会会议室、走廊和洗手间里面。他真的希望在几周后，公司里的大多数人会致力于投入坦桑尼亚的一个项目吗？他一脸茫然地看着我。然而，我们是不是要求人们在同样的信仰和缺乏证据的情况下，接受一个安全的零愿景？

一些科学领域实际上已经在这方面这样做了。哈勒威尔（Hallowell）和甘巴泰斯（Gambatese）（2009）为了找出什么发挥作用，分析了许多安全干预措施在建筑业中的相对贡献。他们的Delphi分析（德尔菲法[①]）揭示了一些令人惊讶的事情（或许不是）。安全经理或整个公司所珍视的一些计划项目和举措实际上并没有产生太多的安全益处。根据他们对于安全效果重要

[①]　德尔菲法，也称专家调查法，于1946年由美国兰德公司创始实行。该方法是由企业组成一个专门的预测机构，其中包括若干专家和企业预测组织者，按照规定的程序，背靠背地征询专家对未来市场的意见或者判断，然后进行预测的方法。——译者注

性的排序（1最重要；13最不重要），对他们的结果汇总如下（Hallowell和 Gambatese，2009）：

1. 上层管理层的支持。这包括明确考虑安全作为公司的主要目标。上层管理层可以通过参加定期的安全会议、服务于会议，以及为安全设备和倡议提供资金等做法来证明这一承诺。

2. 分包商的选择和管理。这包括在选择分包商期间考虑他们的安全绩效。即只有证明自己具有安全工作能力的分包商才能在招标或谈判过程中被加以考虑。当然，这应该涉及对数量很少的负面事件的怀疑。

3. 员工参与安全和工作评估。这可能包括执行作业危险性分析、参与工具箱讨论或进行检查等活动。为使这一过程顺利进行，这些活动的关注重点需要自下而上地推动，而不是自上而下强加下来的。

4. 作业危险性分析。这包括审查与工作过程相关的活动，识别出可能导致伤害的潜在危险敞口。

5. 培训和定期安全会议。这些目标是在项目开始或工作之前建立和沟通项目特定的或特定于工作的安全目标、计划和政策等。

6. 经常实施工作现场的检查。这些帮助识别出对员工产生的不受控制的危险暴露、违反安全标准或规章，或员工行为等。

7. 安全经理在现场。安全经理的主要职责是执行、指导和监控安全项目要素的实施，并作为员工的智谋人员。

8. 药物（毒品）滥用项目。这些是为了查明和防止员工队伍的滥用药物情况。测试是这个安全程序元素中的关键组成部分。测试方法和失效的后果在不同组织和行业之间可能不同。

9. 由主管、从业人员、员工、承包商代表、业主代表和安全顾问等组成的安全委员会，其唯一目的是解决工作的安全性问题。

10. 安全导向，是指组织或现场特有的，但不一定是项目特有的，针对所有新员工和承包商进行的引导和培训。

11. 书面安全计划是有效安全项目的基础。该计划必须包括记录在案的项目或工作特有的安全目标、目的和取得成功的方法。

12. 记录和事故征候/事故分析。这涉及记录和报告事故征候和事故的具体情况，包括时间、地点、工作地点条件或原因等信息。这也包括对事故数据进行分析，以揭示今后趋势或薄弱环节。

13. 应急响应规划。这可能是业主、保险企业或监管机构所要求的，并涉及在发生严重事件时制订一项响应计划。应急响应计划可以确定事故和灾难事件之间的区别。

虽然这些结论是从建筑业的数据中产生的，但在其他行业和安全关键设置岗位中并不难找到这些类似的情况。例如，经常性的工作检查在航空业是司空见惯的，航空公司本身也要做航线检查（实施航线检查的机长与其他机组一起飞行，以监测和讨论他们的表现）。对于在现场的安全经理也是一样：我以前乘坐的某一家航空公司，其安全经理办公室对面就是该航空公司所在枢纽机场的机组室。飞行员和其他人可以很容易地走进来，讨论与安全有关的任何事情。航空公司也有一个安全委员会，我也参加了开会，例如，有人提议对起飞前程序进行变更，以确保在起飞之前实施正确的襟翼设置。在施工和其他项目工作中，这就是所谓的工作风险分析或定期的工作前安全会议，在航空业这被称为飞行前简报。这些不仅在机组准备室发生，在整个执勤期也会进行讨论，而且驾驶舱中在飞行的每一个关键阶段前也会发生。

对于任何行业来说，对哈勒威尔和甘巴泰斯研究中确定的安全倡议重要性的排序内容进行反思都是令人关注的。这个顺序，以及它所说的人的因素的作用，也适用于它们的行业吗？例如，对于跨多个行业的高可靠性组织的研究发现，上层管理层的支持具有非常关键的重要性。有人说，在这些组织中维护避免出现严重运行失效的目标，是为了培养一种组织的观点，即短期效率的提高要让位于高可靠性的运行。这在空中交通管制、海军运行、发电等行业都是一样的（LaPorte和Consolini，1991）。在这些行业中，组织领导人必须高度重视安全问题产生的原因，这是显而易见的：

　　高可靠性组织要求大量的冗余度和持续的运行培训，这两个因素都需要花费大量的资金。如果政治当局和组织领导人不愿意投入相当多的资源用于安全，那么事故的发生将变得更有可能性（Sagan，1993，P.18）。

　　许多组织可能会说，他们以安全为最高优先级，但这样的说法华而不实。这需要通过可见的行动，特别是投入资源来进行支持。高可靠性的组织是否真的做到了这一点，或者其他因素是否能证明其明显的成功，仍然是一个争论较多的问题（Sagan，1994）。选择分包商或合作伙伴的过程中，要求他们可以证明达到可接受的安全绩效，这在建筑行业之外也是得到广泛认可的事宜。例如，在航空业，航空公司如果没有接受一系列全面的安全审计，那么就不被允许加入某一家全球航空联盟。当然，这些举措的问题在于，它很容易重现我们在上面的零愿景中看到的实践做法。在安全领域，主要是通过没有负面事件来进行评估，那么就存在鼓励让负面事件"不知所踪"的情况。在建筑和能源等行业中，不幸的是，对于承包商和分包商而言，证明低数量的负面事件，仍然是规范性的做法；否则，他们在投标时甚至可能根本不被考虑。如果客户是政府（城市、州、联邦），那么低数量的事故征候和伤害率的证明往往是强制性的。选择一家具有这样低数字的承包商或分包商，我们可能会说他们具有更多的"创造力"使这些数字看起来要比他们的安全性或韧性更好。大卫·卡珀斯（David Capers）是一位在能源加工方面经验非常丰富的专家，这让他妙语双关地这样阐述：LTI（损失时间伤害）或MTI（医疗治疗伤害）这些数字是无关紧要的，真正有影响的是LGI（looking good index）——一个看起来很好的指数。

　　现在让我们转到上述列表的最后部分。在许多行业，安全就职典礼或培训定位已经发展成了一个负面的内涵。它们可以被看作浪费时间和金钱。有些场所或公司的培训定位需要几天，而不是几个小时。即使这样，这些培训也可能与人们将要做的工作或他们将要面临的风险无法很好地联系在一起。相反，它们被视为公司责任管理的又一项工作，以及是公司责任的削减（这样他们可以说，如果事情的确出错了，"看，我已经告诉过你了，警告过你了！"）。许多就职或培训定位也是自上而下的，几乎都是泰勒式①（Tayloristic）的感觉（"我们是聪明的，你是笨笨的，所以听我讲如何安全工作"）。然而，成功的故事确实存在，不难看出它是什么。例如，一个化学生产场所确保其安全培训定位在教室里时间很短，但在工作场所上要长得多。它开发了一个好友（buddy）系统，其中新聘的人员被专门指派人员进行长达几个星期的指导，或是指定专人进行培训（并被训练成"好友"）。这让有经验的人和新员工积极参与这项工作，并共同探讨不可靠的行为。学习安全之道是一个共同的产生过程，在工作情景中进行设置——并不是在真空中单向的耳提面命。将新员工和老员工（已经在现场或在公司工作）放在一起建立关系，因此更有自发性、更平等。

　　记录保存和事故征候/事故分析的低得分可能会对那些依靠其生计的人造成阻力。当然，记录本身不是目标，它们不会像一些"神谕"一样发布给安全人员。如果你自身知道要从记录和数据那里具体问到什么，那么记录和数据就都是好的。世界上可能没有任何组织在它收集的关于事情出错（或事情正确）的数据和从它得到的分析收益之间取得完美的平衡。在像建筑业这样的项目驱动的行业里，很有趣的是，在以前的项目中，看到的数据是如此少以至于难以进行详细挖掘，以了解成功和失败的原因。数据就在那里，以便在下一个项目之前获得进一步拓展，但需要问的问题并没有得到一致的反映思索。在清单中对于事件分析的位置与阿玛尔贝蒂对安全组织的调查结果相一致（从第5章回顾这一点）。假设你的组织更安全，分析事件的因果因素，并对其进行分类和重组，以了解事故发生的方式，则具有较低的预测价值。其中一个原因似乎是事故发生是以正常工作为先导的，而不是由事故征候引起的。每天所遇到的挫折和在完成工作方面的困难——没有得到报告——可以比已报告的事故征候信息（而这些已经进入数据库和公司记录）更有力地预测死亡风险。

---

① 泰勒认为科学管理的根本目的是谋求最高劳动生产率，达到最高工作效率的重要手段是用科学化的、标准化的管理方法代替经验管理。——译者注

列表清单的底部是书面的安全计划和应急响应计划,对于那些在自己的组织中熟悉这类事情分类的人来说,这可能不足为奇。对于正常的事故理论,我们并不感到意外,结论是组织经常忽略他们的大部分经验,而这些经验显示这些计划和文件是不准确的。这就是为什么卡拉克(Clarke)称它们为"幻想文件",既不完全相信也不可不信。它们只是很少被现实测试,并且似乎是从对组织或它运作的环境中一个相当不切实际或理想主义的观点得出的(每个应急方案都是已知的和做好准备的)。这些计划和文件在多大程度上相当于空想的产物——从 2011 年的福岛核灾难中再次明显地显现出来(上文已经提到),这是自 1986 年切尔诺贝利核事故以来最大的一次灾难。

日本似乎对这场灾难并没有做好准备。例如,就工厂本身而言,程序和指导指南对于堆芯熔毁来说是极其不足的,迫使操作者几乎完全是临时抱佛脚进行的应急响应。当灯熄灭时,他们不得不从附近的房间借手电筒来研究工厂的设备规格。现场的剂量计刻度远远超出了人们对于预期的灾难所设想的测量刻度,无法显示任何更高的读数水平。而且,正如核电站的前任安全经理稍后将作证的那样,应急计划"没有提到使用海水作为冷却的核心",这一疏忽造成了不必要的,也许是至关重要的拖延。工厂之外的行政机构也有类似的缺陷。官方的公告往往考虑不周,其特点是否认、保密和拒绝接受外界的帮助。在许多有关福岛核事故的叙述中都重申了正式风险评估的普遍理想化,这既限定了围绕核能的民主讨论,又使管理过程中出现了误用。它所预测的虚假保证允许成本–效益预测(核决策框架)默默地否认过去事故的证据,大家心照不宣地理解,灾难在某种程度上是反常的和可避免的,而不是特有的情况。如上文所述,结果就是根深蒂固的机构不情愿对最坏的情况进行充分的规划(Downer, 2013, P.2-3)。

最后，让我们回到该列表清单的顶部。员工参与安全和工作评估得分高，这是令人鼓舞的，并与关于高绩效团队和韧性组织不断增多的文献内容相一致。这些文献的主题毕竟包括参与式领导力，相互协调关系和决策，共同的目的，自下而上而不是自上而下倡议的偏好，开放的沟通和互信，重视投入的多样性，公开应对观点之间的冲突等。它读起来可能像一个理想的列表。对于从事安全的人，相比体育教练等人，这张列表似乎要更为理想，相当令人满意。同时，毫无疑问，管理者和安全人士都认为，对高绩效团队和他们的技能专长不加批判的遵从是喜忧参半、亦祸亦福的。我们现在就谈一谈这个话题。

对于专业技能的尊重

对运行或工程专业知识的尊重被认为是各种行业安全的关键因素。如果人不是一个需要来控制的问题，而是一个可供驾驭的资源，那么严肃认真地对待他们的经验和专长，这当真是强有力的第一步。毕竟，任何行业的运行活动都包含各种情况，其微妙和无限的变化可能不完全匹配培训中所获知的具体情况。这包括令人震惊之事（fundamental surprises）（Lanir，1986），即发生了一些不属于正常和应急运行程序的情况。在这些场合，操作者必须能够运用没有任何培训部门能够预见或交付的技能和知识。这留下了一些机组成员并没有准备好应对的潜在问题，即没在他们的处理清单中（Dismukes等，2007）。其他行业和操作者也同样如此。安全监管的正式机制（例如，通过设计要求、政策、程序、培训计划、检查操作者的能力）总是会在预见和满足不断变化的需求中存在"无能为力"的情况，这些是由不确定的有限资源，以及与之冲突的目标所造成的。对于这种问题，你必须依靠机组的通用型胜任力来增加系统对意想不到和不断升级的情况做出反应的能力。存在于这些安全系统边缘的意外惊奇，源于对行业知识掌握的局限，或者更常见的是源于整合不同知识片段能力的局限，以及对操作环境理解的局限（Lanir，1986）。换言之，在复杂系统中创建安全知识库，本质上是无法完善（imperfect）的（Rochlin，1999）。通常的问题不是行业缺乏数据，而是这种噪声和信号的累积可能混淆了对于"风险"的感知和构想。这些专家技能可能已经预测到什么会出现差错，实际上在任何事故发生之前，这些往往已经存在于该行业的某一角落之中。

那些不熟悉实践细节的人，可能会错过这种潜在危险的信号，并没有发现逐渐漂移到失效之中的情况。对于管理人员来说，尊重专业知识意味着让那些具有实践经验的人员参与进来，让他们在运行过程中识别风险和异常。所谓的高可靠性组织，因其对运行的敏感性和对专业知识的尊重而备受赞誉。他们专注于他们的运行一线前端，这是在一线"真正的"工作得到完成的地方，那里的员工直接接触到组织的安全关键过程。高可靠性组织推动决策的制定是自上向下以及广而告之，创建一个可识别的"决策'迁移到'技能的模式"（Weick和Sutcliffe，2007，P.16）。即使决策在表面上与运行或设计只有很少联系，这种接触也必须发生。例如，"预算"通常对于运行是不敏感的（Weick和Sutcliffe，2007，P.13），但从长远来看，可以很好地产生运行或安全结果。关注运行一线通常被认为是有回报的：最近的研究将领导层参与日常工作运行与员工的胜任力、角色清晰度和安全参与联系在一起（Dahl和Olsen，2013）。在组织心理学研究中，这也反映在领导力的存在对员工表现、忠诚度和依附性的影响（Dekker和Schaufeli，1995；Schein，1992）。

事后看来，不遵循专业技能知识通常被认为是主要的安全缺陷。例如，2005年在美国得州炼油厂爆炸之前，英国石油公司已经削减了数以千计的美国工作岗位，并将大部分炼油技术工作外包出去，数百名原本集中在公司内部的工程师离职。许多经验丰富的人退休了。直到几年后，英国石油公司才意识到自己失去了太多的内部技术专长技能。在精炼业务中，一线和辅助功能的人力技能丧失，意味着一线经理会错误地对过程安全进行测量。重点是对于美国炼油业务的成本控制和人员精简化安排，管理人员认为，过程安全得到了充分的跟踪和控制。企业倾向于简化运行和技术问题，而不是遵循专业技能或运行。贝克（Baker）委员会得出的结论是：

尽管英国石油公司的技术和工艺安全团队中的许多成员具备支持复杂工艺安全工作的能力和专业知识，但委员会认为，公司在美国5个炼油厂中有关确保组织过程安全意识度、知识和能力适当水平的系统，在许多方面没有有效地发挥作用（Baker，2007，P.147）。

同样，美国任命肖恩·奥基夫（Sean O'Keefe）（白宫管理和预算办公室副主任）来领导美国国家航空航天局（NASA），也标志着：该组织的重点应放在管理和财务上，继续保持多年前已经明确设定好的发展趋势。奥基夫的经验是在大型政府项目中实施管理和行政业务——这样的技能基础被当时的新布什（小布什）政府认为是NASA高管职位所具有的重要的胜任力。在20世纪90年代，NASA已经大幅减少了其内部与安全相关的技术专长技能。它在阿波罗时代的研究和发展文化，曾经被褒奖为对其工程师的技术专长的尊重（Mindell，2008；Murray和Cox，1989），这已经被行政机构的问责制所取代——以效忠等级层次程序的方式向上进行管理，并遵循指挥链从上至下的命令（Feynman，1988；Vaughan，1996）。事故发生后，调查委员会得出了如下结论：

"哥伦比亚号"航天飞机在最后一次飞行中做出的管理决策反映了错失的机会，堵塞或无效的沟通渠道，有缺陷的分析和无效的领导力。也许最引人注目的事实是：管理层显示出对问题及其影响的理解根本不感兴趣。管理人员未能利用所需的广泛的专业知识和意见，以达到对碎片击打航天飞机问题的最佳答案——"这是安全飞行所担忧的问题吗？"事实上，他们的管理技术在不知不觉中强加了阻碍工程关注和提出反对意见的堡垒层，并且最终帮助创造了"盲点"，阻止他们看到泡沫材料击中航天飞机所构成的危险（CAIB，2003，P.170）。

在"哥伦比亚号"航天飞机事故之后。NASA被告知，它需要"恢复对技术专家的尊重，授权工程师获得他们所需要的资源，并允许自由地发表对于安全问题的关注"（CAIB，2003，P.203）。两次航天飞机事故——1986年"挑战者号"事故和2003年"哥伦比亚号"事故发生后，各组织被要求更认真严肃地对待工程和运行的专业技能。这在有关高可靠性组织和韧性的文献中已经进行了很好很详细的阐述[①]。

唱主角综合征

遵循专业技能知识，可能还会有另一种含义。当某一种运行依赖于专业知识时，"特别是因为某些决策是高技术的，某些专家获得了相当大的非正式权力"（Mintzberg，1979，P.199）。如果关键人物被视为一种需要利用的资源，那么这种做法是否会产生问题？以20世纪60年代的烟草工厂为例，工厂由维修工人掌控，这导致了一系列问题，如生产效率低下、工作环境恶劣以及员工士气低落。因此，过度依赖或赋予关键人物过多权力可能会带来一系列负面影响。每个人都依靠他们来保持运转，但没有人明白他们在干什么，也不能检查他们的工作。上级主管一直在努力追求控制权，但是无能为力。这一安排实际上对专家与任何其他组织成员之间的合作提出了挑战（Crozier，1964）。常见的组织文献提到了唱主角综合征（Prima Donna Syndrome）（Girard，2005）。通常唱主角的与组织的主要或安全关键过程有享有特权的接触（并对此施加影响）。他们往往比正式的组织结构享有更多的权力，并且可接收到优惠的待遇和超额的收入。他们以高超的技术胜任能力、决断力和自信而闻名，然而他们可能对整体组织目标缺乏敏感度，并且在接受指导或者作为混合团队的一

---

① 有趣的是，这一呼吁的出现恰好与通用性管理项目（MBA）空前发展一致，同时增加的是公司继续保持外部专家顾问群体。如果有专业知识技能的角色，则他既不是内部的，也不是管理层的。参见明茨伯格（2004）和库拉纳（2007）的著作。

分子工作时可能会遇到困难（Girard，2005）。唱主角综合征在许多领域都有过阐述，如建筑行业（Schultz，1998）、护理行业（Girard，2005）、技术行业（Dickerson，2001）、商业（Wright，2009）、体育运动领域（Dubois，2010）、制造业（Pollock，1998）和航空行业（Bertin，1997）等。

并非所有这些领域都具有安全关键过程。但是当它们具有这种过程的时候，"当人们被托付危险的技术时，他们很容易感到自我重要性和以自我为中心，因为他们生活在一个稳定的日常生活之中——人们告诉他，他是如此的重要"（Weick和Sutcliffe，2007，P.159）。"自我重要性和自我中心地位"可能变成一种心理权力的感觉（Harvey和Martinko，2008）。对于安全关键技术专业的、详细的洞察力，可以放大负责运行它的群体在组织中的杠杆作用（Edwards和Jabs，2009；Lovell和Kluger，1994）。文献中一些关于唱主角的评论是这样的：

- 他们觉得他们不必按照规则去玩。他们认为，如果自己需要像其他员工一样对自己的表现负责，对此会心生恨意，因为他们相信自己的表现和以往一样好。
- 他们对组织将为他们做什么抱有不切实际的期望，并且不愿意接受负面反馈。
- 对一线活动或技术有卓越的知识了解，可以胜过组织其他所有的关注问题。
- 他们作为一线运行人员或核心安全技术人员所具备的品质（有说服力、自信、高效）也正是导致他们难以管理和相处的原因。
- 他们有一种夸大的自我重要性的感觉，一种来自他人赞美、关注和"溺爱"证明所谓合理的想法（Dubois，2010，P.22）。与此同时，他们可以表现出蓄意的粗鲁粗野，从而对团队和组织凝聚力有腐蚀性的影响。
- 他们会在高度不确定性的工作场所中成长壮大。如果信任和责备容易四处扩散（由于缺乏文件记录和问责制），自我服务的归因偏见就会得以固化。

常见的技术文献有时对于唱主角表示了不宽容，部分由新出现的经济现实驱动。例如，在IT行业可能比几年前更容易找到高素质的操作者（Dickerson，2001），虽然在医疗保健或能源部门不一定是这样（Aiken等，2002）。此外，还有研究质疑，对首席的专业知识的尊重是否对安全至关重要。事故的可能性已与结构性因素相联系，从而取代了专家对组织决策的输入（Perrow，1984）。最近对Macondo深水油井井喷（BP，2010）的分析表明，尊重专业知识不足以证明运行仍然保持安全（Hayes，2012）。就像詹森（Jensens）（1996）关于"挑战者号"航天飞机发射决定的描述，沃恩阐述了许多历史细节——专业技能如何被生产文化所同化吸收？技术和运行细节中偏离标志的微妙正常化如何对专家产生影响？（Vaughan，1996）其他人也阐述，面对更大的组织目标和压力，技术中立性如何往往是一种错觉？（Weingart，1991；Wynne，1988）尊重专家是否对于安全是至关重要的？对于散布恐惧心理者是否也是一样？如果需要这样的尊重，那么如何对组织其他合理性的关注进行调整和平衡？

至少有两个心理学文献可以指导关于唱主角综合征的任何观察。第一个文献是心理权利（psychological entitlement），广泛地围绕认知和归因框架而形成。第二个文献是组织自恋（organizational narcissism），最初是心理动力概念被采纳到社会组织的情景中。它们可以运用到不是搜寻个性类型或主角的临床倾向。相反，这两种文献都允许由环境、组织、认知、职业期望、社会和工业关系之间的相互作用来系统地构建一个唱主角综合征。换句话说，主角综合征并非不良元素，而是源自组织、专业与机构之间错综复杂关系的自然产物。

心理权利

心理权利是指人们应该接受与实际应得性（deservingness）不匹配的优惠待遇的想法。最近十年这方面的心理学文献对它的引用已经增加了（Harvey和Martinko，2008）。权利意味着对奖励和补偿的期望的膨胀，这超出了实际表现所应得的。心理权利不是基于公平的交换。这本书所研究的组织中有的核心运行小组期望更多的利益、注意力、权力和投入，而没有看见需要以高（更高）绩效水平或其他贡献来进行回报（Naumann等，2002）。

唱主角综合征的案例研究

为了更好地理解唱主角综合征，我们研究了西方国家的一家化工厂和一家航空公司飞行员培训学校，跟踪和观察了他们的高层管理人员在会议和决策过程中的表现——在工厂为期9个月，在培训学校为期2年。这两个场所都负责安全关键过程，其人员由核心运行者团队（工作人员人数、组织状况和薪酬）占主导地位，分别是过程操作者和飞行教员。化工厂雇用了100多个过程操作者，工厂是一周7天每天24小时连续工作。在观察期间学校雇用了20~30名飞行教员，主要在工作日上午8点到下午4点轮班。这些团体在两个地点都享有强大的工会代表权（近100%）。我们所研究的两个组织过去3年以及更多年份，都没有出现任何重大事件或事故——安全绩效（如果按照没有负面事件来衡量）被有关各方（如监管机构、上级组织、审计员）认为是适当的或更好的。

在两个工作场所观察到，核心小组（通常是由管理人员来标记首席唱主角的）期望他们的组织在他们穿制服工作的时候以及工作后支付金钱，并且期望这样做的时候能够享有免费的高标准设施。其中一个组织的飞行教员不仅得到学校的制服和洗衣设施，而且还有相当可观的鞋子津贴。同时，两个团队几年以来都能够成功地阻止组织提高生产率的倡议。在工厂中，减少夜班人力资源配备的提议被阻止了；在学校，飞行教员成功地保持每天4人（而不是3人）在飞机上培训的要求。在这两种情况下，安全都被用作支持所采取立场的正当理由，尽管工业行动的威胁始终若隐若现（暗示了安全和工业行动之间的潜在关联，即虽然表面上以安全为理由，但背后可能隐藏着对工业行动的担忧或威胁）。事实上，安全几乎总是被作为核心团队的杠杆，以得到它所希望获得的关注或寻求的事宜。即使是对看似微不足道的额外补贴（如鞋子津贴，或每段飞行必须带4名以上学生）的挑战，也被认为构成对安全和质量的威胁。在两个地点，管理者基本上不再从核心操作团队寻求解决安全问题的专业知识。相反，情况发生了逆转，操作人员提出了一系列工业、工作环境和生活方式问题作为安全问题，这些问题范围广泛，包括照明、工作时间和办公桌尺寸等。

在化工厂中，因维护承包商导致的伤害总是归咎于他们的经验不足或能力不足，尽管在某些情况下，操作员的失误（例如，忘记对特定管道进行降压处理）也显而易见。而维修工作才刚刚在最近的一次大规模重组中被外包出去（这次重组涉及母公司的人员冗余），因此这些归咎可能还受到了其他动机的驱使。可以肯定的是，现有的问责机制也可能存在扭曲——承包商因工伤事故导致的工时损失而受到惩罚（这可能影响他们未来获取更多工作的机会），但管理该工厂的母公司操作员却免受处罚。

权利期望不仅仅是关于钱的。这个词被用来描述在社会环境中个人更喜欢被特殊或独特对待的程度。心理权利促进对世界和对自己的不准确的看法（Snow等，2001）。这种心理权利让两个组织的核心团队成员对他们世界中的批评和挑战做出消极反应，并对这些反应非常公开地表达出来。我们在两个地点举行的会议多次观察到，当"首席唱主角"员工的抱怨和不满没有得到足够注意时，核心团队代表和管理人员就大发雷霆。

哈维（Harvey）和马汀柯（Martinko）（2008）已经表明，心理权利削弱了雇员适用于工作场所情况的认知处理。他们倾向于忽视重要的情境信息。权利是与自我服务的归因倾向相关联的，它允许他们建立这种认知捷径。负面事件或结果往往归因于其他人或外部环境，而积极的事情则归因于自我。拥有强烈权利观念的个人往往会因积极的结果而自我居功，并且在出现负面结果时可能会感到被疏远和责怪他人。因此，权利作为一种心智模式的手段而发挥作用。它抑制了人们从事复杂的认知评估过程的愿望，并会让人们回避与这些属性相抵触的信息。

> 一种归因方式，使个人倾向于在他们的生活中将消极事件归咎于外在因素，例如在工作中接受不良的绩效评估，这是自我保护知觉失真可以表现出来的一种方式。当负面事件归因于外部因素，如其他人无能时，个人不承担责任，那么积极的自我观（self-view）就受到了保护。我们建议，这种归因倾向可能在有心理权利的个人中存在，其积极的自我形象会在逻辑上使他们倾向于建立以下的偏见——他们不应因负面结果而受到责怪（Harvey和Martinko，2008，P.463）。

归因过程（寻找工作场所事件的起因）倾向于：心理权利的存在导致了更少的刻苦努力和更少的详细细节。这可能会降低人们的归因（attributions）的真实性或丰富性，具体化他们的归因偏见。工作不满和工作关系不佳是由于预期没有得到满足，和对工作场所责任产生了扭曲的看法（Naumann等，2002）。与主管的冲突更有可能发生，辞职的意向也更有可能发生（Harvey和Martinko，2008）。在两个工作场所，核心团队流失率都很高。在观察期间大约30%的飞行教员离开了，而许多工厂操作者表示坚持了数年，只是为了最大限度地获得他们最终的支付费用。

群体中的自恋

自恋，最初是一个心理动力学的概念，指的是认知和行为的集合，帮助调节自尊（Freud，1950）。它涉及自我防卫机制，如否定、合理化^①、归因利己主义、权利意识、自我强化等。自恋这个术语已被用于管理学文献中，理解组织行为和集体身份。它没有从字面上把组织、团体或群体作为自恋的实体，但他们的行为和社会认知是类似于那些自恋的人所表现出的情况（Brown，1997）。毕竟，群体也有自尊的需要，这些都可以用自恋的方式来调节，如下所示（Godkin和Allcorn，2009）：

- 对自己的成就感到无比骄傲，以及具有继续成功的信念；
- 在组织内外支持利用他人为自己谋利的权力；
- 当自傲或追求自我的目标受到威胁的时候，出现嫉妒和愤怒；
- 禁止过或逐出过特立独行的人或那些说反对意见的人；
- 通过恐吓进行管理；
- 抑制精确的现实测试和创造性；
- 信息过滤与不切实际的思维；
- 频繁责备和寻找替罪羊；
- 不断持续的情绪波动，一天之内从庆祝成功到因没有实现最小的目标而绝望；
- 管理层和领导力的疏离，缩在自己的"散兵坑"中（隔间、办公室）；
- 破坏性的内部竞争与公开的组织争执。

自恋群体的特点是焦虑感，这源于依赖他人来证实自尊感（Brown，1997）。自恋群体或首席一直处于两难境地。为了他们的自尊、积极的尊重和肯定，他们依赖于那些他们蔑视甚至令他们感到威胁的人。这些人可能是主管、经理或工厂领导，或同事，他们不与组织的安全关键过程日常互动。组织变革、工作安全的威胁，或行业的不确定性会加剧这种焦虑。

---

① 合理化又称文饰作用，是自我防御机制的一种，指用一种自我能接受、超我能宽恕的理由来代替自己行为的真实动机或理由。——译者注

焦虑和组织自恋

尽管这两个研究地点并非基于这一特点而被选中，但它们在这一点上却表现出了惊人的相似性：在观察期间，两个地点都因不同的经济因素而面临生存威胁（尽管两者至今都仍在运营）。这两个地点的母公司都在考虑进行重组甚至完全关闭，并且几乎没有掩饰其可能意图的努力。这使核心团队成员更有可能以无序的方式解决问题，以巩固自尊，并得到组织对其作用和相关性的肯定（Dekker和Schaufeli，1995）。这也加剧了管理上的两难境地：虽然他们无法负担核心群体（从他们那里得到了更多的要求）的纵容，管理层可能需要比以往任何时候都更多地利用专业知识：他们削减成本、裁员和可能关闭企业可以使安全关键的组织更加脆弱（CAIB，2003；Reason，1997）。

自恋群体的许多行为和认知都被"造神"（神话创造）所俘获。两个场所的操作核心团队经常在当前的管理层面前讲述他们自己神话般的过去故事。工厂操作者指着一个新的停车场，告知别人这是建在他们以前的运动场上，现在挤满了承包商的车辆（谁"偷走"了他们同事的工作）。飞行教员指出，通过过去与空军的联系获得了廉价燃油、充足的人力资源和专门知识、公认的飞行员选拔过程、非常有利的师生比例、小班规模、高性能飞机、更大的建筑场地，以及更具普遍性的共同掌权情况。有趣的是，相比起工厂，学校的核心运行团队成员越来越错误地认为他们专业知识的数量、程度和地位当前仍具有有效性和准确性。在许多场合，管理人员能够指出行业或技术的发展已经超越了团队成员仍然坚持认为的理想的专业技能和能力。团队成员主要不了解的是，这一理想已成为参差不齐的陈旧过时之情况。

自尊和神话创造

施瓦茨（Schwartz，1989）的研究也揭示了，在NASA首次航天飞机事故中，编造神话或是过度美化其理想化形象的做法如何起到了推波助澜的作用。NASA组织化虚构的内容是：作为一个注定要成功和不能失效的组织——否定自从阿波罗时代以来专门知识和预算领域所存在的已经大幅扩大的缺口。组织自恋和伴随而来的编造神话可以因此干扰专家知识的精确校准，在专业知识中制造漏洞和缺陷，甚至可能导致安全意识度等都不受重视（Hall，2003；Schwartz，1989）。神话是凝聚和规定团队成员理解的一种形成策略。与心理权利一样，它们导致更低的认知处理水平，因为这些提供了归因走捷径的方式（Harvey和Martinko，2008）。它们是在归因或因果歧义中成长起来的（Wright，2009）：当事情出错时，这非常容易甚至自然而然地责怪别人（Brown，2000）。神话是在自尊受到威胁时否认差错和责任的一种工具。它们让群体在面对证据时进行否认，免除自身的责任。在上述两个场所实际发生的伤害和事故征候（有些在观察期间也的确发生了）几乎总归因于其他团队（比如学员、行政管理人员、承包商等）。

否认在维护自尊方面发挥着普遍的作用。它首先是自恋的特征，适用在群体中的情况如下：

- 通过拒绝，群体可能会试图否认或拒绝对可能附加到他们身上的各种错误的认识度、知识或责任。在群体层面上的否认是由编造神话所帮助促成的：神话不仅公然否认了某种情况；而且它们经常隐瞒相互冲突或矛盾的信息，并且排除其他同样有效的解释（Brown，1997）。
- 合理化（rationalization）是试图为不可接受的行为进行辩解，并以可容忍或可接受的形式呈现出来。群体将为他们的活动提供解释，以确保他们所做的具有合法性并能维护他们的自尊（Weick，1995）。
- 自我强化（self-aggrandizement）是指高估能力和成就的倾向。它伴随着自私自利，追求满足，出风头，宣称独特性和盲目乐观感。群体使用神话和幽默来夸大他们的自我价值感，并在压力重重时期幻想他们无限的能力（Janis，1982）。他们还参与了不适当的具有"风头主义（exhibitionistic）"的社会凝聚力仪式——有时是高度显而易见的、嘈杂的仪式，使其他人感到极度排斥。这可能包括故意操纵物理空间，旨在分离、恐吓或激起钦佩，使用特殊的语言和符号，并使用权力使他人等待或使用其他手段让人感到毫无价值（Brown，1997；Schwartz，1989）。

- 归因利己主义（attributional egotism）意味着为那些自私自利的行为找到解释。有利结果归因于群体，不利结果则是归因于其他人。例如，将过程或维修故障归咎于缺乏经验的承包商，而不是不正确的批准许可等。或者（通过进一步拓展），首先被归咎于外包维修的管理人员，以及允许实施外包的监管者（Campbell等，2011）。

- 正如前一节所解释的，权利意识是由对他人进行利用剥削的信念所驱动的，而且无法与他们感同身受（Harvey和Martinko，2008）。

这些行为和认知可以变得持久、普遍和显著（Godkin和Allcorn，2009）。然而对于安全关键的组织来说，这不一定都是坏事。使用"主角"是一种权衡、喜忧参半之事（Campbell等，2011），其中信心、魅力和技术实力形成有利的一面。当经常面对不确定的结果时，以及需要使用完全的知识或信息做出决策时，强烈的自尊可以提供有益的帮助。当面临对自我或其他人可能产生的巨大现实风险时，无论是进行手术、驾驶飞机，或运行石油化工设施中的热点和关键设施，使用"主角"都是非常有帮助的。仪式性任务表现和拒绝依附的感觉，是处理安全关键工作中的日常压力、焦虑和紧张的方法（Aiken等，2002；Brown，1997）。即使自恋导致过度自信、不那么准确的决策，以及愿意承担招致的风险，这也能适用（Campbell等，2004）。

在调节自尊方面，一些群体显然会比其他群体更能够适应社会（就像很多个人一样）。在安全关键的组织中，同事和管理者的两难境地在于，对于自己和组织的安全，他们依赖于自己"唱主角"的专业知识。然而，总是对这类专家保持谦卑、过度依赖这种专业知识，对他们的操作保持敏感，并允许决策权下放给他们，可能会让人感觉既不公平又无法接受，尽管高可靠性组织文献认为这样做是必要的。在某些情况下，专家团队的神话制造、异化和自我强化会使与本组织其他部门及其领导层之间关系紧张。例如，在工作空间安排物理隔开，更高的人员流失率、冲突罢工，以及最终对整个组织造成较差的安全结果，这些都是可察觉到的现象（McCartin，2011；Schwartz，1989）。

尊重专业技能同时应对"唱主角"

因此，管理上的进退两难境地在于：是推动专家对运营和安全的关注给予认可的地位还是拉动他们去限制他们的权力以及对组织决策和其他工作团队的影响？与任何一个进退两难的情况一样，如果它是容易解决的，那么这就不会是一个两难境地。但也许有以下的管理可能性：

- 列出组织中"唱主角"行为的潜在腐蚀性后果，包括这些后果发生时最明显和最有害的时间和地点。我们要认识到，"唱主角"的行为往往是关于别的东西，试图找出员工真正的兴趣是什么，并专门针对这种兴趣点采取行动。
- 认识到所观察到的行为可能会被低自尊和焦虑驱使。关于工作不稳定和焦虑的文献建议尽可能缩短行业不确定期（industrial uncertainty）。一个坏结果的确定性，一般要比不确定性好（Dekker和Schaufeli，1995；Lazarus，1966）。它让人们开始应对新的现实，而不是依赖于过去现实中夸大自我价值的神话和幻想。
- 将待遇与绩效结合起来，建立与其他员工或承包商平等的问责制方法。如果从适用于其他人的规则中得到豁免，是对士气和组织凝聚力的腐蚀。所有的员工和承包商都是比他们自己更大的组织（something）中的一部分：没有任何一位球员能够大过整个球队。对于绩效表现好的人员在组织中需要提供一个地位，但不一定是他们想要的角色或影响力。
- 授予业务专长的合法地位。鼓励分享这一知识和经验，也要表现出愿意听取它的意愿，并在管理议程中安排与之接触联系的时间。进行关于专业知识的对话，而不是关于人的（人是容易被打倒击败或过度膨胀自视甚高）。我们要认识到自主性、精通性和目的性是可能吸引他们从事这项工作的内在动因。如果他们想对决策做出贡献，那最初不是关于攫取权力，而是因为他们确实可以做出贡献。意见或风格的差异不是态度的问题。事实上，正是这种多样性使组织在面对挑战和意外情况时保持了韧性。

● 考虑在必要时安排对物理空间、布局和联合位置布局等进行更改，以防止特定群体出现隔离孤立状态或适得其反的增强状态的情况。

在某种程度上，这两种文献都允许"唱主角综合征"存在关系性的或（社会交往中）相互作用的解释。它们不把重点放在一些坏的本质的（essentialist）人格特征上，而是鼓励思考什么对产生"唱主角综合征"负责任。如果权利（entitlement）和自恋是认知、行为和组织动力的系统性产物，那么从困境中走出的潜在的管理途径，就像上文所述，是可以开发出来的。安全文献强调尊重专业知识，并不一定是对专家的尊重（Weick和Sutcliffe，2007）。专业知识被视为关系性的（relational）。专业知识及其效果是通过人们相互提问，提供数据、观点和其他输入来产生的，这些输入可以在对话中被拒绝、遵从、修改、延迟等。换言之，专业技能知识是一种共同的产物：要求来自外部的社会和组织的合法化，以及来自内部的实质性的可信度，由两者所构成。专业知识有时自发地出现在现有的组织结构之外，例如，学识渊博的人自我组织成临时性的网络来解决问题（Murray和Cox，1989；Rochlin等，1987）。这只能在那些看重专业知识和经验的组织中（而不是关注等级、阶层）有效地发挥作用，尤其是在出现与众不同或意想不到的情况时（Rochlin，1999；Schwenk和Cosier，1980）。现在让我们简要地谈谈关于韧性（复原力）的文献，关注它在这方面提供了什么研究。

对于韧性的需要

韧性是一种系统识别、吸收和适应中断的能力，这些都是系统设计基础以外的（Hollnagel等，2006），系统设计基础结合了软硬的方面，把系统放在一起（例如，设备、人员、培训、程序）。

对此没有检查单……

航空行业的一个例子是在1998年瑞士航空111航班所发生的事故，机组通过遵守相关的检查单迅速地响应驾驶舱的烟雾。然而，机组在遵循既定的和接受过训练的程序后，大火仍吞没了飞机（TSB，2003）。这起事故提醒业界需要关注以下重重困难：在威胁和不确定性下如何调整适应计划和程序，以及行业在让机组为这些事件做准备时所存在的缺陷，机组对此面临着权衡取舍（Dekker，2001）。在这种情况下，按照程序的结果最终导致产生的是问题而不是解决办法，这一悲剧启动了关于使用检查单和程序的进一步研究（Burian和Barshi，2003）。关于这些类型情况的培训，Burian和Barshi（2003，P.3）得出的结论是："如果根据现实世界的要求，训练想要真正反映现实生活中紧急情况和异常情况究竟达到什么样的程度，往往是力有不逮的。"

最近的一起事故是Pinnacle航空公司3701航班在2004年所发生的，飞行员执行调机任务，在一架没有旅客的50座飞机进行了几个非标准的机动操作，结果使发动机熄火了，然后他们试图重新启动引擎也失败了。这起事故暴露了机组在对高度运行知识的了解、低速和失速情况的处理、双引擎失效的恢复，以及机上没有乘客导致运行安全边际等诸多问题上存在知识上的各种差距（NTSB，2007a）。该航空公司这种型号的飞机上的发动机在飞行试验中就已经有过飞行中重新启动引擎问题的历史。但是，很少或没有机组人员会意识到这一点，部分原因是结构性的行业安排，规定了谁了解或需要知道什么知识，以及达到什么样的深度。在其他行业（例如核工业、三哩岛事故和切尔诺贝利核事故等）对获得知识所存在的类似限制在事故中也起到了作用。

因此，有些操作者在某一时刻或其他方面，将在一个极其安全的行业的运行边缘上"自力更生"。正是在这些边缘，为满足标准威胁而训练的技能，需要转化为应对没有人能够预见到的威胁。一个极端例子是美国联合航空公司232航班在1989年所发生的案例（NTSB，1990）。由于飞行途中尾部引擎叶片断裂，断裂碎片撕碎了穿过尾部的所有液压管路，所有液压全部丧失，DC-10飞机的3个引擎失去了液压，机组无法控制并操作飞机。机组想出了如何在剩下的两个引擎上使用差动推力，并将飞机在极其困难的情况下在艾奥瓦州苏城高速着陆。尽管他们竭尽全力，飞机还是在跑道上解体，但大多数乘客和机组在着陆时幸存下来了。在模拟机中重演这种情况，42个机组没有哪个能够设法把飞机降落在跑道上。机组和调查机构都认为，这一不可能实现的情况最终取得了相对成功的结果，可能主要归因于承运人在开展人的因素和机组资源管理（CRM）培训项目中所获得的整体胜任力。

让我们跳出传统思维思考，采取系统性的方式超越它原本设计所实现的功能（甚至利用相反的设计特点，如功率变化时的俯仰情况），这就是韧性的标志。韧性能提高人们的适应能力，使他们能够识别和应对预期之外的威胁。当一个组织逐渐暴露于不同严重性的风险时，其针对特定挑战的适应能力会有所增强，也就是说组织能够逐步积累经验和知识，从而在面对更大规模的挑战时，具备更强的适应和应对能力（Rochlin等，1987）。这使它能够不断了解它所面临的风险的变化性质——最终会阻止或能够承接更大的危险。顺便说一下，这种适应可能是对于最近数据的一个解释，主要航空公司的乘客在非致命事故中的死亡风险低于那些没有事故的航空公司（Barnett和Wang，2000），正如同建筑业的数据表明，事故征候发生数量低的组织面临着更高的死亡风险。

前馈太模糊，反馈太动态

以DC-9飞机为例，这事件是1994年在美国北卡罗来纳州夏洛特进近时遭遇风切变后复飞（NTSB，1995）。机组成员注意到他们面前的动态天气情况，他们不断地理解前方潜在的威胁。他们要求空管提供前面进近飞机的飞行员信息报告，并不断收到信息（如前面航路平稳），这证实了继续进近的做法是说得通的。考虑到状况的模棱两可（暴风雨在他们前面是可见的，但在他们前面飞机的飞行员又报告平稳进近，没有任何问题），有效的前馈（feedforward）是非常困难的。该怎么办？如果有的话，什么时候中止进近和复飞？作为对安全的额外投入，机组计划向右转，以防他们不得不复飞。他们调整适应了程序，以更好地处理当地的情况，本来计划的复飞路线将直接进入风暴的中心，右转弯将让飞机远离风暴中心。

当接近跑道时，DC-9遇到了大雨，然后经历了空速变化，这促使飞行员执行复飞。他们向右转弯。刚飞入的那一刻，他们看不见的是一个微下击爆流——高度集中的冷空气雨滴，通过它下面的空气层击中地面，在四面八方爆开。由于向右转弯，避开了风暴，机组现在正处于可能是最糟糕的境地——最大的顺风，并迅速降低了飞机的飞行速度。这正是许多事故中常有的随机因素，一种不幸的运气，将一系列良好的计划和意图转变为糟糕的结果。机组试图在他们自己和天气之间建立起更多的安全边际和更多的缓冲，但是最终机组所面对的是没有任何安全富余的边际。一进入微下击爆流，DC-9飞机迅速失去速度，开始撞到树上，在机场旁边的一条住宅街道上解体。

这个机组的训练从来没有涵盖在机场进近时遭遇微下击爆流的情况，即使有，也可能于事无补。他们所面临的是一个可怕的双重困境：这是一个很难预见的情况（除非一个人会决定在雷暴季节不飞行，实际上这种天气在美国南部可以持续半年的时间），很难应对。换句话说，这种情况对于前馈过于含混不清；对于有效的反馈则是过于动态。我们所面对的这个机制是：人们在安全方面的投入，被迅速发展变化的情况所击垮，而且有效地加以调整是极其困难的。

当然，在事后看来，很容易指出这里面存在有缺陷的决定（或"丧失情景意识"，但当撰写这份事故报告时，这作为因果解释的理由并未得到认同）。更重要的是改变我们对安全的思考方式，以及与它们相关的人的因素。如果事故与我们试图阻止它们的运行世界的复杂性和动态联系在一起，我们依然按照牛顿的理论和因果关系来考虑，那么就不会得到很大的进展。当试图应对一个安全与风险并存、复杂且非线性的世界时，简化主义、线性的模型总是会出错。笛卡尔模型总是在这么一种世界中（情境下）出错，即头脑中的事物和现实世界中的事物之间的边界并不像他所描绘的二元论线条那样清晰的情境。这本书在多个地方展示了：当面对一个以变化、复杂性和多样性为特征的世界时，这个概念如何变得站不住脚。当面对一个世界时，"原因"的概念不仅不稳定地悬浮在人和机器之间，而且在当我们试图追查它，准备进一步探究我们系统的有组织的社会技术复杂性时，往往淡出视线和从我们手中溜走，在此过程中，这个概念是站不住脚的。让我们关注在安全的新时代，韧性的想法可以提供什么样的发展方向。

将韧性加入组织

如果我们应用拉斯穆斯（Rasmussian）的理念，那么我们可以说，所有开放系统在它们的安全包线中是不断漂移的（Rasmussen，1997）。稀缺性和竞争的压力、复杂系统的不透明性和规模、决策者周围的信息模式，以及决策在一段时间后的渐进[①]（incrementalist）性质，都会导致系统漂移陷入失效。请回忆一下第5章，在不确定的技术和不完善的知识的背景下，组织协调不同压力（效率、能力利用、安全）的正常过程中，是如何产生漂移的？漂移是关于渐进导致出现异常的事件，是关于把稀缺性和竞争的压力转变为组织的指令，是关于危险信号的正常化，以至于组织的目标与据推测的正常评估和决策进行协调一致化。在安全系统中，通常保证安全并产生组织成功的过程也会导致组织消亡。同样复杂、相互交织的社会技术生活，围绕着成功的技术运行，在很大程度上要对其潜在的失效负责。因为这些过程是正常的，是发挥功能的组织生活的一部分，所以这些过程很难被识别和解开理顺。这些无形和不被承认的力量的作用可能是可怕的。在为防止它们而构建的组织中可能会发生有害的后果。即使每个人都遵循规则，也会发生有害的后果（Vaughan，1996）。

韧性是一种自然发生的性质，它的侵蚀不是关于单个部件的破损或质量不佳。这使得质量和安全管理的合并适得其反。为了说明这一点，让我们区分一下稳健的系统和韧性的系统：

- 稳健的系统有效地应对预测中的威胁，后者代表行业可能预期到的关于威胁的有限构成。它们能够在已知的设计、培训和过程参数中维护流程的完整性。

- 如果威胁代表了无限的重构，或可能完全超越了重构，那么行业可能无法预期到，而韧性系统在应对这些威胁时是有效的。韧性系统能够超越

---

① 在各方互动并在达成共识的基础上来做决定，最终为各方所接受，林德布洛姆（Lindblom）称这种决策方式为渐进。——译者注

设计基础或培训或程序性条款，而保持良好的过程完整性。

确实，许多组织将质量管理和安全管理合并为一个职能或部门。然而，这两者之间存在着明显的区别。质量管理（或鲁棒性管理）主要关注单个组件或系统，看它们是否符合特定的规格，以及如何移除或修复有缺陷的组件。这主要是为了确保产品或服务的一致性和可靠性，以满足预定的性能标准。而安全管理（更不用说为韧性创造条件）则与单个组件的关系不大。安全管理更多地关注整个系统或组织的稳定性和适应性。确实，对于安全的理解需要不同于质量的视角和词汇。也许漂移陷入失效，与其说是关于组件的故障或失效，不如说是一个组织不能有效地适应自身结构和环境的复杂性。那么，组织的韧性不是一个属性。它是一组能力（capabilities）：

- 识别安全运行边界的能力；
- 能够以受控的方式从安全运行边界转向的能力；
- 如果失去控制确实发生了，能从失去控制中恢复的能力。

它甚至可以意味着我们对于系统究竟是什么，提出了不同的概念化过程。从第5章回顾一下，系统是如何被视为动态关系的，这一概念开辟了不同的方法来看待系统和设计安全。

共享空间和对于系统的不同观点

对于一个系统的不同概念化的例子，让我们简单地转向道路安全问题。在这里，我们需要意识到关于系统的真正想法可能需要改变——至少在某些情况下。我们可能不得不放弃系统的想法——不再把设计、机械的高度现代派思想强加到个人道路使用者身上。德曼·蒙德曼（Hans Monderman）的"共享空间"模式是这样做的一种方式（Hamilton-Baillie, 2008）。这位来自荷兰的说话温和的交通工程师，在他所在国家北部的德拉赫滕镇，提出了要对相当数量的汽车交通（与骑自行车的人和行人混合）

的管理实施彻底的改变。他提议把所有的障碍物、标志、灯和分隔物等都移走，把空出来的地方形成一个大的、无特色的但令人愉快的广场。这种想法对系统中的控制和秩序的性质做出了完全不同的假设。与传统的牛顿式因果序列不同，后者通过设立工程和法律障碍来控制能量以创造秩序，而现在的理念则是让秩序有机地自然形成。秩序并不是通过阻碍系统中单个组件的运动来控制的，而是通过允许甚至鼓励多个组件之间的相互作用来影响的。结果是令人鼓舞的。例如，车辆速度明显下降。蒙德曼的想法被复制到世界各地，英国和美国的许多城镇都采用了他所谓的共享空间概念。

在蒙德曼的理念中，"系统"被视为一个由自组织社会秩序创造的生态、生命的有机体。与通过增加监管控制、执法和传统的城市设计来降低速度不同，移除这些控制似乎允许更多的行为约束和社会义务重新发挥作用。"共享空间"的理念鼓励街道和空间的多种用途，不仅用于各种社会活动，也用于交通流动。这一理念要求在城市交通工程中正式放弃隔离原则（Hamilton-Baillie，2008，P.137）。通过打破传统的道路等级划分和隔离，街道和公共空间不再被严格划分为车辆行驶区和行人区，而是鼓励行人和车辆共享这些空间。这个想法是符合物理力学和数学原理，试图捕捉复杂（而不是线性）系统的运作（Cilliers，1998；Dekker，2011b；Dekker等，2011）。道路使用者可以创造和促进获知情景，适应它们，并制定可行的解决方案。解决方案从字面上"出现"于构成系统的组件之间的复杂的非线性相互作用。韧性是自底向上创建的。

当然，这在任何地方都不一定发挥作用。但它是一种能够反转风险补偿或动态平衡的"系统"，所以经常得到约翰·亚当斯（John Adams）这样的研究者的证明（1995）。传统的干预使交通空间看起来更安全，但是可以并的确会导致荒谬的更具有风险的行为。经验表明，让这些空间看起来更危险，反而会带来更安全的行为（Hamilton-Baillie，2008）。它所做的是在关于系统和道路安全的辩论中引入一个完全不同的人类视角，一个更温和的、更少愤世嫉俗的视角，一个人们互相看到彼此的景象——被迫在眼睛对视中互相看着。城市景观中日益增多的"高速公路"及其表现形式，让大多数道路使用者产生了心理退缩（psychological retreat）（Engwicht，1999）。我们的愿景是，道路使用者自身就是潜在的力量，是迸发解决方案的源泉。道路使用者不该被所谓的比较了解情况、通过法律和工程干预来支持和执行问题的一些人所控制。

像"共享空间"这样的例子意味着，人的因素和安全应该考虑把"工程"韧性作为新方式加入组织，使组织有能力识别、吸收、适应，并从有害的影响（可能意味着失去控制）中恢复：

- 一个组织如何能够监测其自身的适应性（以及这些如何约束决策者的理性），以应对稀缺性和竞争的压力，同时处理不完善的知识和不确定的技术？
- 一个组织如何能够意识到并继续意识到其风险和危险的模式？
- 一个组织如何响应事情出错的证据？它是否回应了针对单个组件的措施，或者它是否承认了失效和成功所带来的复杂而深刻的互动方式？

但是，对于在组织中工作的人来说，这意味着什么呢？它们有哪些可能的韧性指标？到目前为止文献有如下建议（Hollnagel等，2008，2009）：

- 人们如何处理相互牺牲的决策？更快、更好、更经济的服务压力是十分容易引人注目的，可以通过一个容易衡量的方式得以满足。为了达成其特定目标，我们通常会进行一系列复杂的权衡和决策过程，以考虑和协商侵蚀多少安全边界。当面对相互牺牲的决策时，有韧性的团队和组织能够承受小的损失，以便投入更大的安全裕度（例如，在冬季一架飞机放弃起飞排队，去再次除冰）。组织的韧性是为了在稀缺和竞争的压力下寻找投入安全的资源，因为这可能是组织最需要这种投入的时候。

- 人们是否把过去的成功作为未来安全的保证？曾经多次面临相同的情况并取得成功，是否可能让人员认为，采取同样的方式将再次实现安全？在一个动态、复杂的世界里，这不会每次都是自发如此的。

- 即使在每件事情看起来都是安全的情况下，操作者是否也会继续讨论存在的活生生的风险？持续的运行成功不一定是安全裕度大的证据，而积极对下一个计划进行风险分析的人，可能会更好地意识到安全包线的边缘，以及他们对于安全包线的接近程度。

- 是否有人会投资于角色灵活性和角色"越位（breakout）"的可能性？例如，飞行机组在进近简令的时候，假设出现不稳定进近的情况，他们可能采取什么措施？例如，是否特别强调给予权力等级更低的飞行员更多的信心，说明挑战或接管是好的举措；对于不稳定进近情况相关解释的分歧，可以在飞机落地以后，在地面上再沟通厘清。

- 人们是否采用区别的方法将自己与间接体验的学习建立起隔阂？在这个过程中，人们会拒绝去关注其他的失效和其他情况，因为他们被判定与它们以及它们的情况无关。他们抛弃其他事件，是因为它们看起来是不同的或遥远的。这是不幸的做法，因为没有什么是太遥远的，至少在一定程度上都包含一些经验教训。

- 人们的问题解决是否支离破碎？例如，在某些工作过程中，由于信息不完整、脱节和零碎，没有一个参与者能够认识到安全界限被逐渐侵蚀。

- 人们是否愿意对问题产生和接受新的观点？在解决问题的活动中应用新观点（例如，来自其他背景、不同观点的人）的系统可以更为有效：它们产生更多的假设，涵盖更多的紧急事件，公开辩论决策的理由，以及揭示隐藏的假设。

追求韧性对一线员工而言不应该是一种新的英雄主义或个人的勇气。这将把它变成一个隐形的基于行为的新安全项目，这是一种全新的道德行为准则。

如果只是告诉或期望一线人员在他们周围的组织或设计约束下更加努力地尝试，那么这几乎无济于事。所以，如果不是这样，那么韧性是如何被理解的呢？这是我们可以训练的东西吗？

安全作为能力的存在

韧性认为安全为能力、胜任力和技能的存在，这些都是为了使事情实施正确。我们不应该再将安全定义为没有出错的事情，不应该再把安全视为没有负面的事件（如差错、违规或事故征候等）存在。上面关于韧性的章节（以及如何训练它、如何识别它的指标）表明，没有负面的事件对我们的韧性的存在没有什么影响。事实上，如Barnett和Wang在2000年的研究表明，没有负面的事件，可能增加系统的用户和操作者的死亡风险。上面的例子强烈表明，我们需要摒弃高度现代主义的错觉，即我们仅仅是精心设计、细致规划、深思熟虑的安全系统的保管人。一个对于自下而上的运行思维给出了更多信任的范式，对于表现变化可以提供更好的、更少主观判断的解释。它可以生成对他们试图捕捉的行为表现所处环境的情境性的说明解释。这种范式看不到差错，而是看到表现的变异（variations）——人们在如何处理复杂的动态情况中固有的中立性的变化和调整。

这种范式还认可，安全不能仅仅是来自更智慧的规划、更聪明的组织、更严格的监督和监控，以及更好的防御层等这些自上而下的输入、等级控制和主宰。在动态、复杂的系统中，安全性是一个始终不断地被建立和打破的过程——一个主动适应变革的过程。这就是把安全从某种缺失的东西变成存在的东西。自适应能力以及识别、吸收和适应变化和中断的能力，都存在于由系统设计或训练来处理的内部和外部。它的目的是确定并加强人们和组织的积极能力，使他们能够在不同的和受资源限制的情况下有效和安全地适应。最重要的知识和专业知识的来源，不是以泰勒主义（Taylorist）的方式自上而下的，而是自下而上的。在风险判断和管理安全的关键过程中，遵循技术/业务专门知识的作用是无法被替代的。解决问题的过程需要让那些在运行上进行实践的人参与进来，识别和处理异常，而不是（只是）那些理解行政机构如何向外部方证明法规遵从性的人。这是一种承诺，将人们看成一种解决方案或可供使用的资源，而不是需要控制的问题。但是我们怎么才能训练成这样呢？

韧性训练：仿真度和有效性

对于详细地为操作人员准备他们可能遇到的确切操作问题，我们的能力是有限的。这些有限来源于在任何复杂的动态领域中我们有限知识与有待解决问题的无穷组合之间的交集。如果是这样的话，那么对我们这样领域中操作人员的培训有什么影响呢？训练模拟的演变通常是技术驱动的，不断增强的计算能力、视觉系统和计算机图形学，提供了各种帮助。但仿真度的提高是否也提高了培训质量？还是更大的模拟逼真度意味着在模拟机中训练具有更高的有效性？我们似乎常常想当然地认为，在模拟技术（例如，更多的计算能力、更高的分辨率、更大的视觉角度）的增量定量化进展中，会增加一个积极的定性化差异。换句话说，模拟环境变得越来越逼真，模拟培训对机组人员和工作人员的收益也是越来越大。如果模拟看起来逼真，那么它将提供良好的训练效果（Dahlstrom等，2009）。然而，随着时间的推移，对模拟逼真度不断提出更高的需求，以增加模拟的"真实性"，这会增加成本并降低训练模拟器的可用性（必须牢记，这种模拟风格需要大量的资本投资）。这对于海运、采矿、核电、医药、军事等行业都是如此。

对仿真度的关注，已经让模拟风格的看法缄默无语，使用它可能需要对认知和群体互动方面进行更微妙的分析，这些是形成训练的基础。这尤其适用于培训与资源管理、沟通、决策、信息集成和与其他"软"技能类似的技能（Dekker等，2008）。在不寻常的、意想不到的并不断升级的情况下，这些技能是最需要的。高度动态情况涉及未明确指定的问题、时间压力限制和复杂群体交互，是无法通过程序指导解决的。通过技术上锚定①的（technically anchored）模拟对机组进行培训，这些模拟需要严格的程序遵从性，从而使工作顺利，但可能并不是创造韧性的方法。

对此传统的思考可能表明：人们应该认识并适当地应对模拟的挑战。例如，紧急情况可能要求更迅速地做出决策，从而促进快速和果断的领导力风格。无论哪种方式，准确的背景描述是一个关键的决策工具。但这种理论中缺失的是，从一开始就有说服力的背景情景的呈现。紧急情况不只是"在那里"，而是由面对紧急情况的人来认识到和描述它——是那些面对紧急情况的人把威胁"构建"为紧急情况。事实上，甚至笼统地说，在紧急情况下有多少迫在眉睫的威胁，对此还存在分歧，因为几乎总有比我们想象的更多的时间来进行思考。但是，一旦操作者宣布进入紧急状态，或者只是告诉其他操作者他们现在面临"紧急情况"，这种情况的特定参与模式（以及可能的不同团队合作风格甚至领导风格）就变得合法化。在明确将这种情况构建为"紧急情况"之前，这种模式和风格可能并不合法。简而言之，操作者不仅仅是面对超出常规挑战的接受者，他们也是这些挑战的构成者。这与简单的线性观点相矛盾，即首先是挑战，其次是响应（无论是否适当）。相反，正是响应帮助构建了威胁，而这种构建反过来又认可了特定的一系列合理或理想的应对措施。

低保真度的模拟（不尝试直接模仿所针对的目标技术环境）可能是一种成本—效益的替代方案，会改善许多方面的学习，帮助人们处理意想不到的情况。这可以增强不直接锚定在模拟技术细节中的"软"技能，而且对于操作者所面临的情况采用协同构建是至关重要的。此外，已经有数据表明，在模拟环境中体验到的"环境存在"的感觉，更取决于它对参与者的承认和反应程度，而不是模拟的物理逼真度（Dahlstrom，2006）。换言之，高水平的技术驱动的

---

① 锚定（anchoring）是指人们倾向于把对将来的估计和已采用过的估计联系起来，同时易受他人建议的影响。当人们对某件事的好坏做估测的时候，其实并不存在绝对意义上的好与坏，一切都是相对的，关键看你如何定位基点。——译者注

保真度对于整个任务和胜任能力可能是浪费成本和时间。在视景和任务背景中强调超级写实主义，可能会延缓或限制技能集的开发，这对于在不同领域创造安全至关重要，因为并非所有技术和运行故障的组合都可以预见或形式化（而失效策略不能被程序化和模拟）。

韧性和新时代

胜任能力（competence）对于创造韧性是非常重要的，这也在高绩效和高可靠性的组织文献中（例如，沟通、协调、解决问题、管理意想不到的和不断恶化升级的情况）得以反映，胜任能力不会自动出现在背景固定的或超级真实感的模拟机培训之中。但它们很重要。研究表明，高绩效团队和具有韧性的组织，是那些发展与驾驭人们能力和胜任力的机构。他们并不那么依赖控制、约束以及消除缺陷和负面因素，而是更多地建立在机会、多样性和积极能力之上，使事情朝着正确的方向发展。

在一个安全的新时代，我们也许应该放弃这个想法——作为我的同事，科里·皮策（Corrie Pitzer）喜欢说——我们可以带领人们进入安全，我们和他们都应该是规避风险的。蒙德曼在交通领域实施共享空间的实验表明，这实际上可能会让人们承担更多的风险，因为我们错误地暗示他们是安全的。如果我们对此是诚实的，我们可能会承认：在一些运行世界，我们带领人们进入危险；而不是让他们规避风险，我们应该让他们有能力承担风险。这就是韧性努力想做的：

- 让人们有自由和机会继续讨论活生生的风险，即使一切看起来安全。当事故征候数字很低的时候，所有的事情看起来都是井然有序的，仍然存在一些挫败感和变通方法来表明我们的实际工作。定期介绍什么实施不顺利，做了什么，这是高度动态的运行组织和高绩效团队的组成部分。
- 提供"说不"真正的可能性，将着急的生产压力交换为慢性的安全关注问题。我们无法通过以下方式来实现"说不"的做法：比如广而告之赋予人员"停止工作的权利（stop work authority）"，或者是在机组手册中增加一页来说明，如果机长正在采取不安全的行为，那么副驾驶有资格接手对方的工作。这需要通过运行层次架构上上下下建立信任和信心的关系才能实现，这些架构会尊重运行专业知识，无论专业知识是什么，以及无论它不是什么。

● 创建一个可以实现诚实和学习的空间，其中责任意味着被给予机会，向那些深入理解工作中目标冲突和资源限制的混乱细节的人讲述自己的经历。

这些可能是一个安全的新时代的早期预示，即使是在你的组织中。

思考题

1. 宣布"零愿景"对安全有何利弊？

2. 你怎么能解释低事故征候率的组织（例如，在建筑或航空行业中）实际上存在更高的死亡风险？

3. 你们组织中的人们是如何看待安全文化的——作为一种涌现的特质，只能被影响，还是作为一种可以操控的个人财产？你们组织中的安全文化观是否将人们视为需要控制的问题，还是作为资源可以运用？如何运用？

4. 是否有可能在遵从专门知识的同时，顾及解决"唱主角"事宜上的忧虑？如果有这种可能，那么会如何解决？

5. 考虑到为道路开发的"共享空间"概念，它鼓励不同类型交通之间的冲突解决方式从它们在开放环境中的互动来产生。这是否能激励你的组织采取新的安全方法——自下而上的方法，而不是从自上而下强加规则或保护？

6. 如何才能把人们看成一种解决方法，而不是需要控制的问题？为什么这种方法会成为新时代的人的因素的特征？

7. 如果安全不是缺乏负面的事件，而是能力、胜任力和技能的存在，那么这些对于你的组织或行业会是什么呢？

8.模拟机或是模拟的有效性和保真度的区别是什么？这两个特点中哪一个对于训练遵从性更重要？哪一个对于韧性更重要？

9.在你自己的组织或行业中，对安全新时代的一些关键障碍是什么？

参考文献

Adams, J. (1995). *Risk*. London: Routledge.

Aeronautica Civil. (1996). Aircraft accident report: Controlled flight into terrain, American Airlines flight 965, Boeing 757–223, N651AA near Cali, Colombia, 20 December 1995. Bogota, Colombia: Aeronautica Civil de Colombia.

Aiken, L. H., Clarke, S. P., Sloane, D. M., Sochalski, J., and Silber, J. H. (2002). Hospital nurse staffing and patient mortality, nurse burnout, and job dissatisfaction. *JAMA, 288*(16), 1987–1993.

Albright, C. A., Truitt, T. R., Barile, A. B., Vortac, O. U., and Manning, C. A. (1996). *How Controllers Compensate for the Lack of Flight Progress Strips*. Arlington, VA: National Technical Information Service.

Althusser, L. (1984). *Essays on Ideology*. London: Verso.

Amalberti, R. (2001). The paradoxes of almost totally safe transportation systems. *Safety Science, 37*(2–3), 109–126.

Amalberti, R., Auroy, Y., Berwick, D., and Barach, P. (2005). Five system barriers to achieving ultrasafe healthcare. *Annals of Internal Medicine, 142*(9), 756–764.

Amer-Wåhlin, I., Bergström, J., Wahren, E., and Dekker, S. W. A. (2010). *Escalating obstetrical situations: An organizational approach*. Paper presented at the Swedish Obstetrics & Gynaecology Week, Visby, Gotland.

Amer-Wåhlin, I., and Dekker, S. W. A. (2008). Fetal monitoring—A risky business for the unborn and for clinicians. *Journal of Obstetrics and Gynaecology, 115*(8), 935–937; discussion 1061–1062.

Angell, I. O., and Straub, B. (1999). Rain-dancing with pseudo-science. *Cognition, Technology and Work, 1*, 179–196.

Anon. (2012, 5 January). David Cameron: Businesses have a 'culture of fear' about health and safety, *The Daily Telegraph*.

Anon. (2013, 12 April). Jail for safety manager for lying about injuries, *Associated Press*.

Arbous, A. G., and Kerrich, J. E. (1951). Accident statistics and the concept of accident-proneness. *Biometrics, 7*, 340–432.

ASW. (2002, 6 May). Failure to minimize latent hazards cited in Taipei tragedy report, *Air Safety Week*.

ATSB. (1996). *Human Factors in Fatal Aircraft Accidents*. Canberra, ACT: Australian Transportation Safety Bureau (formerly BASI).

Bader, G., and Nyce, J. M. (1995). When only the self is real: Theory and practice in the development community. *Journal of Computer Documentation, 22*(1), 5–10.

Baiada, R. M. (1995). ATC biggest drag on airline productivity. *Aviation Week and Space Technology, 31*, 51–53.

Bainbridge, L. (1987). Ironies of automation. In J. Rasmussen, K. Duncan and J. Leplat (Eds.), *New Technology and Human Error* (pp. 271–283). Chichester, UK: Wiley.

Baker, G. R., Norton, P. G., Flintoft, V., Blais, R., Brown, A., Cox, J., and Tamblyn, R. (2004). The Canadian Adverse Events Study: The incidence of adverse events among hospital patients in Canada. *Canadian Medical Association Journal, 170*(11), 965–968.

Baker, J. A. (2007). *The Report of the BP U.S. Refineries Independent Safety Review Panel.* Washington, DC: Baker Panel.

Barnett, A., and Wang, A. (2000). Passenger mortality risk estimates provide perspectives about flight safety. *Flight Safety Digest, 19*(4), 1–12.

Batteau, A. W. (2001). The anthropology of aviation and flight safety. *Human Organization, 60*(3), 201–211.

Beck, U. (1992). *Risk Society: Towards a New Modernity.* London: Sage Publications.

Benner, P. E., Malloch, K., and Sheets, V. (Eds.). (2010). *Nursing Pathways for Patient Safety.* St. Louis, MO: Mosby Elsevier.

Bertin, O. (1997, 24 January). Managing dispute: Pilots cast off prima-donna image, *The Globe and Mail,* p. B.9.

BFU. (2004). Investigation Report: Accident near Ueberlingen/Lake of Constance/Germany to Boeing B757-200 and Tupolev TU154M, 1 July 2002. Braunschweig, Germany: Bundesstelle fur Flugunfalluntersuchung/German Federal Bureau of Aircraft Accidents Investigation.

Billings, C. E. (1996). Situation awareness measurement and analysis: A commentary. In D. J. Garland and M. R. Endsley (Eds.), *Experimental Analysis and Measurement of Situation Awareness* (pp. 1–5). Daytona Beach, FL: Embry-Riddle Aeronautical University Press.

Billings, C. E. (1997). *Aviation Automation: The Search for a Human-Centered Approach.* Mahwah, NJ: Lawrence Erlbaum Associates.

Björklund, C., Alfredsson, J., and Dekker, S. W. A. (2006). Shared mode awareness in air transport cockpits: An eye-point of gaze study. *International Journal of Aviation Psychology, 16*(3), 257–269.

Boeing. (1996). *Boeing Submission to the American Airlines Flight 965 Accident Investigation Board.* Seattle, WA: Boeing Commercial Airplane Group.

Bosk, C. (2003). *Forgive and Remember: Managing Medical Failure.* Chicago, IL: University of Chicago Press.

BP. (2010). Deepwater Horizon accident investigation report. London: British Petroleum.

Brown, A. D. (1997). Narcissism, identity, and legitimacy. *Academy of Management Review, 22*(3), 643–686.

Brown, A. D. (2000). Making sense of inquiry sensemaking. *Journal of Management Studies, 37*(1), 45–75.

Bruner, J. (1990). *Acts of Meaning.* Cambridge, MA: Harvard University Press.

Bruxelles, S. de (2010, 28 April). Coroner criticises US as he gives 'friendly fire' inquest verdict, *The Times,* p. 1.

Burian, B. K., and Barshi, I. (2003). *Emergency and abnormal situations: A review of ASRS reports.* Paper presented at the 12th international symposium on aviation psychology, Dayton, OH.

Burnham, J. C. (2009). *Accident Prone: A History of Technology, Psychology and Misfits of the Machine Age.* Chicago, IL: University of Chicago Press.

Byrne, G. (2002). *Flight 427: Anatomy of an Air Disaster.* New York: Springer-Verlag.

CAIB. (2003). Report Volume 1, August 2003. Washington, DC: Columbia Accident

Investigation Board.

Campbell, R. D., and Bagshaw, M. (1991). *Human Performance and Limitations in Aviation.* Oxford, UK: Blackwell Science.

Campbell, W. K., Goodie, A. S., and Foster, J. D. (2004). Narcissism, confidence, and risk attitude. *Journal of Behavioral Decision Making, 17*(4), 297–311.

Campbell, W. K., Hoffman, B. J., Campbell, S. M., and Marchisio, G. (2011). Narcissism in organizational contexts. *Human Resource Management Review, 21*, 268–284.

Capra, F. (1982). *The Turning Point.* New York: Simon & Schuster.

Cilliers, P. (1998). *Complexity and Postmodernism: Understanding Complex Systems.* London: Routledge.

Cilliers, P. (2002). Why we cannot know complex things completely. *Emergence, 4*(1/2), 77–84.

Cilliers, P. (2005). Complexity, deconstruction and relativism. *Theory, Culture and Society, 22*(5), 255–267.

Cilliers, P. (2010). Difference, identity and complexity. *Philosophy Today, 26*(2), 55–65.

Clarke, L., and Perrow, C. (1996). Prosaic organizational failure. *American Behavioral Scientist, 39*(8), 1040–1057.

Connolly, J. (1981). Accident proneness. *British Journal of Hospital Medicine, 26*(5), 470–481.

Cook, R. I., and Nemeth, C. P. (2010). Those found responsible have been sacked: Some observations on the usefulness of error. *Cognition, Technology and Work, 12*, 87–93.

Cook, R. I., Potter, S. S., Woods, D. D., and McDonald, J. S. (1991). Evaluating the human engineering of microprocessor-controlled operating room devices. *Journal of Clinical Monitoring, 7*(3), 217–226.

Cordesman, A. H., and Wagner, A. R. (1996). *The Lessons of Modern War, Vol. 4: The Gulf War.* Boulder, CO: Westview Press.

Croft, J. (2001). Researchers perfect new ways to monitor pilot performance. *Aviation Week and Space Technology, 155*(3), 76–77.

Cronon, W. (1992). A place for stories: Nature, history, and narrative. *The Journal of American History, 78*(4), 1347–1376.

Crozier, M. (1964). *The Bureaucratic Phenomenon* (English Translation). Chicago, IL: University of Chicago Press.

Dahl, O., and Olsen, E. (2013). Safety compliance on offshore platforms: A multi-sample survey on the role of perceived leadership involvement and work climate. *Safety Science, 54*(1), 17–26.

Dahlström, N. (2006). *Training of collaborative skills with mid-fidelity simulation.* Paper presented at the human factors and economic aspects on safety, Linköping, Sweden.

Dahlström, N., Dekker, S. W. A., van Winsen, R., and Nyce, J. M. (2009). Fidelity and validity of simulator training. *Theoretical Issues in Ergonomics Science, 10*(4), 305–315.

Dawkins, R. (1986). *The Blind Watchmaker.* London: Penguin.

De Vries, R., and Lemmens, T. (2006). The social and cultural shaping of medical evidence: Case studies from pharmaceutical research and obstetrics. *Social Science and Medicine, 62*(11), 2694–2706.

Degani, A., Heymann, M., and Shafto, M. (1999). *Formal aspects of procedures: The problem of sequential correctness.* Paper presented at the 43rd Annual Meeting of the Human Factors and Ergonomics Society, Houston, TX.

Dekker, S. W. A. (2001). Follow the procedure or survive. *Human Factors and Aerospace Safety, 1*(4), 381–385.

Dekker, S. W. A. (2002). *The Field Guide to Human Error Investigations.* Bedford, UK:

Cranfield University Press.

Dekker, S. W. A. (2003). Failure to adapt or adaptations that fail: Contrasting models on procedures and safety. *Applied Ergonomics, 34*(3), 233–238.

Dekker, S. W. A. (2009). Just culture: Who draws the line? *Cognition, Technology and Work, 11*(3), 177–185.

Dekker, S. W. A. (2011a). The criminalization of human error in aviation and healthcare: A review. *Safety Science, 49*(2), 121–127.

Dekker, S. W. A. (2011b). *Drift into Failure: From Hunting Broken Components to Understanding Complex Systems*. Farnham, UK: Ashgate Publishing.

Dekker, S. W. A. (2011c). *Patient Safety: A Human Factors Approach*. Boca Raton, FL: CRC Press.

Dekker, S. W. A. (2012). *Just Culture: Balancing Safety and Accountability* (2nd ed.). Farnham, UK: Ashgate Publishing.

Dekker, S. W. A. (2013). *Second Victim: Error, Guilt, Trauma and Resilience*. Boca Raton, FL: CRC Press/Taylor & Francis.

Dekker, S. W. A., Cilliers, P., and Hofmeyr, J. (2011). The complexity of failure: Implications of complexity theory for safety investigations. *Safety Science, 49*(6), 939–945.

Dekker, S. W. A., Dahlström, N., van Winsen, R., and Nyce, J. M. (2008). Crew resilience and simulator training in aviation. In E. Hollnagel, C. P. Nemeth and S. W. A Dekker (Eds.), *Resilience Engineering Perspectives: Remaining Sensitive to the Possibility of Failure*. Aldershot, UK: Ashgate Publishing.

Dekker, S. W. A., Nyce, J. M., van Winsen, R., and Henriqson, E. (2010). Epistemological self-confidence in human factors research. *Journal of Cognitive Engineering and Decision Making, 4*(1), 27–38.

Dekker, S. W. A., and Schaufeli, W. B. (1995). The effects of job insecurity on psychological health and withdrawal: A longitudinal study. *Australian Psychologist, 30*(1), 57–63.

Dekker, S. W. A., and Woods, D. D. (1999). To intervene or not to intervene: The dilemma of management by exception. *Cognition, Technology and Work, 1*(2), 86–96.

Dekker, S. W. A., and Woods, D. D. (2002). MABA-MABA or Abracadabra? Progress on human-automation co-ordination. *Cognition, Technology and Work, 4*(4), 240–244.

Dickerson, C. (2001). No more prima donnas. *Infoworld, 23,* 15.

Dismukes, K., Berman, B. A., and Loukopoulos, L. D. (2007). *The Limits of Expertise: Rethinking Pilot Error and the Causes of Airline Accidents*. Aldershot, UK; Burlington, VT: Ashgate.

Donaldson, C. (2013). Zero harm: Infallible or ineffectual. *OHS Professional,* March, 22–27.

Dörner, D. (1989). *The Logic of Failure: Recognizing and Avoiding Error in Complex Situations*. Cambridge, MA: Perseus Books.

Downer, J. (2013). Disowning Fukushima: Managing the credibility of nuclear reliability assessment in the wake of disaster. *Regulation and Governance, 7*(4), 1–25.

Drife, J. O., and Magowan, B. (2004). *Clinical Obstetrics and Gynaecology*. Edinburgh; New York: Saunders.

Dubois, L. (2010). Dealing with a prima donna employee. *Inc., 20,* 21–22.

Edwards, M., and Jabs, L. B. (2009). When safety culture backfires: Unintended consequences of half-shared governance in a high tech workplace. *The Social Science Journal, 46,* 707–723.

Ehrenreich, B., and English, D. (1973). *Witches, Midwives and Nurses: A History of Women Healers*. London: Publishing Cooperative.

Elkind, P., and Whitford, D. (2011, 24 January). BP: 'An accident waiting to happen', *Fortune,* pp. 1–14.

Endsley, M. R., Mogford, M., Allendoerfer, K., Snyder, M. D., and Stein, E. S. (1997). *Effect of Free Flight Conditions on Controller Performance, Workload and Situation Awareness: A Preliminary Investigation of Changes in Locus of Control Using Existing Technologies.* Lubbock, TX: Texas Technical University.

Engwicht, D. (1999). *Street Reclaiming: Creating Livable Streets and Vibrant Communities.* Philadelphia, PA: New Society Publishers.

Farmer, E. (1945). Accident-proneness on the road. *Practitioner, 154,* 221–226.

Farrington-Darby, T., and Wilson, J. R. (2006). The nature of expertise: A review. *Applied Ergonomics, 37,* 17–32.

Feyerabend, P. (1993). *Against Method* (3rd ed.). London: Verso.

Feynman, R. P. (1988). *What Do You Care What Other People Think?: Further Adventures of a Curious Character.* New York: Norton.

Fischhoff, B. (1975). Hindsight ≠ foresight: The effect of outcome knowledge on judgment under uncertainty. *Journal of Experimental Psychology: Human Perception and Performance, 1*(3), 288–299.

Fischhoff, B., and Beyth, R. (1975). I knew it would happen: Remembered probabilities of once-future things. *Organizational Behavior and Human Performance, 13*(1), 1–16.

Fitts, P. M. (1951). *Human Engineering for an Effective Air Navigation and Traffic Control System.* Washington, DC: National Research Council.

Fitts, P. M., and Jones, R. E. (1947). *Analysis of Factors Contributing to 460 "Pilot Error" Experiences in Operating Aircraft Controls.* Dayton, OH: Aero Medical Laboratory, Air Material Command, Wright-Patterson Air Force Base.

Flach, J. M. (1995). Situation awareness: Proceed with caution. *Human Factors, 37*(1), 149–157.

Flach, J. M., Dekker, S. W. A., and Stappers, P. J. (2008). Playing twenty questions with nature: Reflections on the dynamics of experience. *Theoretical Issues in Ergonomics Science, 9*(2), 125–155.

Flores, F., Graves, M., Hartfield, B., and Winograd, T. (1988). Computer systems and the design of organizational interaction. *ACM Transactions on Office Information Systems, 6*(2), 153–172.

Foucault, M. (1977). *Discipline and Punish: The Birth of the Prison* (1st American ed.). New York: Pantheon Books.

Foucault, M. (1980). Truth and power. In C. Gordon (Ed.), *Power/Knowledge* (pp. 80–105). Brighton, UK: Harvester.

Frederick, J., and Lessin, N. (2000). The rise of behavioural-based safety programmes. *Multinational Monitor, 21,* 1–7.

Freud, S. (1950). Project for a scientific psychology. In *The Standard Edition of the Complete Psychological Works of Sigmund Freud* (vol. I). London: Hogarth Press.

GAIN. (2004). *Roadmap to a just culture: Enhancing the safety environment.* Global Aviation Information Network (Group E: Flight Ops/ATC Ops Safety Information Sharing Working Group).

Galison, P. (2000). An accident of history. In P. Galison and A. Roland (Eds.), *Atmospheric Flight in the Twentieth Century* (pp. 3–44). Dordrecht, The Netherlands: Kluwer Academic.

Galster, S. M., Duley, J. A., Masolanis, A. J., and Parasuraman, R. (1999). Effects of aircraft self-separation on controller conflict detection and workload in mature free flight. In M. W. Scerbo and M. Mouloua (Eds.), *Automation Technology and Human Performance: Current Research and Trends* (pp. 96–101). Mahwah, NJ: Lawrence Erlbaum Associates.

GAO. (2012). *Workplace Safety and Health: Better OSHA Guidance Needed on Safety Incentive Programs (Report to Congressional Requesters).* Washington, DC: Government Accountability Office.

Gawande, A. (2008). *Better: A Surgeon's Notes on Performance.* New York: Picador.

Gawande, A. (2010). *The Checklist Manifesto: How to Get Things Right* (1st ed.). New York: Metropolitan Books.

Geertz, C. (1973). *The Interpretation of Cultures.* New York: Basic Books.

Geller, E. S. (2001). *Working Safe: How to Help People Actively Care for Health and Safety.* Boca Raton, FL: CRC Press.

Gergen, K. J. (1999). *An Invitation to Social Construction.* Thousand Oaks, CA: Sage.

Giddens, A. (1984). *The Constitution of Society: Outline of the Theory of Structuration.* Cambridge, UK: Polity Press.

Girard, N. J. (2005). Dealing with perioperative prima donnas in your OR. *AORN Journal, 82*(2), 187–189.

Godkin, L., and Allcorn, S. (2009). Institutional narcissism, arrogant organization disorder and interruptions in organizational learning. *The Learning Organization, 16*(1), 40–57.

Golden-Biddle, K., and Locke, K. (1993). Appealing work: An investigation of how ethnographic texts convince. *Organization Science, 4*(4), 595–616.

Graham, B., Reilly, W. K., Beinecke, F., Boesch, D. F., Garcia, T. D., Murray, C. A., and Ulmer, F. (2011). *Deep Water: The Gulf Oil Disaster and the Future of Offshore Drilling (Report to the President).* Washington, DC: National Commission on the BP Deepwater Horizon Oil Spill and Offshore Drilling.

Gray, G. C. (2009). The responsibilization strategy of health and safety. *British Journal of Criminology, 49*, 326–342.

Green, R. G. (1977). The psychologist and flying accidents. *Aviation, Space and Environmental Medicine, 48*(10), 922–923.

Hall, J. L. (2003). Columbia and challenger: Organizational failure at NASA. *Space Policy, 19*, 239–247.

Hallowell, M. R., and Gambatese, J. A. (2009). Construction safety risk mitigation. *Journal of Construction Engineering and Management, 135*(12), 1316–1323.

Hamilton-Baillie, B. (2008). Towards shared space. *Urban Design International, 13*(2), 130–138.

Harvey, D. (1990). *The Condition of Postmodernity: An Enquiry into the Origins of Cultural Change.* Oxford, UK: Blackwell.

Harvey, P., and Martinko, M. J. (2008). An empirical examination of the role of attributions in psychological entitlement and its outcomes. *Journal of Organizational Behavior, 30*(4), 459–476.

Hayes, J. (2012). Operator competence and capacity: Lessons from the Montara blowout. *Safety Science, 50*(3), 563–574.

Heft, H. (2001). *Ecological Psychology in Context: James Gibson, Roger Barker and the Legacy of William James's Radical Empiricism.* Mahwah, NJ, Lawrence Erlbaum Associates.

Heinrich, H. W., Petersen, D., and Roos, N. (1980). *Industrial Accident Prevention* (5th ed.). New York: McGraw-Hill.

Helmreich, R. L. (2000a). On error management: Lessons from aviation. *British Medical*

Journal, 320(7237), 781–785.

Helmreich, R. L. (2000b). Culture and error in space: Implications from analog environments. *Aviation, Space, and Environment Medicine 71*(9 Suppl), A133–A139.

Henriqson, E. (2013). *Safety culture*. Paper presented at the Learning Lab on Safety Leadership, Brisbane, Australia.

Heylighen, F. (1999). Causality as distinction conservation: A theory of predictability, reversibility and time order. *Cybernetics and Systems, 20*, 361–384.

Heylighen, F., Cilliers, P., and Gershenson, C. (2006). *Complexity and Philosophy*. Brussels, Belgium: Vrije Universiteit Brussel: Evolution, Complexity and Cognition.

Hollnagel, E. (1999). From function allocation to function congruence. In S. W. A. Dekker and E. Hollnagel (Eds.), *Coping with Computers in the Cockpit* (pp. 29–53). Aldershot, UK: Ashgate.

Hollnagel, E. (2003). *Handbook of Cognitive Task Design*. Mahwah, NJ: Lawrence Erlbaum Associates.

Hollnagel, E. (2004). *Barriers and Accident Prevention*. Aldershot, UK: Ashgate.

Hollnagel, E., and Amalberti, R. (2001). *The emperor's new clothes: Or whatever happened to 'human error'?* Paper presented at the 4th international workshop on human error, safety and systems development, Linköping, Sweden.

Hollnagel, E., Nemeth, C. P., and Dekker, S. W. A. (2008). *Resilience Engineering: Remaining Sensitive to the Possibility of Failure*. Aldershot, UK: Ashgate Publishing.

Hollnagel, E., Nemeth, C. P., and Dekker, S. W. A. (2009). *Resilience Engineering: Preparation and Restoration*. Aldershot, UK: Ashgate Publishing.

Hollnagel, E., Woods, D. D., and Leveson, N. G. (2006). *Resilience Engineering: Concepts and Precepts*. Aldershot, UK: Ashgate Publishing.

Hoven, M. J. V. (2001). *Moral Responsibility and Information and Communication Technology*. Rotterdam, The Netherlands: Erasmus University Center for Philosophy of ICT.

Hugh, T. B., and Dekker, S. W. A. (2009). Hindsight bias and outcome bias in the social construction of medical negligence: A review. *Journal of Law and Medicine, 16*(5), 846–857.

Hughes, J. A., Randall, D., and Shapiro, D. (1993). From ethnographic record to system design: Some experiences from the field. *Computer Supported Cooperative Work*, 1(3), 123–141.

Hutchins, E. L. (1995). How a cockpit remembers its speeds. *Cognitive Science, 19*(3), 265–288.

Hutchins, E. L., Holder, B. E., and Pérez, R. A. (2002). *Culture and Flight Deck Operations*. San Diego, CA: University of California San Diego.

IOM. (2003). *Patient Safety: Achieving a New Standard for Care*. Washington, DC: National Academy of Sciences, Institute of Medicine.

JAA. (2001). *Human Factors in Maintenance Working Group Report*. Hoofddorp, The Netherlands: Joint Aviation Authorities.

James, W. (1890). *The Principles of Psychology* (Vol. 1). New York: Henry Holt & Co.

Janis, I. L. (1982). *Groupthink* (2nd ed.). Chicago, IL: Houghton Mifflin.

Jensen, C. (1996). *No Downlink: A Dramatic Narrative about the Challenger Accident and Our Time* (1st ed.). New York: Farrar, Straus, Giroux.

Jordan, P. W. (1998). Human factors for pleasure in product use. *Applied Ergonomics, 29*(1), 25–33.

Kern, T. (1998). *Flight Discipline*. New York: McGraw-Hill.

Kerstholt, J. H., Passenier, P. O., Houttuin, K., and Schuffel, H. (1996). The effect of a priori probability and complexity on decision making in a supervisory control task. *Human Factors, 38*(1), 65–78.

Khatwa, R., and Helmreich, R. L. (1998). Analysis of critical factors during approach and landing in accidents and normal flight. *Flight Safety Digest, 17,* 256.

Khurana, R. (2007). *From Higher Aims to Hired Hands: The Social Transformation of American Business Schools and the Unfulfilled Promise of Management as a Profession.* Princeton, NJ: Princeton University Press.

Klein, G. A. (1993). A recognition-primed decision (RPD) model of rapid decision making. In G. A. Klein, J. Orasanu, R. Calderwood and C. E. Zsambok (Eds.), *Decision Making in Action: Models and Methods* (pp. 138–147). Norwood, NJ: Ablex.

Klein, G. A. (1998). *Sources of Power: How People Make Decisions.* Cambridge, MA: MIT Press.

Kohn, L. T., Corrigan, J., and Donaldson, M. S. (2000). *To Err is Human: Building a Safer Health System.* Washington, DC: National Academy Press.

Krokos, K. J., and Baker, D. P. (2007). Preface to the special section on classifying and understanding human error. *Human Factors, 49*(2), 175–177.

Kuhn, T. S. (1962). *The Structure of Scientific Revolutions.* Chicago, IL: University of Chicago Press.

Langewiesche, W. (1998). *Inside the Sky: A Meditation on Flight* (1st ed.). New York: Pantheon Books.

Lanir, Z. (1986). *Fundamental Surprise.* Eugene, OR: Decision Research.

LaPorte, T. R., and Consolini, P. M. (1991). Working in practice but not in theory: Theoretical challenges of "High-Reliability Organizations". *Journal of Public Administration Research and Theory: J-PART, 1*(1), 19–48.

Lautman, L., and Gallimore, P. L. (1987). Control of the crew caused accident: Results of a 12-operator survey. *Boeing Airliner,* (1), 1–6.

Law, J. (2004). *After Method: Mess in Social Science Research.* London: Routledge.

Lazarus, R. S. (1966). *Psychological Stress and the Coping Process.* New York: McGraw-Hill.

Leape, L. L. (1994). Error in medicine. *JAMA, 272*(23), 1851–1857.

Lee, T., and Harrison, K. (2000). Assessing safety culture in nuclear power stations. *Safety Science, 34,* 61–97.

Leveson, N. G. (2002). *System Safety Engineering: Back to the Future.* Boston, MA: MIT Aeronautics and Astronautics.

Leveson, N. G. (2012). *Engineering a Safer World: Systems Thinking Applied to Safety.* Cambridge, MA: MIT Press.

Levin, A. (2010, 9 September). BP blames rig explosion on series of failures, *USA Today,* p. 1.

Lovell, J., and Kluger, J. (1994). *Lost Moon: The Perilous Voyage of Apollo 13.* San Francisco, CA: Houghton Mifflin.

Lund, I. O., and Rundmo, T. (2009). Cross-cultural comparisons of traffic safety, risk perception, attitudes and behavior. *Safety Science, 47,* 547–553.

Lützhoft, M. H., and Dekker, S. W. A. (2002). On your watch: Automation on the bridge. *Journal of Navigation, 55*(1), 83–96.

Lützhoft, M. H., Nyce, J. M., and Petersen, E. S. (2010). Epistemology in ethnography: Assessing the quality of knowledge in human factors research. *Theoretical Issues in Ergonomics Science, 11*(6), 532–545.

Mackay, W. E. (2000). Is paper safer? The role of paper flight strips in air traffic control. *ACM*

Lützhoft, M. H., and Dekker, S. W. A. (2002). On your watch: Automation on the bridge. *Journal of Navigation, 55*(1), 83–96.

Lützhoft, M. H., Nyce, J. M., and Petersen, E. S. (2010). Epistemology in ethnography: Assessing the quality of knowledge in human factors research. *Theoretical Issues in Ergonomics Science, 11*(6), 532–545.

Mackay, W. E. (2000). Is paper safer? The role of paper flight strips in air traffic control. *ACM Transactions on Computer-Human Interaction, 6*, 311–340.

McCartin, J. A. (2011). *Collision Course: Ronald Reagan, the Air Traffic Controllers, and the Strike that Changed America*. Oxford, UK: Oxford University Press.

McDonald, N., Corrigan, S., and Ward, M. (2002). *Well-intentioned people in dysfunctional systems*. Paper presented at the 5th workshop on human error, safety and systems development, Newcastle, Australia.

McDonald, R., Waring, J., and Harrison, S. (2006). Rules, safety and the narrativization of identity: A hospital operating theatre case study. *Sociology of Health and Illness, 28*(2), 178–202.

Meister, D. (2003). The editor's comments. *Human Factors Ergonomics Society COTG Digest, 5*, 2–6.

Meister, D., and Farr, D. E. (1967). The utilization of human factors information by designers. *Human Factors, 9*(1), 71–87.

Miles, G. H. (1925). Economy and safety in transport. *Journal of the National Institute of Industrial Psychology, 2*, 192–193.

Mindell, D. A. (2008). *Digital Apollo: Human and Machine in Spaceflight*. Cambridge, MA: MIT Press.

Mintzberg, H. (1979). *The Structuring of Organizations: A Synthesis of the Research*. Englewood Cliffs, NJ: Prentice-Hall.

Mintzberg, H. (2004). *Managers Not MBAs: A Hard Look at the Soft Practice of Managing and Management Development*. San Francisco, CA: Berrett-Koehler.

Mokyr, J. (1992). *The Lever of Riches: Creativity and Economic Progress*. Oxford, UK: Oxford University Press.

Moray, N., and Inagaki, T. (2000). Attention and complacency. *Theoretical Issues in Ergonomics Science, 1*(4), 354–365.

Mumaw, R. J., Sarter, N. B., and Wickens, C. D. (2001). *Analysis of pilots' monitoring and performance on an automated flight deck*. Paper presented at the 11th International Symposium in Aviation Psychology, Columbus, OH.

Murray, C. A., and Cox, C. B. (1989). *Apollo, the Race to the Moon*. New York: Simon and Schuster.

Murray, S. J., Holmes, D., and Rail, G. (2008). On the constitution and status of 'evidence' in the health sciences. *Journal of Research in Nursing, 13*(4), 272–280.

Nagel, T. (1992). *The View from Nowhere*. Oxford, UK: Oxford University Press.

Naumann, S. E., Minsky, B. D., and Sturman, M. C. (2002). The use of the concept 'entitlement' in management literature: A historical review, synthesis, and discussion of compensation policy implications. *Human Resource Management Review, 12*, 145–166.

Neisser, U. (1976). *Cognition and Reality: Principles and Implications of Cognitive Psychology*. San Francisco, CA: W. H. Freeman.

Norman, D. A. (1993). *Things that Make Us Smart: Defending Human Attributes in the Age of the Machine*. Reading, MA: Addison-Wesley.

NTSB. (1990). Accident report: United Airlines Flight 232, McDonnell Douglas DC-10-10,

Sioux Gateway Airport, Sioux City, Iowa, July 19, 1989. Washington, DC: National Transportation Safety Board.

NTSB. (1995). Aircraft accident report: Flight into terrain during missed approach, USAir Flight 1016, DC-9-31, N954VJ, Charlotte Douglas International Airport, Charlotte, North Carolina, July 2, 1994. Washington, DC: National Transportation Safety Board.

NTSB. (1997). Grounding of the Panamanian passenger ship Royal Majesty on Rose and Crown shoal near Nantucket, Massachusetts, June 10, 1995. Washington, DC: National Transportation Safety Board.

NTSB. (2002). Loss of control and impact with Pacific Ocean, Alaska Airlines Flight 261 McDonnell Douglas MD-83, N963AS, about 2.7 miles north of Anacapa Island, California, January 31, 2000. Washington, DC: National Transportation Safety Board.

NTSB. (2007a). Accident report: Crash of Pinnacle Airlines Flight 3701, Bombardier CL600-2-B19, N8396A, Jefferson City, Missouri, October 14, 2004. Washington, DC: National Transportation Safety Board.

NTSB. (2007b). Attempted takeoff from wrong runway Comair Flight 5191, Bombardier CL-600-2B19, N431CA, Lexington, Kentucky, August 27, 2006. Springfield, VA: National Transportation Safety Board.

O'Hare, D., and Roscoe, S. N. (1990). *Flightdeck Performance: The Human Factor* (1st ed.). Ames, IA: Iowa State University Press.

Ödegård, S. (Ed.). (2007). *I Rättvisans Namn (In the Name of Justice)*. Stockholm, Sweden: Liber.

Orasanu, J. M., and Connolly, T. (1993). The reinvention of decision making. In G. A. Klein, J. M. Orasanu, R. Calderwood and C. E. Zsambok (Eds.), *Decision Making in Action: Models and Methods* (pp. 3–20). Norwood, NJ: Ablex.

Orasanu, J. M., and Martin, L. (1998). Errors in aviation decision making: A factor in accidents and incidents. Human Error, Safety and Systems Development Workshop (HESSD), 1998. Retrieved February 2008, from http://www.dcs.gla.ac.uk/~johnson/papers/seattle_hessd/judithlynnep.

Parasuraman, R., and Manzey, D. H. (2010). Complacency and bias in human use of automation: An attentional integration. *Human Factors, 52*(3), 381–410.

Parasuraman, R., Molloy, R., and Singh, I. L. (1993). Performance consequences of automation-induced 'complacency'. *International Journal of Aviation Psychology, 3*(1), 1–24.

Parasuraman, R., Sheridan, T. B., and Wickens, C. D. (2000). A model for types and levels of human interaction with automation. *IEEE Transactions on Systems Man and Cybernetics Part A-Systems and Humans, 30*(3), 286–297.

Parasuraman, R., Sheridan, T. B., and Wickens, C. D. (2008). Situation awareness, mental workload and trust in automation: Viable, empirically supported cognitive engineering constructs. *Journal of Cognitive Engineering and Decision Making, 2*(2), 140–160.

Pellegrino, E. D. (2004). Prevention of medical error: Where professional and organizational ethics meet. In V. A. Sharpe (Ed.), *Accountability: Patient Safety and Policy Reform* (pp. 83–98). Washington, DC: Georgetown University Press.

Perrow, C. (1984). *Normal Accidents: Living with High-Risk Technologies*. New York: Basic Books.

Perry, S. J., Wears, R. L., and Cook, R. I. (2005). The role of automation in complex system failures. *Journal of Patient Safety, 1*(1), 56–61.

Pidgeon, N. F., and O'Leary, M. (2000). Man-made disasters: Why technology and organizations (sometimes) fail. *Safety Science, 34*(1–3), 15–30.

Pollock, T. (1998). Dealing with the prima donna employee. *Automotive Manufacturing and Production, 110*, 10–12.

Prigogine, I. (2003). *Is Future Given?* London: World Scientific.

Rasmussen, J. (1997). Risk management in a dynamic society: A modelling problem. *Safety Science, 27*(2–3), 183–213.

Rasmussen, J., and Svedung, I. (2000). *Proactive Risk Management in a Dynamic Society*. Karlstad, Sweden: Swedish Rescue Services Agency.

Reason, J. T. (1990). *Human Error*. New York: Cambridge University Press.

Reason, J. T. (1997). *Managing the Risks of Organizational Accidents*. Aldershot, UK: Ashgate Publishing.

Reason, J. T. (2013). *A Life in Error*. Farnham, UK: Ashgate Publishing.

Reason, J. T., and Hobbs, A. (2003). *Managing Maintenance Error: A Practical Guide*. Aldershot, UK: Ashgate.

Report on Project Management in NASA, by the Mars Climate Orbiter Mishap Investigation Board. (2000). Washington, DC: National Aeronautics and Space Administration.

Rochlin, G. I. (1999). Safe operation as a social construct. *Ergonomics, 42*(11), 1549–1560.

Rochlin, G. I., LaPorte, T. R., and Roberts, K. H. (1987). The self-designing high reliability organization: Aircraft carrier flight operations at sea. *Naval War College Review, 40*, 76–90.

Roscoe, S. N. (1997). The adolescence of engineering psychology. In S. M. Casey (Ed.), *Volume 1, Human Factors History Monograph Series* (pp. 1–9). Santa Monica, CA: Human Factors and Ergonomics Society.

Ross, G. (1995). *Flight Strip Survey Report*. Canberra, Australia: TAAATS TOI.

Sagan, S. D. (1993). *The Limits of Safety: Organizations, Accidents, and Nuclear Weapons*. Princeton, NJ: Princeton University Press.

Sagan, S. D. (1994). Toward a political theory of organizational reliability. *Journal of Contingencies and Crisis Management, 2*(4), 228–240.

Saloniemi, A., and Oksanen, H. (1998). Accidents and fatal accidents: Some paradoxes. *Safety Science, 29*, 59–66.

Sanders, M. S., and McCormick, E. J. (1993). *Human Factors in Engineering and Design* (7th ed.). New York: McGraw-Hill.

Sarter, N. B., and Woods, D. D. (1997). Teamplay with a powerful and independent agent: A corpus of operational experiences and automation surprises on the Airbus A320. *Human Factors, 39*, 553–569.

Schein, E. (1992). *Organizational Culture and Leadership* (2nd ed.). San Francisco, CA: Jossey-Bass.

Schultz, B. (1998). The prima donna syndrome. *Builder, 21*, 114.

Schulz, C. M., Endsley, M. R., Kochs, E. F., Gelb, A. W., and Wagner, K. J. (2013). Situation awareness in anesthesia: Concept and research. *Anesthesiology, 118*(3), 729–742.

Schwartz, H. S. (1989). Organizational disaster and organizational decay: The case of the National Aeronautics and Space Administration. *Industrial Crisis Quarterly, 3*, 319–334.

Schwenk, C. R., and Cosier, R. A. (1980). Effects of the expert, devil's advocate, and dialectical inquiry methods on prediction performance. *Organizational Behavior and Human Performance, 26*(3), 409–424.

Scott, J. C. (1998). *Seeing Like a State: How Certain Schemes to Improve the Human Condition Have Failed*. New Haven, CT: Yale University Press.

Shappell, S. A., and Wiegmann, D. A. (2001). Applying reason: The human factors analysis and classification system. *Human Factors and Aerospace Safety, 1*, 59–86.

Sheridan, T. B. (1987). Supervisory control. In I. Salvendy (Ed.), *Handbook of Human Factors*. New York: Wiley.

SHK. (2003). Tillbud mellan flygplanet LN-RPL och en bogsertraktor på Stockholm/Arlanda flygplats, AB län, den 27 oktober 2002 (Rapport RL2003:47) (Incident between aircraft LN-RPL and a tow truck at Stockholm/Arlanda airport, October 27, 2002). Stockholm, Statens Haverikommission (Swedish Accident Investigation Board).

Sibley, L., Sipe, T. A., and Koblinsky, M. (2004). Does traditional birth attendant training improve referral of woman with obstetric complications: A review of the evidence. *Social Science and Medicine, 59*(8), 1757–1769.

Singer, G., and Dekker, S. W. A. (2000). Pilot performance during multiple failures: An empirical study of different warning systems. *Transportation Human Factors, 2*(1), 63–77.

Singer, G., and Dekker, S. W. A. (2001). The ergonomics of flight management systems: Fixing holes in the cockpit certification net. *Applied Ergonomics, 32*(3), 247–255.

Smith, K. (2001). Incompatible goals, uncertain information and conflicting incentives: The dispatch dilemma. *Human Factors and Aerospace Safety, 1*, 361–380.

Smith, K., and Hancock, P. A. (1995). Situation awareness is adaptive, externally-directed consciousness. *Human Factors, 27*, 137–148.

Snook, S. A. (2000). *Friendly Fire: The Accidental Shootdown of US Black Hawks over Northern Iraq*. Princeton, NJ: Princeton University Press.

Snow, J. N., Kern, R. M., and Curlette, W. L. (2001). Identifying personality traits associated with attrition in systematic training for effective parenting groups. *The Family Journal: Counseling and Therapy for Couples and Families, 9*, 102–108.

Sorkin, R. D., and Woods, D. D. (1985). Systems with human monitors: A signal detection analysis. *Human-Computer Interaction, 1*(1), 49–75.

Starbuck, W. H., and Farjoun, M. (2005). *Organization at the Limit: Lessons from the Columbia Disaster*. Malden, MA: Blackwell Publishing.

Starbuck, W. H., and Milliken, F. J. (1988). Challenger: Fine-tuning the odds until something breaks. *The Journal of Management Studies, 25*(4), 319–341.

Suchman, L. A. (1987). *Plans and Situated Actions: The Problem of Human-Machine Communication*. New York: Cambridge University Press.

Thomas, G. (2007). A crime against safety. *Air Transport World, 44*, 57–59.

Tillbud vid landning med flygplanet LN-RLF den 23/6 på Växjö/Kronoberg flygplats, G län (Rapport RL 2000:38). (Incident during landing with aircraft LN-RLF on June 23 at Växjö/Kronoberg airport). (2000). Stockholm, Sweden: Statens Haverikommision (Swedish Accident Investigation Board).

Tingvall, C., and Lie, A. (2010). *The concept of responsibility in road traffic (Ansvarsbegreppet i vägtrafiken)*. Paper presented at the Transportforum, Linköping, Sweden.

Townsend, A. S. (2013). *Safety Can't be Measured*. Farnham, UK: Gower Publishing.

Transocean. (2011). *Macondo Well Incident: Transocean Investigation Report* (Vols. I and II). Houston, TX: Transocean.

TSB. (2003). Aviation investigation report: In-flight fire leading to collision with water, Swissair Transport Limited, McDonnell Douglas MD-11 HB-IWF, Peggy's Cove, Nova Scotia 5 nm SW, 2 September 1998. Gatineau, QC: Transportation Safety Board of Canada.

Tuchman, B. W. (1981). *Practicing History: Selected Essays* (1st ed.). New York: Knopf.

Turner, B. A. (1978). *Man-Made Disasters*. London: Wykeham Publications.

USAF. (1947). Psychological aspects of instrument display: Analysis of 270 'pilot error' experiences in reading and interpreting aircraft instruments. In A. M. L. E. Division (Ed.), *Memorandum Report.* Dayton, OH: US Air Force Air Material Command, Wright-Patterson Air Force Base.

USW. (2010). *Behavior-Based Safety/'Blame-the-Worker' Safety Programs: Understanding and Confronting Management's Plan for Workplace Health and Safety.* Pittsburgh, PA: United Steelworkers' Health, Safety and Environment Department.

Varela, F. J., Thompson, E., and Rosch, E. (1991). *The Embodied Mind: Cognitive Science and Human Experience.* Cambridge, MA: MIT Press.

Vaughan, D. (1996). *The Challenger Launch Decision: Risky Technology, Culture, and Deviance at NASA.* Chicago, IL: University of Chicago Press.

Vaughan, D. (1999). The dark side of organizations: Mistake, misconduct, and disaster. *Annual Review of Sociology, 25,* 271–305.

Vaughan, D. (2005). System effects: On slippery slopes, repeating negative patterns, and learning from mistake? In W. H. Starbuck and M. Farjoun (Eds.), *Organization at the Limit: Lessons from the Columbia Disaster* (pp. 41–59). Malden, MA: Blackwell Publishing.

Vicente, K. J. (1999). *Cognitive Work Analysis: Toward Safe, Productive, and Healthy Computer-Based Work.* Mahwah, NJ: Lawrence Erlbaum Associates.

Vincent, C. (2006). *Patient Safety.* London: Churchill Livingstone.

Wallerstein, I. (1996). *Open the Social Sciences: Report of the Gulbenkian Commission on the Restructuring of the Social Sciences.* Stanford, CA: Stanford University Press.

Watson, R. I. (1978). *The Great Psychologists* (4th ed.). Philadelphia, PA: Lippincott.

Webb, W. B. (1956). The prediction of aircraft accidents from pilot-centered measures. *Journal of Aviation Medicine, 27,* 141–147.

Weick, K. E. (1993). The collapse of sensemaking in organizations: The Mann Gulch disaster. *Administrative Science Quarterly, 38*(4), 628–652.

Weick, K. E. (1995). *Sensemaking in Organizations.* Thousand Oaks, CA: Sage Publications.

Weick, K. E., and Sutcliffe, K. M. (2007). *Managing the Unexpected: Resilient Performance in an Age of Uncertainty* (2nd ed.). San Francisco, CA: Jossey-Bass.

Weingart, P. (1991). Large technical systems, real life experiments, and the legitimation trap of technology assessment: The contribution of science and technology to constituting risk perception. In T. R. LaPorte (Ed.), *Social Responses to Large Technical Systems: Control or Anticipation* (pp. 8–9). Amsterdam, The Netherlands: Kluwer.

Wiener, E. L. (1988). Cockpit automation. In E. L. Wiener and D. C. Nagel (Eds.), *Human Factors in Aviation* (pp. 433–462). San Diego, CA: Academic Press.

Wiener, E. L. (1989). *Human Factors of Advanced Technology ('Glass Cockpit') Transport Aircraft.* Moffett Field, CA: NASA Ames Research Center.

Wilkin, P. (2009). The ideology of ergonomics. *Theoretical Issues in Ergonomics Science, 11*(3), 230–244.

Woods, D. D. (1993). Process-tracing methods for the study of cognition outside of the experimental laboratory. In G. A. Klein, J. M. Orasanu, R. Calderwood and C. E. Zsambok (Eds.), *Decision Making in Action: Models and Methods* (pp. 228–251). Norwood, NJ: Ablex.

Woods, D. D. (1996). Decomposing automation: Apparent simplicity, real complexity. In R. Parasuraman and M. Mouloua (Eds.), *Automation Technology and Human Performance.* Mahwah, NJ: Lawrence Erlbaum Associates.

Woods, D. D., and Dekker, S. W. A. (2001). Anticipating the effects of technological change: A new era of dynamics for human factors. *Theoretical Issues in Ergonomics Science,*

1(3), 272–282.

Woods, D. D., Dekker, S. W. A., Cook, R. I., Johannesen, L. J., and Sarter, N. B. (2010). *Behind Human Error*. Aldershot, UK: Ashgate Publishing.

Woods, D. D., and Hollnagel, E. (2006). *Joint Cognitive Systems: Patterns in Cognitive Systems Engineering*. Boca Raton, FL: CRC/Taylor & Francis.

Woods, D. D., Johannesen, L. J., Cook, R. I., and Sarter, N. B. (1994). *Behind Human Error: Cognitive Systems, Computers and Hindsight*. Dayton, OH: CSERIAC.

Woods, D. D., Patterson, E. S., and Roth, E. M. (2002). Can we ever escape from data over-load? A cognitive systems diagnosis. *Cognition, Technology and Work, 4*(1), 22–36.

Woods, D. D., and Shattuck, L. G. (2000). Distant supervision-local action given the potential for surprise. *Cognition, Technology and Work, 2*(4), 242–245.

Wright, L. (2009). Prima donnas cause conflict. *Business NH Magazine, 26*, 15.

Wright, P. C., and McCarthy, J. (2003). Analysis of procedure following as concerned work. In E. Hollnagel (Ed.), *Handbook of Cognitive Task Design* (pp. 679–700). Mahwah, NJ: Lawrence Erlbaum Associates.

Wynne, B. (1988). Unruly technology: Practical rules, impractical discourses and public understanding. *Social Studies of Science, 18*(1), 147–167.

Xiao, Y., and Vicente, K. J. (2000). A framework for epistemological analysis in empirical (laboratory and field) studies. *Human Factors, 42*(1), 87–102.

Yerkes, R. M., and Dodson, J. D. (1908). The relation of strength of stimulus to rapidity of habit-formation. *Journal of Comparative Neurology and Psychology, 18*(5), 459–482.

Zaccaria, A. (2002, 7 November). Malpractice insurance crisis in New Jersey, *Atlantic Highlands Herald*.

Zwetsloot, G. I. J. M., Aaltonen, M., Wybo, J. L., Saari, J., Kines, P., and Beek, R. (2013). The case for research into the zero accident vision. *Safety Science, 58*, 41–48.